U0017576

S OUVENIRS E NTOMOLOGIQUES

SOUVENIRS ENTOMOLOGIQUES

SOUVENIRS ENTOMOLOGIQUES

JEAN-HENRI FABRE

法布爾昆蟲記全集 1

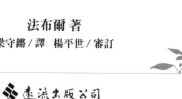

高明的殺手

法布爾 著

梁守鏘 / 譯　楊平世 / 審訂

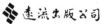

遠流出版公司

審訂者介紹

楊平世

現任國立台灣大學昆蟲學系教授。主要研究範圍是昆蟲與自然保育、水棲昆蟲生態學、台灣蝶類資源與保育、民族昆蟲等;在各期刊、研討會上發表的相關論文達200多篇,曾獲國科會優等獎及甲等獎十餘次。

除了致力於學術領域的昆蟲研究外,也相當重視科學普及化與自然保育的推廣。著作有《台灣的常見昆蟲》、《常見野生動物的價值和角色》、《野生動物保育》、《自然追蹤》、《台灣昆蟲歲時記》及《我愛大自然信箱》等,曾獲多次金鼎獎。另與他人合著《臺北植物園自然教育解說手冊》、《墾丁國家公園的昆蟲》、《溪頭觀蟲手冊》等書。

1993年擔任東方出版社翻譯日人奧本大三郎改寫版《昆蟲記》的審訂者,與法布爾結下不解之緣;2002年擔任遠流出版公司法文原著全譯版《法布爾昆蟲記全集》十冊審訂者。

譯者介紹

梁守鏘

畢業於南京大學外語系。廣東中山大學外語學院教授退休。主要著作及譯作有《法語詞匯學》、《法語詞匯學教程》、《法語搭配詞典》、《布阿吉爾貝爾選集》、《風俗論(上)》、《法國辯護書》、《波斯人信札》、《威尼斯女歌手》等。

圖例說明:《法布爾昆蟲記全集》十冊,各冊中昆蟲線圖的比例標示法,乃依法文原著的方式,共有以下三種:(1)以圖文說明(例如:放大1 1/2倍);(2)在圖旁以數字標示(例如:2/3);(3)在圖旁以黑線標示出原蟲尺寸。

目錄

序

相見恨晚的昆蟲詩人

劉克襄

　　我和法布爾的邂逅，來自於三次茫然而感傷的經驗，但一直到現在，我仍還沒清楚地認識他。

第一次邂逅

　　第一次是離婚的時候。前妻帶走了一堆文學的書，像什麼《深淵》、《鄭愁予詩選集》之類的現代文學，以及《莊子》、《古今文選》等古典書籍。只留下一套她買的，日本昆蟲學者奧本大三郎摘譯編寫的《昆蟲記》(東方出版社出版，1993)。

　　儘管是面對空蕩而淒清的書房，看到一套和自然科學相關的書籍完整倖存，難免還有些慰藉。原本以為，她希望我在昆蟲研究的造詣上更上層樓。殊不知，後來才明白，那是留給孩子閱讀的。只可惜，孩子們成長至今的歲月裡，這套後來擺在《射鵰英雄傳》旁邊的自然經典，從不曾被他們青睞過。他們琅琅上口的，始終是郭靖、黃藥師這些虛擬的人物。

　　偏偏我不愛看金庸。那時，白天都在住家旁邊的小綠山觀察。二十來種鳥看透了，上百種植物的相思林也認完了，林子裡龐雜的昆蟲開始成為不得不面對的事實。這套空擺著的《昆蟲記》遂成為參考的重要書籍，翻閱的次數竟如在英文辭典裡尋找單字般的習以為常，進而產生莫名地熱愛。

　　還記得離婚時，辦手續的律師順便看我的面相，送了一句過來人的忠告，「女人常因離婚而活得更自在；男人卻自此意志消沈，一蹶不振，你可要保重了。」

或許，我本該自此頹廢生活的。所幸，遇到了昆蟲。如果說《昆蟲記》提昇了我的中年生活，應該也不為過罷！

可惜，我的個性見異思遷。翻讀熟了，難免懷疑，日本版摘譯編寫的《昆蟲記》有多少分真實，編寫者又添加了多少分己見？再者，我又無法學到法布爾般，持續著堅定而簡單的觀察。當我疲憊地結束小綠山觀察後，這套編書就束諸高閣，連一些親手製作的昆蟲標本，一起堆置在屋角，淪為個人生活史裡的古蹟了。

第二次邂逅

第二次遭遇，在四、五年前，到建中校園演講時。記得那一次，是建中和北一女保育社合辦的自然研習營。講題為何我忘了，只記得講完後，一個建中高三的學生跑來找我，請教了一個讓我差點從講台跌跤的問題。

他開門見山就問，「我今年可以考上台大動物系，但我想先去考台大外文系，或者歷史系，讀一陣後，再轉到動物系，你覺得如何？」

哇靠，這是什麼樣的學生！我又如何回答呢？原來，他喜愛自然科學。可是，卻不想按部就班，循著過去的學習模式。他覺得，應該先到文學院洗禮，培養自己的人文思考能力。然後，再轉到生物科系就讀，思考科學事物時，比較不會僵硬。

一名高中生竟有如此見地，不禁教人讚嘆。近年來，台灣科普書籍的豐富引進，我始終預期，台灣的自然科學很快就能展現人文的成熟度。不意，在這位十七歲少年的身上，竟先感受到了這個科學藍圖的清晰一角。

但一個高中生如何窺透生態作家強納森‧溫納《雀喙之謎》的繁複分析和歸納？又如何領悟威爾森《大自然的獵人》所展現的道德和知識的強度？進而去懷疑，自己即將就讀科系有著體制的侷限，無法如預期的理想。

當我以這些被學界折服的當代經典探詢時，這才恍然知道，少年並未看過。我想也是，那麼深奧而豐厚的書，若理解了，恐怕都可以跳昇去攻讀博士班了。他只給了我「法布爾」的名字。原來，在日本版摘譯

編寫的《昆蟲記》裡，他看到了一種細膩而充滿濃厚文學味的詩意描寫。同樣近似種類的昆蟲觀察，他翻讀台灣本土相關動物生態書籍時，卻不曾經驗相似的敘述。一邊欣賞著法布爾，那獨特而細膩，彷彿享受美食的昆蟲觀察，他也轉而深思，疑惑自己未來求學過程的秩序和節奏。

十七歲的少年很驚異，為什麼台灣的動物行為論述，無法以這種議夾敘述的方式，將科學知識圓熟地以文學手法呈現？再者，能夠蘊釀這種昆蟲美學的人文條件是什麼樣的環境？假如，他直接進入生物科系裡，是否也跟過去的學生一樣，陷入既有的制式教育，無法開啟活潑的思考？幾經思慮，他才決定，必須繞個道，先到人文學院裡吸收文史哲的知識，打開更寬廣的視野。其實，他來找我之前，就已經決定了自己的求學走向。

第三次邂逅

第三次的經驗，來自一個叫「昆蟲王」的九歲小孩。那也是四、五年前的事，我在耕莘文教學院，帶領小學上自然觀察課。有一堂課，孩子們用黏土做自己最喜愛的動物，多數的孩子做的都是捏出狗、貓和大象之類的寵物。只有他做了一隻獨角仙。原來，他早已在飼養獨角仙的幼蟲，但始終孵育失敗。

我印象更深刻的，是隔天的戶外觀察。那天寒流來襲，我出了一道題目，尋找鍬形蟲、有毛的蝸牛以及小一號的熱狗（即馬陸，綽號火車蟲）。抵達現場後，寒風細雨，沒多久，六十多個小朋友全都畏縮在廟前避寒、躲雨。只有他，持著雨傘，一路翻撥。一小時過去，結果，三種動物都被他發現了。

那次以後，我們變成了野外登山和自然觀察的夥伴。初始，為了爭取昆蟲王的尊敬，我的注意力集中在昆蟲的發現和現場討論。這也是我第一次在野外聽到，有一個小朋友唸出「法布爾」的名字。

每次找到昆蟲時，在某些情況的討論時，他常會不自覺地搬出法布爾的經驗和法則。我知道，很多小孩在十歲前就看完金庸的武俠小說。沒想到《昆蟲記》竟有人也能讀得滾瓜爛熟了。這樣在野外旅行，我常

感受到，自己面對的常不只是一位十歲小孩的討教。他的後面彷彿還有位百年前的法國老頭子，無所不在，且斤斤計較地對我質疑，常讓我的教學倍感壓力。

　　有一陣子，我把這種昆蟲王的自信，稱之為「法布爾併發症」。當我辯不過他時，心裡難免有些犬儒地想，觀察昆蟲需要如此細嚼慢嚥，像吃一盤盤正式的日本料理嗎？透過日本版的二手經驗，也不知真實性有多少？如此追根究底的討論，是否失去了最初的價值意義？但放諸現今的環境，還有其他方式可取代嗎？我充滿無奈，卻不知如何解決。

完整版的《法布爾昆蟲記全集》

　　那時，我亦深深感嘆，日本版摘譯編寫的《昆蟲記》居然就如此魅力十足，影響了我周遭喜愛自然觀察的大、小朋友。如果有一天，真正的法布爾法文原著全譯本出版了，會不會帶來更為劇烈的轉變呢？沒想到，我這個疑惑才浮昇，譯自法文原著、完整版的《法布爾昆蟲記全集》中文版就要在台灣上市了。

　　說實在的，過去我們所接觸的其它版本的《昆蟲記》都只是一個片段，不曾完整過。你好像進入一家精品小舖，驚喜地看到它所擺設的物品，讓你愛不釋手，但是，那時還不知，你只是逗留在一個小小樓層的空間。當你走出店家，仰頭一看，才赫然發現，這是一間大型精緻的百貨店。

　　當完整版的《法布爾昆蟲記全集》出現時，我相信，像我提到的狂熱的「昆蟲王」，以及早熟的十七歲少年，恐怕會增加更多吧！甚至，也會產生像日本博物學者鹿野忠雄、漫畫家手塚治虫那樣，從十一、二歲就矢志，要奉獻一生，成為昆蟲研究者的人。至於，像我這樣自忖不如，半途而廢的昆蟲中年人，若是稍早時遇到的是完整版的《法布爾昆蟲記全集》，說不定那時就不會急著走出小綠山，成為到處遊蕩台灣的旅者了。

2002.6月於台北

（本文作者為自然觀察家暨自然旅行家）

導讀

兒時記趣與昆蟲記

楊平世

「余憶童稚時，能張目對日，明察秋毫。見藐小微物必細察其紋理，故時有物外之趣。」

—清　沈復《浮生六記》之「兒時記趣」

「在對某個事物說『是』以前，我要觀察、觸摸，而且不是一次，是兩三次，甚至沒完沒了，直到我的疑心在如山鐵證下歸順聽從為止。」

—法國　法布爾《法布爾昆蟲記全集7》

　　《浮生六記》是清朝的作家沈復在四十六歲時回顧一生所寫的一本簡短回憶錄。其中的「兒時記趣」一文是大家耳熟能詳的小品，文內記載著他童稚的心靈如何運用細心的觀察與想像，為童年製造許多樂趣。在《浮生六記》付梓之後約一百年（1909年），八十五歲的詩人與昆蟲學家法布爾，完成了他的《昆蟲記》最後一冊，並印刷問世。

　　這套耗時卅餘年寫作、多達四百多萬字、以文學手法、日記體裁寫成的鉅作，是法布爾一生觀察昆蟲所寫成的回憶錄，除了記錄他對昆蟲所進行的觀察與實驗結果外，同時也記載了研究過程中的心路歷程，對學問的辨證，和對人類生活與社會的反省。在《昆蟲記》中，無論是六隻腳的昆蟲或是八隻腳的蜘蛛，每個對象都耗費法布爾數年到數十年的時間去觀察並實驗，而從中法布爾也獲得無限的理趣，無悔地沉浸其中。

遠流版《法布爾昆蟲記全集》

　　昆蟲記的原法文書名《SOUVENIRS ENTOMOLOGIQUES》，直譯為「昆蟲學的回憶錄」，在國內大家較熟悉《昆蟲記》這個譯名。早在1933年，上海商務出版社便出版了本書的首部中文節譯本，書名當時即譯為《昆蟲記》。之後於1968年，台灣商務書店復刻此一版本，在接續的廿多年中，成為在臺灣發行的唯一中文節譯版本，目前已絕版多年。1993年國內的東方出版社引進由日本集英社出版，奧本大三郎所摘譯改寫的《昆蟲記》一套八冊，首度為國人有系統地介紹法布爾這套鉅著。這套書在奧本大三郎的改寫下，採對小朋友說故事體的敘述方法，輔以插圖、背景知識和照片說明，十分生動活潑。但是，這一套書卻不是法布爾的原著，而僅是摘譯內容中科學的部分改寫而成。最近寂天出版社則出了大陸作家出版社的摘譯版《昆蟲記》，讓讀者多了一種選擇。

　　今天，遠流出版公司的這一套《法布爾昆蟲記全集》十冊，則是引進2001年由大陸花城出版社所出版的最新中文全譯本，再加以逐一修潤、校訂、加注、修繪而成的。這一個版本是目前唯一的中文版全譯本，而且直接譯自法文版原著，不是摘譯，也不是轉譯自日文或英文；書中並有三百餘張法文原著的昆蟲線圖，十分難得。《法布爾昆蟲記全集》十冊第一次讓國人有機會「全覽」法布爾這套鉅作的諸多面相，體驗書中實事求是的科學態度，欣賞優美的用詞遣字，省思深刻的人生態度，並從中更加認識法布爾這位科學家與作者。

法布爾小傳

　　法布爾(Jean Henri Fabre, 1823-1915)出生在法國南部，靠近地中海的一個小鎮的貧窮人家。童年時代的法布爾便已經展現出對自然的熱愛與天賦的觀察力，在他的「遺傳論」一文中可一窺梗概。(見《法布爾昆蟲記全集 6》) 靠著自修，法布爾考取亞維農(Avignon)師範學院的公費生；十八歲畢業後擔任小學教師，繼續努力自修，在隨後的幾年內陸續獲得文學、數學、物理學和其他自然科學的學士學位與執照(近似於今日的碩士學位)，並在1855年拿到科學博士學位。

　　年輕的法布爾曾經為數學與化學深深著迷，但是後來發現動物世界

更加地吸引他，在取得博士學位後，即決定終生致力於昆蟲學的研究。但是經濟拮据的窘境一直困擾著這位滿懷理想的年輕昆蟲學家，他必須兼任許多家教與大眾教育課程來貼補家用。儘管如此，法布爾還是對研究昆蟲和蜘蛛樂此不疲，利用空暇進行觀察和實驗。

　　這段期間法布爾也以他豐富的知識和文學造詣，寫作各種科普書籍，介紹科學新知與各類自然科學知識給大眾。他的大眾自然科學教育課程也深獲好評，但是保守派與教會人士卻抨擊他在公開場合向婦女講述花的生殖功能，而中止了他的課程。也由於老師的待遇實在太低，加上受到流言中傷，法布爾在心灰意冷下辭去學校的教職；隔年甚至被虔誠的天主教房東趕出住處，使得他的處境更是雪上加霜，也迫使他不得不放棄到大學任教的願望。法布爾求助於英國的富商朋友，靠著朋友的慷慨借款，在1870年舉家遷到歐宏桔(Orange)由當地仕紳所出借的房子居住。

　　在歐宏桔定居的九年中，法布爾開始殷勤寫作，完成了六十一本科普書籍，有許多相當暢銷，甚至被指定為教科書或輔助教材。而版稅的收入使得法布爾的經濟狀況逐漸獲得改善，並能逐步償還當初的借款。這些科普書籍的成功使《昆蟲記》一書的寫作構想逐漸在法布爾腦中浮現，他開始整理集結過去卅多年來觀察所累積的資料，並著手撰寫。但是也在這段期間裡，法布爾遭遇喪子之痛，因此在《昆蟲記》第一冊書末留下懷念愛子的文句。

　　1879年法布爾搬到歐宏桔附近的塞西尼翁，在那裡買下一棟義大利風格的房子和一公頃的荒地定居。雖然這片荒地滿是石礫與野草，但是法布爾的夢想「擁有一片自己的小天地觀察昆蟲」的心願終於達成。他用故鄉的普羅旺斯語將園子命名為荒石園(L'Harmas)。在這裡法布爾可以不受干擾地專心觀察昆蟲，並專心寫作。（見《法布爾昆蟲記全集2》）這一年《昆蟲記》的首冊出版，接著並以約三年一冊的進度，完成全部十冊及第十一冊兩篇的寫作；法布爾也在這裡度過他晚年的卅載歲月。

　　除了《昆蟲記》外，法布爾在1862-1891這卅年間共出版了九十五本十分暢銷的書，像1865年出版的《LE CIEL》(天空)一書便賣了十一

刷,有些書的銷售量甚至超過《昆蟲記》。除了寫書與觀察昆蟲之外,法布爾也是一位優秀的真菌學家和畫家,曾繪製採集到的七百種蕈菇,張張都是一流之作;他也留下了許多詩作,並為之譜曲。但是後來模仿《昆蟲記》一書體裁的書籍越來越多,且書籍不再被指定為教科書而使版稅減少,法布爾一家的生活再度陷入困境。一直到人生最後十年,法布爾的科學成就才逐漸受到法國與國際的肯定,獲得政府補助和民間的捐款才再脫離清寒的家境。1915年法布爾以九十二歲的高齡於荒石園辭世。

這位多才多藝的文人與科學家,前半生為貧困所苦,但是卻未曾稍減對人生志趣的追求;雖曾經歷許多攀附權貴的機會,依舊未改其志。開始寫作《昆蟲記》時,法布爾已經超過五十歲,到八十五歲完成這部鉅作,這樣的毅力與精神與近代分類學大師麥爾(Ernst Mayr)高齡近百還在寫書同樣讓人敬佩。在《昆蟲記》中,讀者不妨仔細注意法布爾在字裡行間透露出來的人生體驗與感慨。

科學的《昆蟲記》

在法布爾的時代,以分類學為基礎的博物學是主流的生物科學,歐洲的探險家與博物學家在世界各地採集珍禽異獸、奇花異草,將標本帶回博物館進行研究;但是有時這樣的工作會流於相當公式化且表面的研究。新種的描述可能只有兩三行拉丁文的簡單敘述便結束,不會特別在意特殊的構造及其功能。

法布爾對這樣的研究相當不以為然:「你們(博物學家)把昆蟲肢解,而我是研究活生生的昆蟲;你們把昆蟲變成一堆可怕又可憐的東西,而我則使人們喜歡他們……你們研究的是死亡,我研究的是生命。」在今日見分子不見生物的時代,這一段話對於研究生命科學的人來說仍是諍諍建言。法布爾在當時是少數投入冷僻的行為與生態觀察的非主流學者,科學家雖然十分了解觀察的重要性,但是對於「實驗」的概念還未成熟,甚至認為博物學是不必實驗的科學。法布爾稱得上是將實驗導入田野生物學的先驅者,英國的科學家路柏格(John Lubbock)也是這方面的先驅,但是他的主要影響在於實驗室內的實驗設計。法布爾說:

「僅僅靠觀察常常會引人誤入歧途，因為我們遵循自己的思維模式來詮釋觀察所得的數據。為使真相從中現身，就必須進行實驗，只有實驗才能幫助我們探索昆蟲智力這一深奧的問題……通過觀察可以提出問題，通過實驗則可以解決問題，當然問題本身得是可以解決的；即使實驗不能讓我們茅塞頓開，至少可以從一片混沌的雲霧中投射些許光明。」（見《法布爾昆蟲記全集 4》）

這樣的正確認知使得《昆蟲記》中的行為描述變得深刻而有趣，法布爾也不厭其煩地在書中交代他的思路和實驗，讓讀者可以融入情景去體驗實驗與觀察結果所呈現的意義。而法布爾也不會輕易下任何結論，除非在三番兩次的實驗或觀察都呈現確切的結果，而且有合理的解釋時他才會說「是」或「不是」。比如他在村裡用大砲發出巨大的爆炸聲響，但是發現樹上的鳴蟬依然故我鳴個不停，他沒有據此做出蟬是聾子的結論，只保留地說他們的聽覺很鈍（見《法布爾昆蟲記全集 5》）。類似的例子在整套《昆蟲記》中比比皆是，可以看到法布爾對科學所抱持的嚴謹態度。

在整套《昆蟲記》中，法布爾著力最深的是有關昆蟲的本能部分，這一部份的觀察包含了許多寄生蜂類、蠅類和甲蟲的觀察與實驗。這些深入的研究推翻了過去權威所言「這是既得習慣」的錯誤觀念，了解昆蟲的本能是無意識地為了某個目的和意圖而行動，並開創「結構先於功能」這樣一個新的觀念(見《法布爾昆蟲記全集 4》)。法布爾也首度發現了昆蟲對於某些的環境次機會有特別的反應，稱為趨性(taxis)，比如某些昆蟲夜裡飛向光源的趨光性、喜歡沿著角落行走活動的趨觸性等等。而在研究芫菁的過程中，他也發現了有別於過去知道的各種變態型式，在幼蟲期間多了一個特殊的擬蛹階段，法布爾將這樣的變態型式稱為「過變態」(hypermetamorphosis)，這是不喜歡使用學術象牙塔裡那種艱深用語的法布爾，唯一發明的一個昆蟲學專有名詞。（見《法布爾昆蟲記全集 2》)

雖然法布爾的觀察與實驗相當仔細而有趣，但是《昆蟲記》的文學寫作手法有時的確帶來一些問題，尤其是一些擬人化的想法與寫法，可能會造成一些誤導。還有許多部分已經在後人的研究下呈現出較清楚的

面貌，甚至與法布爾的觀點不相符合。比如法布爾認為蟬的聽覺很鈍，甚至可能沒有聽覺，因此蟬鳴或其他動物鳴叫只是表現享受生活樂趣的手段罷了。這樣的陳述以科學角度來說是完全不恰當的。因此希望讀者沉浸在本書之餘，也記得「盡信書不如無書」的名言，時時抱持懷疑的態度，旁徵博引其他書籍或科學報告的內容相互佐證比較，甚至以本地的昆蟲來重複進行法布爾的實驗，看看是否同樣適用或發現新的「事實」，這樣法布爾的《昆蟲記》才真正達到了啟發與教育的目的，而不只是一堆現成的知識而已。

人文與文學的《昆蟲記》

《昆蟲記》並不是單純的科學紀錄，它在文學與科普同樣佔有重要的一席之地。在整套書中，法布爾不時引用希臘神話、寓言故事，或是家鄉普羅旺斯地區的鄉間故事與民俗，不使內容成為曲高和寡的科學紀錄，而是和「人」密切相關的整體。這樣的特質在這些年來越來越希罕，學習人文或是科學的學子往往只沉浸在自己的領域，未能跨出學門去豐富自己的知識，或是實地去了解這塊孕育我們的土地的點滴。這是很可惜的一件事。如果《昆蟲記》能獲得您的共鳴，或許能激發您想去了解這片土地自然與人文風采的慾望。

法國著名的劇作家羅斯丹說法布爾「像哲學家一般地思，像美術家一般地看，像文學家一般地寫」；大文學家雨果則稱他是「昆蟲學的荷馬」；演化論之父達爾文讚美他是「無與倫比的觀察家」。但是在十八世紀末的當時，法布爾這樣的寫作手法並不受到一般法國科學家們的認同，認為太過通俗輕鬆，不像當時科學文章艱深精確的寫作結構。然而法布爾堅持自己的理念，並在書中寫道：「高牆不能使人熱愛科學。將來會有越來越多人致力打破這堵高牆，而他們所用的工具，就是我今天用的、而為你們（科學家）所鄙夷不屑的文學。」

以今日科學的角度來看，這樣的陳述或許有些情緒化的因素摻雜其中，但是他的理念已成為科普的典範，而《昆蟲記》的文學地位也已為普世所公認，甚至進入諾貝爾文學獎入圍的候補名單。《昆蟲記》裡面的用字遣詞是值得細細欣賞品味的，雖然中譯本或許沒能那樣真實反應

出法文原版的文學性，但是讀者必定能發現他絕非鋪陳直敍的新聞式文章。尤其在文章中對人生的體悟、對科學的感想、對委屈的抒懷，常常流露出法布爾作為一位詩人的本性。

《昆蟲記》與演化論

雖然昆蟲記在科學、科普與文學上都佔有重要的一席之地，但是有關《昆蟲記》中對演化論的質疑是必須提出來說的，這也是目前的科學家們對法布爾的主要批評。達爾文在1859年出版了《物種原始》一書，演化的概念逐漸在歐洲傳佈開來。廿年後，《昆蟲記》第一冊有關寄生蜂的部分出版，不久便被翻譯為英文版，達爾文在閱讀了《昆蟲記》之後，深深佩服法布爾那樣鉅細靡遺且求證再三的記錄，並援以支持演化論。相反地，雖然法布爾非常敬重達爾文，兩人並相互通信分享研究成果，但是在《昆蟲記》中，法布爾不只一次地公開質疑演化論，如果細讀《昆蟲記》，可以看出來法布爾對於天擇的觀念相當懷疑，但是卻沒有一口否決過，如同他對昆蟲行為觀察的一貫態度。我們無從得知法布爾是否真正仔細完整讀過達爾文的《物種原始》一書，但是《昆蟲記》裡面展現的質疑，絕非無的放矢。

十九世紀末甚至二十世紀初的演化論知識只能說有了個原則，連基礎的孟德爾遺傳說都還是未能與演化論相結合，遑論其他許多的演化概念和機制，都只是從物競天擇去延伸解釋，甚至淪為說故事，這種信心高於事實的說法，對法布爾來說當然算不上是嚴謹的科學理論。同一時代的科學家有許多接受了演化論，但是無法認同天擇是演化機制的說法，而法布爾在這點上並未區分二者。但是嚴格說來，法布爾並未質疑物種分化或是地球有長遠歷史這些概念，而是認為選汰無法造就他所見到的昆蟲本能，並且以明確的標題「給演化論戳一針」表示自己的懷疑。(見《法布爾昆蟲記全集 3》)

而法布爾從自己研究得到的信念，有時也成為一種偏見，妨礙了實際的觀察與實驗的想法。昆蟲學家巴斯德(George Pasteur)便曾在《SCIENTIFIC AMERICAN》(台灣譯為《科學人》雜誌，遠流發行)上為文，指出法布爾在觀察某種蟹蛛(Thomisus onustus)在花上的捕食行為，以

及昆蟲假死行為的實驗的錯誤。法布爾認為很多發生在昆蟲的典型行為就如同一個原型，但是他也觀察到這些行為在族群中是或多或少有所差異的，只是他把這些差異歸為「出差錯」，而未從演化的角度思考。

　　法布爾同時也受限於一個迷思，這樣的迷思即使到今天也還普遍存在於大眾，就是既然物競天擇，那為何還有這些變異？為什麼糞金龜中沒有通通變成身強體壯的個體，甚至反而大個兒是少數？現代演化生態學家主要是由「策略」的觀點去看這樣的問題，比較不同策略間的損益比，進一步去計算或模擬發生的可能性，看結果與預期是否相符。有興趣想多深入了解的讀者可以閱讀更多的相關資料書籍再自己做評價。

今日《昆蟲記》

　　《昆蟲記》迄今已被翻譯成五十多種文字與數十種版本，並橫跨兩個世紀，繼續在世界各地擔負起對昆蟲行為學的啟蒙角色。希望能藉由遠流這套完整的《法布爾昆蟲記全集》的出版，引發大家更多的想法，不管是對昆蟲、對人生、對社會、對科普、對文學，或是對鄉土的。曾經聽到過有小讀者對《昆蟲記》一書抱著高度的興趣，連下課十分鐘都把握閱讀，也聽過一些小讀者看了十分鐘就不想再讀了，想去打球。我想，都好，我們不期望每位讀者都成為法布爾，法布爾自己也承認這些需要天份。社會需要多元的價值與各式技藝的人。同樣是觀察入裡，如果有人能因此走上沈復的路，發揮想像沉醉於情趣，成為文字工作者；那和學習實事求是態度，浸淫理趣，立志成為科學家或科普作者的人，這個社會都應該給予相同的掌聲與鼓勵。

楊平世　　2002.6.18 於台灣大學農學院

（本文作者現任台灣大學昆蟲學系教授）

第一章

聖甲蟲

　　事情的經過是這樣的：我們五、六個人，我嘛，年紀最老，是他們的老師，更是他們的同伴和朋友；而他們呢，都是年輕人，有著熱切的心、美好的想像、充沛的青春活力，這一切使我們都那麼熱情洋溢地渴望了解自然萬物。一條山路兩旁長著接骨木和英國山楂樹，金色花金龜已被這些樹上的繖房花序的苦澀香味陶醉了。我們沿著山路，一邊談天說地，一邊看看聖甲蟲是不是已經在多沙的翁格勒高原上出現，正滾動著牠那被古埃及人視為代表世界形象的糞球。我們也想了解，梭形尾巴像珊瑚分枝的小蠑螈，是不是躲藏在山腳下的溪水裡、躲在表面如綠毯般的浮萍下；小溪裡的絲魚這種美麗小魚，是不是戴上了牠那天藍色和紫紅色相間的結婚領帶；初來乍到的燕子是不是張開剪刀般的翅膀掠過草地，捕捉一邊跳舞一邊下蛋的大蚊；長著眼狀斑的蜥蜴是不是在砂岩的地穴洞口處，在陽

光下展示牠那布滿藍斑的臀部；從海上飛來的笑鷗是不是成群遨翔在河面上，追逐著溯隆河上到內陸水域產卵的魚群，並不時發出猶如狂人癡笑般的鳴叫……不過，我們就到此為止吧。為了簡短表達，我要說，我們這些狂熱地喜歡跟動物生活在一起、幼稚而純樸的人們，將度過一個難以言喻的歡樂上午，以慶祝春天萬物的復甦。

事情正如我們所盼望，絲魚已經梳妝打扮完畢，牠的鱗片使白銀的亮光黯然失色，而牠的胸前抹著最鮮豔的朱紅色彩。當居心叵測的黑色大螞蟥接近時，牠的背上、肋部的小刺就像彈簧似的，突然豎了起來，在這種堅定的態度面前，那個強盜只得一溜煙地鑽進草堆裡去了。扁卷螺、瓶螺、椎實螺，這些與世無爭的軟體動物來到水面呼吸空氣。龍蝨和牠那醜陋的幼蟲是池塘裡的海盜，牠們扭著脖子劃水而過，時而襲擊這個，時而襲擊那個，而周圍那些傻呼呼的昆蟲，看起來根本不知道有這麼一回事。但是，且讓我們丟下平原上的水塘，去攀登那座把我們跟高原隔開的懸崖吧。在那裡，綿羊在吃草，馬在練習賽跑，準備參加下一次比賽。牠們全都為歡樂的食糞性甲蟲帶來美味可口的食物。

把地上的糞便清除乾淨，這是鞘翅目甲蟲的工作，也是牠們的崇高使命。我們不禁對食糞性甲蟲擁有的各種各樣工具讚

嘆不已：有的用來翻動糞土，把糞土搗碎、整形；有的用來挖洞，往後牠們將帶著戰利品躲在這洞裡。所有這些工具猶如工藝博物館裡陳列的挖掘器械，其中有的似乎模仿人類的技藝，有的則獨具匠心。我們人類也許可以仿效牠們，製造出新的器具來。

月形蜣螂

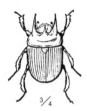

³/₄

米諾多蒂菲

西班牙蜣螂的額前有一支強有力的角，角尖而後翹，像十字鎬的長柄。月形蜣螂除了有類似的角外，還從胸部長出兩片強大的犁頭狀尖片，兩片犁頭之間，有一根突出的尖骨作為刮刀之用。生長在地中海邊的野生野牛蜣螂和野牛蜣螂，額前有一對粗壯岔開的角，從前胸長出一片水平的犁頭伸到兩角之間。米諾多蒂菲的前胸長著三片直指前方的平行尖犁，兩邊長中間短。牛屎蜣螂的工具是兩個像牛角似的彎長鉗子，而福爾卡圖屎蜣螂的工具則是一根雙刃長叉，直豎在扁平的頭上。即使是最差勁的食糞性甲蟲，或者在頭上、或者在前胸也都長著突出的小硬塊，而有耐心的昆蟲就很善於使用這些圓鈍的工具。所有

牛屎蜣螂

的食糞性甲蟲都配備鏟子，這鏟子就是邊緣鋒利、大而扁平的頭；牠們都會運用耙子，也就是說，用帶有鋸齒的前腳把糞便耙攏到一起。

似乎有種現象做為骯髒工作的補償，不少食糞性甲蟲都散發出麝香味，而且腹部都閃耀著磨亮金屬般的光澤。偽善糞金龜腹部發出金和銅的光亮，糞生糞金龜腹部則是紫晶色，不過一般來說，食糞性甲蟲的顏色是黑的。衣著華麗如鮮豔首飾般的食糞性甲蟲都長在熱帶地區。生長在上埃及駱駝糞下的金龜子，其綠色可與祖母綠媲美；而生在圭亞那、巴西、塞內加爾的蜣螂，則閃耀紅色的金屬光澤，像黃銅那麼富麗堂皇，像紅寶石那麼光彩照人。我們這裡雖然沒有這種彷彿糞便做成的首飾盒，但法國食糞性甲蟲的習性也同樣引人矚目。

在一堆糞便四周，是何等忙碌的場面啊！從世界各地蜂擁而至的冒險家，在開發美國加州的砂金礦時，也沒有這樣熱烈的幹勁。太陽還不太熱，數百隻各種各樣、大大小小、形態各異的食糞性甲蟲便已擠在那裡，亂哄哄、急急忙忙地在這塊共同的糕點上分一杯羹：有的在露天作業，梳耙著表面；有的在糞堆深處挖掘巷道，尋找優質的礦脈；有的在下層開發，以便立即把戰利品埋藏於鄰近的土中；個頭最小的則在一旁，把身強力壯的合作者進行大規模發掘時坍塌的一小塊糞便切碎。有

的新來乍到，可能肚子最餓吧，便當場飽餐一頓；不過大多數
所想的是要積攢一筆財產，以便在隱匿所的深處，有萬無一失
的、充分的儲存，以供長久之需。在生長著百里香的貧瘠平原
上，並不是隨意便能找到一堆新鮮糞便的；這樣的意外收穫眞
是上天的恩賜，只有得天獨厚的幸運者才會中獎，自然得把今
天得到的財富小心翼翼地儲藏起來。方圓一公里糞香四溢，於
是所有的食糞性甲蟲都急忙奔來，聚集在這些食物上頭，而且
路上還有遲到的傢伙飛著或跑著往這裡趕來哩！

咦，這隻唯恐來得太晚，碎步向糞塊趕來的是什麼蟲呢？
牠那長腳像是由裝在肚子裡的一個機械裝置所推動，生硬而笨
拙地移動；紅棕色的觸角像扇子似地張開，這表示牠擔心那強
烈的貪慾不能滿足而焦慮不安。牠來了，牠擠倒一些捷足先登
者，來到了大餐桌前。這渾身黝黑、粗大異常的傢伙，便是大
名鼎鼎的聖甲蟲，現在牠跟牠的同胞入席排排坐了。牠用巨大
的腳，一下一下地對糞球做最後的加工，或者給糞球再加上一
層糞，然後走到一旁，平靜地享受工作成果。現在讓我們看
看，牠是如何一步步製造出這著名的糞球吧！

牠的兜帽，即頭的邊緣寬大扁平，有六個排成半圓形的角
形鋸齒，這便是挖掘和切削的工具，這把子用來剔除或扔掉不
能吃的植物纖維，把最精美的食物梳耙、聚攏起來。精選工作

聖甲蟲

就是這樣完成的。聖甲蟲如果只是為了自己的食物，那麼大致挑選一下也就行了，但如果要製作育兒所，要在糞球中挖一個孵卵的小洞，就得精挑細選。這些精明的行家當然寧願用後一種方式來行事，於是便仔細地把所有纖維屑剔除。小室的內層全由糞便的精華部分建築而成，於是，當初生的幼蟲破卵而出時，便能在住所的內壁找到健胃壯脾的精緻食物，為以後向粗糙的外層發動進攻做好準備。

聖甲蟲對自己的食物沒有這麼挑剔，只要大致篩選一下就可以了。帶鋸齒的兜帽破土鑽入，進行挖掘，似乎是漫不經心地耙剔、收聚了一番。強有力的前腳通力合作，這些前腳形狀扁平且彎成弧狀，有線形凸起，腳上還有五個堅硬鋸齒。如果需要動武、推翻障礙或在糞團最厚處開闢道路，牠便舞動雙肘，即伸出帶鋸齒的腳，左右開弓，然後有力地一耙，清出一個半圓形的地盤。場地清好後，這些前腳還有另一項工作：一堆一堆地，把兜帽耙過的糞便聚攏到腹部下的四隻後腳間。這些後腳用來做車床工人的工作。這些腳，尤其是最後那兩隻腳，形狀細長且略成弧狀，末端有很尖的爪，看起來很像球形圓規，把一個球體抱在彎腳中間，用來檢查和修正球體的形狀。實際上，這些腳的作用就是對糞團進行加工，使之成形。

　　糞便一堆堆地被聚攏在腹下四隻腳之間，四條弧形的腳輕
輕一壓，糞便就變成圓形，於是糞球初具雛形了。經過粗略加
工的糞團，接著便在四隻腳的雙重球形圓規中間搖晃著，在食
糞甲蟲腹下轉動，透過旋轉，不斷地使形狀更為完善。糞團表
層若缺乏彈性就會一片片剝落，而若某處粗纖維過多無法削
去，則須用前腳修整有缺陷的部位，即用腳上巨掌輕輕拍打糞
團，使新裹上的糞土成形，並把倔強的纖維屑裹到糞團裡。

　　工程時間緊迫時，看這位車床工人在熾熱的陽光下，如癡
如狂地敏捷工作，令我們驚嘆不已。工作進展得如此神速：剛
剛還是一粒小糞丸，現在已是核桃大的糞團了，再過一會兒便
成了蘋果那麼大的糞球。我曾見過一些貪吃傢伙製造出拳頭大
的糞球，這些麵包絕對夠做為幾天的糧食了。

　　食物製作好了，現在要從混戰中脫身，把食物運到合適的
地方。聖甲蟲習性中最驚人的特徵便由此展現。這種食糞性甲
蟲毫不遲疑立即上路，牠用兩隻長長的後腳抱著糞球，腳末端
的爪子卡進糞球作為旋轉軸；中間那兩隻腳支撐著糞球，長著
鋸齒做為鎧甲的前腿交替著地，就這樣帶著重物，身體傾斜，
頭朝下，屁股朝上，倒退著走。兩隻後腳是機器的主要構件，
來回運動，腳不斷地挪動變換旋轉軸，使重物保持平衡。兩隻
前腳左右交替的推力使重物往前移，這樣糞球表面的各個點輪

番與地面接觸，由於壓力分布均勻，便使糞球的外形十分完美，並使外層各部分都一樣堅實。

　　球在前進，球在滾動，加油，一定可以到達目的地的！不過途中當然不會一帆風順，聖甲蟲遇到的頭一個困難便是，在翻越一個陡坡時，沈重的糞球會順著斜坡滾下去。但是昆蟲出於只有牠自己知道的動機，寧願走這條天然的道路。這可是大膽的計畫，只要一步失足，只要有一粒沙破壞了平衡，計畫就將告吹。果然，一步踏錯，糞球滾入了谷底；昆蟲也被重物拖倒，翻了個跟斗，六隻腳亂動。不過，牠又翻轉過來了，奔跑著去把糞球抓住，渾身的器械更起勁地運轉著。「你可要小心啊，你這個笨蛋；順著谷底走吧，這樣可以省力氣又不會出意外，那裡路好走，十分平坦，你的糞球可以不費力氣滾動的。」可是，昆蟲偏不這麼走：牠打算重新攀登曾經造成嚴重後果的陡坡。也許牠應該返回高地，對此我能說什麼呢？到聖地去！在這個問題上，聖甲蟲的見解當然比我高明。「不過你至少要走這條小路吧，這裡坡度不陡，一定能讓你爬上去的。」可是牠才不呢，如果附近有一道陡峭得無法攀登的斜坡，這個固執的傢伙寧願走斜坡。工作又開始了。聖甲蟲小心翼翼地一步步一直往後退，千辛萬苦地，把糞球這個巨大的重擔推到一定的高度。我們不免尋思，靠著什麼樣的力學奇蹟，聖甲蟲在斜坡上能夠抓牢這麼大一團東西。哎呀！一個不小

心，前功盡棄了，糞球滾落帶動聖甲蟲也滾了下去。再攀登，很快又跌了下來。再重新開始嘗試，這次在艱難的路上，牠做得更好，謹慎地繞過一根該死的草莖。這根草莖前幾次都讓牠栽了跟斗。再走一點路就到了，不過，牠走得很慢，非常非常慢。斜坡危機四伏，稍有不慎就會全盤皆輸。這時牠一隻腳在光滑的礫石上滑了一下，糞球隨著聖甲蟲一起，唏哩呼嚕地又掉了下來，可是聖甲蟲以百折不撓的執著精神又重新開始。牠十次、廿次徒勞無功地攀登，直至頑強地克服了障礙；或者變得聰明些，認清這樣做無疑是白費力氣，才取道從平地走。

聖甲蟲不見得總是獨自一人搬運珍貴的糞球；牠經常為自己找個搭檔，更準確地說，是另一隻主動加進來。通常的情形是這樣的：糞球做好後，一隻聖甲蟲退出戰局，離開工地，倒退推著戰利品。這時旁邊有隻初來乍到、剛剛開始工作的昆蟲，突然扔下牠的工作，向滾動的糞球跑去，向幸運的主人助一臂之力，而這個主人也很樂意接受幫助。於是兩個夥伴一道工作，競相出力把糞球運到安全地點。牠們在工地上就有心照不宣的協定、平分糕點的默契嗎？是否當一隻昆蟲揉捏、加工糞球時，另一隻則開挖豐富的礦脈，從中採取優質的材料，將之添加到共有的食物上去呢？我從來沒有見過這樣的合作情形，總是看到每隻聖甲蟲在開採地上只忙著自己的事情，所以晚來的人完全沒有分享工作成果的權利。

那麼，這是不是雌雄的一種聯合，一對配偶即將成家立業呢？有段時間，我曾這麼認為。兩隻聖甲蟲，一隻在前，一隻在後，以同樣的熱情推著沈重的糞球，令我想起黑暗時代管風琴彈奏的歌曲：「要成家，唉！怎麼辦！你在前，我在後，咱們一起推酒桶。」然而，解剖的結果使我不得不放棄這種充滿溫情的家庭牧歌。雌、雄聖甲蟲外表沒有任何不同特徵可以將之區別開來，於是我便解剖兩隻搬運同一糞球的聖甲蟲，而最常見的情況是，牠們都是同一性別。

既不是一家人，又不是工作夥伴，那麼這種表面的共事是為了什麼？純粹是企圖劫持。這個殷勤的搭檔，以助一臂之力做為騙人的藉口，滿心盤算著一有機會便把糞球據為己有。在糞堆裡自己做球既辛苦又需要耐心，而別人做好後把它搶來，或者退一步冒充客人，這要省事得多。如果糞球主人不提高警覺，牠就會帶著財寶溜走；如果牠受到嚴密監視，那就兩人共進午餐，因為牠幫過忙。這樣的戰術有百利而無一弊。有的就像我剛才說過的那樣工作起來，跑去幫助一個根本毋需牠幫助的同伴。在慈善援助的假象下，掩飾著極其卑鄙的貪婪野心。有的甚至膽子更大，對自己的力量更有信心，便單刀直入，半路一下子把東西搶走。

時時刻刻都會發生這種攔路搶劫的場面。一隻聖甲蟲安詳

地走著，獨自滾動著辛勤工作得到的合法財產——糞球。不知從哪裡突然飛來另一隻聖甲蟲，猛然落下，把黝黑的翅翼收到鞘翅下面，用帶鋸齒的手臂把主人推翻在地，而主人正推著重物，無法抵擋這次進攻。當被剝奪財產的主人亂踢亂蹬又翻轉過來時，另一隻聖甲蟲已經雄踞在糞球上面，處於能夠打退進攻者的最有利位置，腳收在胸下，隨時準備反擊。牠等待著事態的發展。被搶的聖甲蟲繞著糞球走動，尋找有利地點進攻。強盜則在堡壘的圓頂上轉動身子，一直與被搶者對峙著，如果對方立起身子準備攀登，牠就揮臂一擊打到對方的背上；如果對手不改變奪回財產的戰術，被搶者便能在堡壘頂上巋然不動，不斷挫敗對手的企圖。為了讓堡壘和駐軍垮下來，被搶者便施展挖坑道的戰術。糞球下部受到破壞，搖搖晃晃，與聖甲蟲強盜一齊滾動，那強盜竭盡全力使自己不從球上掉落。可是底座的轉動使牠往下滑，牠倉促做一個體操動作好待在上面。牠辦到了，但並不會總是成功，要是有個動作失誤，牠掉了下來，雙方的機會均等，於是格鬥便轉為拳擊，強盜與被搶者胸貼著胸，肉搏撕打起來。雙方時而腳勾著腳，時而又分開來，關節糾纏在一起，觸角的鎧甲相互碰撞，發出像金屬相銼般吱吱嘎嘎的刺耳聲。然後那隻終於把對手打得仰倒在地的聖甲蟲，掙脫出來，急急忙忙占領球頂的陣地。圍城戰重新開始。根據肉搏戰的戰果，圍攻者時而是強盜，時而是被搶者，前者無疑是大膽的海盜和冒險家，所以往往占上風。在兩、三次失

敗之後，受害者厭戰了，便逆來順受地回到糞堆上去，重新製作糞球。至於那另一隻聖甲蟲，很怕一不小心就會受到偷襲，便把奪來的糞球隨便推到什麼地方。我有時曾見到第三個強盜來搶這竊賊的東西。平心而論，我對此並不生氣。

是誰把蒲魯東「財產即盜竊」[1]這種大膽且違反常理的論斷運用到聖甲蟲的習性上？是哪個外交家在聖甲蟲身上提倡「武力勝過權利」這種野蠻的主張？我百思不得其解。我缺乏資料，無法查明究竟是什麼原因使這些搶掠行為成了習慣，為了一塊糞團而濫用武力。我所能確定的就是，扒竊是聖甲蟲普遍的習性。這些糞便搬運工肆無忌憚地彼此你搶我奪，這樣厚顏無恥的傢伙我還沒見過。這個奇怪的動物心理學問題，就留待未來的觀察者去解決，我們還是回到這兩個共同搬運糞球的合夥人身上吧。

首先，讓我們剔除書本上流行的一個錯誤說法。我在布朗夏先生傑出的作品《昆蟲的變態、習性與本能》中讀到下面這段話：「我們的昆蟲有時被一個無法逾越的障礙擋住，糞球掉進了洞裡。這時金龜子表現出一種對局勢的驚人了解，以及一

① 蒲魯東：1809～1865年，法國社會主義者，在其主要著作《什是財產》（1840）中提出「財產即盜竊！」這個口號。——譯注

相當不合邏輯（因而不值得盲目相信）的觀察，提出了關於圓裸胸金龜的奇遇，並將此原樣搬到聖甲蟲身上。兩隻同種的昆蟲一起忙著滾動糞球，或者是從一個困難的地方把糞球拉出來，是非常常見的事。但是兩隻蟲的合作一點都不能證明，處於困境的聖甲蟲會去向牠的同伴求助。我算是相當具有布朗夏先生所說的耐心；我曾經長時間跟聖甲蟲朝夕相處，千方百計想要盡可能看清牠的習性，並在實際生活中研究牠們，可是我從來沒有看到任何可令人聯想到喊同伴來幫忙的動作，哪怕只是一閃而逝的念頭也好。我很快就會談到，我曾經對聖甲蟲進行考驗，比糞球掉進洞要難得多；我曾設置比重新爬上坡更困難的障礙，因為爬坡對於固執的薛西弗斯③來說，是一種真正的遊戲，而這食糞性甲蟲似乎也樂於在斜坡上做著艱苦的體操，好像這麼一來糞球就會變得更結實，也更有價值。我曾經製造比任何時候都更需要幫忙的局面，可是在我眼前，從來沒有出現同夥間互相幫助的某種證據。如果有一些食糞性甲蟲圍著同一個糞球，都是因為發生了戰鬥。所以，我個人微不足道的看法就是：幾隻聖甲蟲出於掠奪的目的而一起湧到同一個糞球上，結果卻產生了呼喚同伴來幫助的故事。由於觀察得不夠充分，人們把一個攔路搶劫者說成是放下自己的工作去幫助別

③ 薛西弗斯：希臘神話的人物，他被罰在地獄把巨石推到山上，但當他即將把巨石推到山頂時，巨石又滾下來，只得重新再推，如此永無終止。──譯注

人，反而變成樂於助人的同伴。

要說一隻昆蟲對局勢有驚人的了解，以及一種更令人驚訝的同類間進行聯絡的能力，這可不能輕描淡寫；所以我要強調這一點。什麼？一隻處於困境的金龜子會請求別人幫助？牠飛走，四處搜尋，去尋找在糞塊四周忙於工作的同伴；而在找到後，用手勢動作，特別是用觸角的動作，向牠們說：「喂！你們聽著，我車上的東西翻到洞裡去了，來幫我把它拉出來吧。以後你們發生這樣的事情，我也會幫助你們的。」而那些同伴們聽懂了！然後，同樣驚人的是，牠們立即放下自己的工作，放下牠們已開始製作的糞球，去幫助那個求助者，而任憑自己寶貴的糞球被別的貪婪者趁機搶走！我十分懷疑牠們會有如此的犧牲精神，多年來我在金龜子活動的地方（而不是在昆蟲收藏盒）所看到的一切，都證實了我的懷疑。除了生育期間對幼蟲呵護有加之外（昆蟲在此時的母性溫柔真是可欽可佩），昆蟲總是只顧自己而不管別人。當然，蜜蜂、螞蟻等過著群居生活的昆蟲除外。

題外話就說到這裡吧，雖然我要說的問題很重要，但說這麼幾句題外話是可以原諒的。我說過，一隻聖甲蟲倒退推著糞球，經常會有個合夥人出於自私的目的跑來幫助牠，一有機會，合夥人就把這糞球搶走。說是合夥人，這個詞用得並不恰

當，因為一個是硬加進來，而另一個只是害怕會發生更嚴重的災禍才接受別人的幫助。不過彼此倒是共處得十分和平。作為糞球主人的聖甲蟲看到那夥伴來到，一刻也沒放下自己的工作；新來者似乎懷著滿腔好意，立即開始工作起來。兩個合夥人駕車的方式不同，主人占據首席位置，在主位，從後面推重物，後腿朝上，低著頭；夥伴的位置相反，在前面，仰著頭，帶鋸齒的手臂放在糞球上，長長的後腿著地。糞球處在兩隻聖甲蟲中間，前者推，後者拉。

這兩個夥伴使出的力氣不怎麼協調。助手扭轉身子，背朝著前面的路，而主人的視線又被糞球擋住了，於是一再發生事故，兩個搭檔笨拙地摔倒，不過牠們倒是都高高興興，心甘情願，匆匆忙忙再爬起來，重新站好位置，不會把次序弄顛倒。在平地上，這樣的搬運方式不符合效率，因為彼此配合的動作不協調；如果後面那隻聖甲蟲獨自搬運，可能速度會一樣快，而且還會做得更好。所以，夥伴在表現表現牠的好意之後，便冒著破壞合作體制的危險，決定不再幫忙了。當然，牠並沒有放棄那個寶貴的糞球，牠不會犯這樣的錯誤，牠不會讓主人拋下牠而自己走掉。

於是，牠把腳收到腹下，可以說是賴在糞球上面，跟糞球成為一體了，從此，糞球和趴在糞球表面的聖甲蟲，便由合法

的糞球主人推著一起滾動。不論是重物從身上壓過去，還是趴在滾動糞球的上面、下面、旁邊，都沒什麼差別，這個助手牢牢地趴著，一聲不吭。這真不是普通的助手，牠讓別人用華麗的馬車載運著，還想要分得一份食物！我想，要是遇到一個陡坡，那又有好戲看了，這時，在艱險的斜坡上，牠倒成了領頭人，用帶鋸齒的胳膊抓住沈重的糞球，而牠的夥伴則支撐著把重物抬高一點。兩隻昆蟲協調配合，共同出力，由下面那一隻推著糞球，爬上斜坡。如果爬不上斜坡，單獨一隻聖甲蟲再怎麼頑強也會洩氣的。然而，實際情況並不是這樣。在這個艱難時刻，兩人的熱情可不一樣，在最需要通力合作的斜坡上，夥伴卻顯出根本不知道有困難要克服的樣子。那隻不幸的聖甲蟲拚命設法走出困境，弄得精疲力竭時，另一隻則賴在糞球上，若無其事地讓主人自己去拼命，牠則跟著糞球一起滾落，一起被抬起來。

我曾多次對兩個合夥者進行如下實驗，看看牠們面臨嚴重麻煩時，解決問題的能力如何。在平地上，主人推著糞球，夥伴在糞球上一動也不動。我沒有破壞牠們駕車的方式，只用一根長而粗的大頭針把糞球釘在地上，糞球一下子停住了。主人聖甲蟲不知道我的詭計，一定以為遇到了某種天然障礙，比如糞球被車轍、狼牙草的莖或礫石擋住了。牠加倍用勁，拼命施力，但是糞球一動也不動。「究竟發生了什麼事？讓我看看。」

昆蟲繞著糞球轉了兩三圈，牠不知道到底什麼原因使糞球不動，於是牠又走到糞球後面，重新推起來，糞球還是不能動彈。「到上面看看去吧。」昆蟲爬上糞球，牠只看到那穩如泰山的夥伴坐在那裡。我小心地把大頭針插得深深的，針頭都埋到糞團裡去了。牠在圓頂上搜尋一番，然後下來，又往前面和兩旁用力推了幾下，還是不行！這樣一個推不動糞球的問題，聖甲蟲一定從來沒有遇到過。

現在是需要幫助，真正需要幫助的時候了，事情應該很容易解決，因為那位夥伴就在那裡，就蹲在圓頂上。聖甲蟲是不是會去搖搖牠，對牠說：「你在這裡幹什麼，懶蟲！來看看吧，機械不轉了！」沒有任何跡象證明這一點，我看到聖甲蟲花了很長時間頑強地搖晃著推不動的東西，從各個角度，從上面，從旁邊探測著固定不動的機械；與此同時，那個夥伴卻始終在休息。不過時間久了，夥伴也意識到發生了某種不尋常的事；糞球主人不安地走來走去和糞球動也不動引起了牠的注意，於是牠從上面下來，也進行觀察。兩人駕車並不比一人駕車好。事情複雜化了，牠們那像小扇子的觸角張得大大的，閉合起來，又打開，又張大，不斷地顫動，流露出強烈的焦慮。接著一種天才的念頭打消了這些困惑。「誰知道糞球底下會有什麼東西呢？」於是牠們從底部進行探測，稍稍地搜索就發現大頭針了，牠們隨即了解問題的關鍵就在這裡。

　　如果我在這個會議上有發表意見的權利，那我就會說：「必須進行挖掘，把固定糞球的樁拔出來。」這種辦法最簡單，而且對於像牠們這樣內行的挖掘工來說，做起來很容易。可是我的意見並沒有被採納，甚至連試都沒試一下。這兩個夥伴，一個從這頭，一個從那頭，鑽進糞球下面，糞球隨著活挖土鍬挖掘的程度，也就滑動起來，順著大頭針往上升。由於糞便鬆軟，這種巧妙的辦法行得通，於是在動也不動的樁頭下面挖出了一條通路，很快的，糞球便懸在與這兩隻聖甲蟲身體厚度一樣高的地方。兩隻蟲先是貼地趴著，用背來頂，靠著腳用力，一點一點地把糞球撐起來。但是腳越來越使不上力，很難進一步挺直身子，但牠們終於還是做到了，不過隨即因為已達到高度極限，就再也無法用背來頂。還剩下最後一個辦法，不過這辦法不方便用力，昆蟲時而用這種姿勢駕車，時而用另一種，也就是讓頭朝下或者頭朝上，用後腳或者用前腳推著。如果大頭針不是太長，糞球終於落到地上，於是牠們把被鐵樁戳破的糞球馬馬虎虎地修補一下，立即重新開始運輸。

　　但是，如果大頭針非常長，昆蟲再挺直身子也無法達到大頭針的高度，結果糞球還是牢牢固定住，最後就懸在大頭針上。在這種情況下，聖甲蟲繞著爬不上去的奪彩竿施以一番徒勞無功的努力之後，如果我不大發慈悲親自出馬，幫牠們把這個財寶解脫出來，牠們就會放棄這個寶物了。或者我還可以這

樣做：用一小塊平坦的石頭把土墊高，讓昆蟲可以在這個平臺上繼續使力。可是牠們似乎沒有立即明白這用法，兩隻聖甲蟲都沒有急忙利用小石片。不過有意無意間，一隻聖甲蟲終於爬到石頭上面。在平臺上，聖甲蟲感覺到糞球輕輕擦著牠的背，這是多麼幸福啊！這一接觸使牠恢復了勇氣，牠又開始使勁了。現在昆蟲在這片大有助益的平臺上，伸展關節，弓起背，拱著糞球。如果用背還不夠，便用腳朝前頂或朝後蹬。當腳構不到時，牠又停下來，出現不安的跡象。這時我沒有打擾昆蟲，又將一塊石片放在第一塊上面。借助這新的階梯作為槓桿的支點，昆蟲繼續努力。隨著需要，平臺一層層地加上去，我看到聖甲蟲爬升到一隻手指高，在三、四個搖晃的平臺上，牠堅持不懈地工作，直到把糞球完全拉下來。

聖甲蟲是不是模模糊糊地意識到，這撐高的支架對牠有幫助呢？我對此表示懷疑，雖然昆蟲很巧妙地利用了我的小石片平臺，但是牠如果有能力產生這種最簡單的想法，想到用一個稍微高的底座來構到太高的東西，那麼，牠倆為什麼沒想到用自己的背墊高另一隻聖甲蟲而構到糞球呢？唉！牠們根本想不到這樣的辦法。沒錯，兩隻聖甲蟲都盡力推著糞球，可是就像是獨自在推似的，似乎沒有想到合作會產生良好的結果。當糞球被大頭針釘在土中時，牠們的確是這樣做的，而在類似的情況下，當糞球被某個障礙物擋住，被彎曲的狼牙草絆住，或者

被長在鬆軟土塊上的某種植物細莖纏住時，牠們也是這樣做的。我想辦法讓糞球停止不動，這跟糞球在地上滾動時可能自然產生的無數事故，實質上並沒有多大的不同，所以在我實驗性的測試中，昆蟲的行為就跟我不加干預時的行為方式一樣。牠們用背當作槓桿，或用腳來推，這樣的行動毫無新意，即使能得到一個夥伴的幫助亦然。

如果聖甲蟲獨自面對糞球釘在地上的困難，在沒有同夥的情況下，用力的方法仍然完全一樣，而只要人們為牠提供逐步建造起來的平臺，這個必不可少的支援使牠的努力最後總會成功。如果不給牠這樣的援助，雖然能觸及那珍貴的糞球，但是糞球實在太高，對牠便不再有吸引力，牠灰心喪氣，遲早都會帶著十分遺憾的心情飛得無影無蹤。牠會到哪裡去，我不知道。我很清楚牠不會帶一群同伴來幫忙。既然牠身旁有個一起平分糞球的同伴都不會利用，那麼去找一群同伴有什麼用呢？

不過，讓糞球懸在昆蟲用盡辦法都搆不到的高度，我這種實驗也許跟平常會發生的情況相差太遠了，那麼我們試試用一個相當深且陡的小洞，把聖甲蟲和糞球一齊放到洞底，使得牠無法滾動著沈重的負擔爬上洞壁。在這種情況下會發生什麼事呢？聖甲蟲一再努力但毫無結果，相信自己已經無能為力，便飛得無影無蹤了。過了好久好久，我一直等著昆蟲帶幾個來支

援的朋友回來，不過最後還是白等一場。我好多次看到糞球仍然在同一個地方，仍然在大頭針頂部或者在洞底，這證明我不在場時沒發生任何新的事情。由於不可抗力而被扔下的糞球，就這樣被永遠拋棄了。會用挖土鍬和槓桿把被固定住的糞球拱上去，這便是聖甲蟲向我證明的最了不起的智慧了。

　　兩隻搭檔的聖甲蟲滾動著糞球，穿過有百里香、車轍和斜坡的沙地，漫無目的地走著，這樣的滾動使糞球有了一定的硬度，也許這樣的糞球正合牠們的胃口。走著走著，牠們找到一處合適的地方。一路上身為財產主人的那隻聖甲蟲始終處於主位，也就是在糞球後面，幾乎完全由牠一人承擔運輸的任務。找到了合適的地方後，這時主人便開始動手挖餐廳。糞球就在牠身旁，那個夥伴趴在糞球上面裝死。第一隻聖甲蟲用兜帽和帶鋸齒的腳挖沙，把挖出來的沙一堆一堆地朝後面往外丟。挖掘工作進展迅速，不久，昆蟲整個消失在挖出來的洞穴中。每次牠帶著一堆沙土回到地面時，這位挖掘工總要朝牠的糞球瞧一眼，看看糞球是否安然無恙。牠過一段時間就把糞球朝洞口推近些，輕拍著糞球，這種接觸似乎使牠熱情倍增。而另一隻聖甲蟲，那個偽君子，由於在糞球上一動也不動，使主人一直很放心。地下餐廳擴大並加深了，挖掘工走出來的次數少了，因為裡面工程浩大。機不可失。那隻睡著的聖甲蟲醒過來，奸詐的夥伴溜了下來，背朝外地推著糞球，動作快得就像一個竊

賊不願被人當場抓住那樣，一溜煙地跑掉了。這種利用別人信任的行為使我憤慨，不過我為了弄清楚事情的始末，就讓牠這麼做下去；如果會出現不好的結局，我還來得及加以干預以維護正義。

　　竊賊已經跑到幾公尺開外了，這時失竊者從洞裡出來，四處張望，什麼也沒找到。無疑地牠自己對此事也很習慣，牠知道這究竟是怎麼一回事。靠著嗅覺和察看，牠很快便找到竊賊的行蹤。聖甲蟲急忙趕上掠奪者，可是這個掠奪者十分狡猾，一感到對方已經近身，便改變駕車方式，用後腳支撐身子，帶鋸齒的胳膊抱著糞球，就像牠做為助手時那樣。啊！壞蛋！我要揭穿你的陰謀。你想跟失竊者說，糞球順坡滾下去，你正盡力把糞球抓住，再把它運回到住所裡來。不過我是事件的公正見證人，我能證明糞球平平穩穩地放在洞口，並沒有自己滾下去，何況地還是平坦的；我證明是你推著糞球走開了，你的意圖再清楚不過，這是意圖搶劫，我難道還不了解這回事！不過我的證詞並沒有被重視，那個主人寬厚地接受了對方的辯解，於是這兩個搭檔好像沒事一樣，把糞球運回到洞裡。

　　但是如果這名小偷來得及走遠，或者牠能夠用巧妙的迂迴前進來掩飾牠的行為，那麼災禍就無可補救了。在熾熱的陽光下把食物準備好，千辛萬苦從老遠運來，在沙裡挖了一個舒適

的宴會廳。當一切都準備就緒，在一番努力工作後食慾大增，使即將到來的盛宴增添了新的吸引力之時，突然發現自己被狡猾的合作者掠奪得一乾二淨，這的確是椿倒楣透頂的事，熱情再高的人也會洩氣的。可是聖甲蟲並沒有因為命運的打擊而沮喪，牠搓搓雙頰，伸伸觸角，吸吸空氣，然後飛向附近的斜坡，又開始覓食了。我欣賞牠，我羨慕這種剛毅的性格。

假設聖甲蟲很幸運地找到一個忠實的合作者，或者更好的情況，假設牠在路上沒有遇到不請自來的夥伴吧。洞穴已經挖好了，這是一個挖在疏鬆土地上的洞，通常在沙地裡，洞不深，有拳頭那麼大，由一條短徑通到外面，其大小正好能讓糞球通過。食物一儲存好，聖甲蟲便把自己關在家裡，用築屋時留在角落裡的廢料封住洞口。門關好後，外面絲毫看不出裡頭的宴會廳。萬歲！在這美妙絕倫的小小世界裡，一切都再好不過了！餐桌上有豐富的佳餚，天花板遮擋住熾熱的陽光，只讓柔和而微濕的熱氣透進來，遠避塵囂、黑暗和戶外蟋蟀的鳴唱，一切都有利於促進肚子的機能。

誰敢打擾一場如此幸福的宴會呢？但是出於學習的願望，我什麼事都能做出來的。這種膽量，我有。下面，我把我私闖民宅的結果寫出來。光是糞球就幾乎占滿了整個餐廳，豐盛的食物從地板堆到天花板，一條狹窄的巷道把食物和洞壁隔開。

廳裡坐著賓客，兩個或者更多，但往往是一個。食客肚子朝著
餐桌，背靠牆。一旦座位選好，牠就不再動了；所有維生的能
量均由消化器官吸收進去。絕對不會因分心而漏掉一口飯，沒
有因傲然的挑剔而浪費食物，糞全都被有條不紊、認認眞眞地
吃了下去。看到牠們圍著糞便這麼專心一志，可能會以爲牠們
意識到自己承擔著淨化大地的角色，所以十分在行地進行這奇
妙的化學工作，把糞土化爲賞心悅目的鮮花和聖甲蟲的鞘翅，
來妝點春天的草坪。爲了進行這項卓絕的工作，把羊和馬廢棄
的渣滓化爲維生物質，食糞性甲蟲的消化道再好，也得有特殊
的工具。果然，透過解剖，我們對牠那極長的腸子讚賞不已。
腸子反覆蠕動著，經過多次迴圈，把這些材料消化掉，並把最
後一個可以利用的原子都吸收下來。就這樣，聖甲蟲的胃裡什
麼東西也掏不出來了，這個強大的蒸餾器提煉著各種財寶。這
些財寶只要稍加修飾，就變成聖甲蟲烏黑的盔甲，也是其他食
糞性甲蟲金色的胸甲和紅寶石。

　　然而這種化糞土爲神奇的工作，要在最短的時間內進行，
最普遍的維生能力要求做到這一點，所以聖甲蟲天生便具有一
種別的昆蟲絕對沒有的消化能力。牠一旦把食物搬回住所，就
日以繼夜不停地吃著、消化著，直到吃得乾乾淨淨。證據十分
明顯，我們把聖甲蟲藏身的小室打開，不管什麼時候，昆蟲一
天到晚都坐在餐桌旁，身後還拖著一根隨便盤著像一堆纜繩似

的長帶子。用不著仔細解釋，我們就可以輕易猜出這帶子究竟是什麼。龐大的糞球一口一口地進入了昆蟲的消化道，留下營養成分，然後讓紡出的帶子從身後出來。好了，這條連綿不斷、往往只有一根的帶子，一直掛在紡絲器的口上，無需別的觀察，便充分證明消化行為繼續進行著。當食物即將吃完時，這條盤起來的帶子已經長得驚人，一眼便可以看出來。我們到哪裡去找這樣的胃呢？牠為了在生活的借貸清單上不浪費一點東西，把這可憐的食物當作美味佳肴，一個星期、兩個星期毫不間斷地吃著啊！

整個糞球都進入到紡絲器裡去了，於是隱士又回到地上尋找機會。牠找到糞便做出一個新糞球，於是又開始上述的過程。這種歡樂的生活延續一、二個月，從五月到六月；然後，當蟬熱愛的大熱天到來時，聖甲蟲便展開夏季的宿營活動，躲藏到陰涼的土中去了。第一場秋雨落下時，牠們再度出現，不過數量沒有春天那麼多，沒有那麼積極，這時牠們顯然在忙著頭號大事，忙著牠們種族的未來。

第二章

大籠子

如果在書中尋找關於一般食糞性甲蟲（尤其是聖甲蟲）習性的資料，你會發現，這門科學到今天還帶著埃及法老王時代流行的某些成見。據說，那顛簸於田野的糞球含有一個蟲卵；這糞球便是為未來的幼蟲同時提供食物及住所的搖籃。食糞蟲的父母在崎嶇不平的土地上滾動糞球，好把它搓得更圓；而糞球經過碰撞、顛簸、順著斜坡掉落而完工之時，這些父母便把它埋藏起來，聽憑大地這個巨大的孵化器去照顧它。

我總覺得，這種粗暴的早期培育方式是不大可行的。聖甲蟲的卵那麼嬌弱，在柔軟的外套中是那麼脆弱，怎能受得了滾動搖籃的震盪呢？在胚胎裡的生命火花，只要稍稍一碰，只要有微不足道的事情，便會熄滅的；但是這些父母居然敢讓它翻山越嶺，長時間地忍受著顛簸？不，事情並不是這樣的；母性

的溫柔是不會讓子女受到雷古盧斯[1]的滾筒酷刑的。

　　不過要推翻先入之見，光靠邏輯的理由還不夠。於是我切開幾百個聖甲蟲搬運的糞球，還從我親眼看著聖甲蟲挖的洞裡取出糞球，把它們打開，可是我在糞球中從來沒有找到什麼住所，也沒有找到卵。我看到的都是一堆堆匆忙製作而成的粗糙食物，內部沒有確定的結構，有的只是簡單的口糧。靠著這些口糧，聖甲蟲閉門謝客，安安靜靜地過幾天盛宴的日子。聖甲蟲互相覬覦、互相搶掠對方的糞球，牠們絕對不會為自己搶來的新家庭承擔如此熱情的責任。對聖甲蟲來說，偷卵是一種荒謬的行為，因為每隻聖甲蟲都會產出足夠的卵來傳宗接代。因此，毋庸置疑，聖甲蟲搬運的糞球裡絕對沒有卵。

　　為了解決培育幼蟲這個難題，我的第一個嘗試就是做一個大籠子，裡面放了用沙鋪的人工土壤和經常更新的口糧，然後把二十多隻聖甲蟲放在裡面，跟蜣螂、圓裸胸金龜和屎蜣螂共處。然而，我的昆蟲學實驗從來沒有遭遇這麼多的失敗，困難在於更新食物。我的房東有馬廄和馬，我取得了傭人的信任，

[1] 雷古盧斯：古羅馬政治家和將軍，曾領兵遠征非洲。西元前255年被俘，前250年被派到羅馬談判交換俘虜事宜。羅馬元老院經他說服接受了迦太基的條件，但是他在返回迦太基後，被迦太基人以酷刑殺死。——譯注

他先是嘲笑我的計畫，後來我塞小銀幣給他，他就被說服了。每頓昆蟲的午餐要花掉我二十五個生丁。聖甲蟲的財政預算顯然從來沒有達到過這樣的標準。每天早上，約瑟夫在給馬包紮之後，總是把頭探過兩個花園間的隔牆，用手做成喇叭狀，輕聲地對我喊道：「哎！哎！我去提滿滿一桶馬糞來。」這種事雙方必須要審慎才行，你看著吧！一天，就在交接糞桶時，果然被房東發現了，他以為他的肥料全都從牆上搬家了，以為我侵吞了他為甘藍施肥的東西，把糞用到我的馬鞭草和水仙上頭了。我極力解釋，但是沒用；我的理由像是玩笑話。約瑟夫挨了一頓罵，主人數落他，還威脅說如果再發生這樣的事就要辭退他。他是說到做到的。

我只好偷偷摸摸地到大馬路上，為我飼養的昆蟲撿了口糧，放在圓錐形的紙袋裡。多麼丟臉的行為啊！但我這麼做並不感到臉紅。有時我運氣好，一隻驢子馱著荷納堡或者巴彭塔訥茱農的產品到亞維農②去，路過我門前時排了大便。這真是意外的收穫，我立刻撿起來，它夠用幾天了。總之，為了一團糞，我用計謀、等時機、四處奔走、施展外交手段，這才養活了我的俘虜。如果成功總是跟任何事情都摧折不了的熱情所做

---

② 亞維農：沃克呂茲的主要城市，位於隆河邊，距離隆河與杜宏斯河匯流處4公里。荷納堡是隆河口區域的首府。──譯注

的努力密切相連，那麼，我的實驗應當會成功的；可是我沒有成功。我的聖甲蟲在一個無法進行偉大活動的空間中，因思鄉而憔悴，過了不久就鬱悶而死了，沒有告訴我牠們的秘密。[3] 圓裸胸金龜和屎蜣螂倒是稍微能夠滿足我的期待。在適當的時候，我將利用牠們提供給我的資料。

我在籠裡進行飼養實驗的同時，還做了直接的研究，實驗結果與我的期望相距很遠。我想我必須有助手幫忙才行。正好有一群小孩歡天喜地穿過高地，那天是星期四，他們忘記了學校，把討厭的功課拋在腦後，一手拿著蘋果，一手拿著麵包，從鄰村翁格勒走來，他們到那光禿禿的小丘上去扒土，駐軍射擊的練習子彈就射在那上面。全部的收穫也許就是值一蘇[4] 的幾塊鉛，這便是他們早晨遠征的目的。天竺葵那玫瑰紅的小花點綴著草地，急忙地把這塊佩特臘阿拉伯般的荒地[5] 妝點得嫵媚起來；半黑半白的垂耳鵬鳥在尖尖的岩石間飛來飛去，歡愉地鳴叫著；蟋蟀蹲在百里香花叢下挖掘的洞口處，讓空氣中充滿著牠們的交響樂。孩子們在這春天的遊樂園裡高興極了，而

③ 日後法布爾成功完成飼養實驗，修正了部分觀點，見《法布爾昆蟲記全集5 ——螳螂的愛情》前言到第五章。——編注
④ 蘇：法國輔幣名，相當於0.05法郎，即5生丁。——編注
⑤ 佩特臘阿拉伯：是古代阿拉伯半島一小塊地方的名稱，常與沙漠的阿拉伯合用。此處用來形容該地荒蕪不毛。——譯注

更令他們高興的是將有一筆財富——一蘇錢。這是撿到子彈的報酬，用這一蘇錢，下個星期天便可以到教堂門口的女老闆那裡買兩大粒薄荷糖——每粒兩里亞[6]。

　　我向最大的那個小孩走去，他那機靈的面孔讓我看到了希望；其他孩子把我們圍成一圈，一面吃著蘋果。我說明怎麼回事，把正在搬運糞球的聖甲蟲指給他們看，對他們說，在這些不知埋在什麼地方的糞球裡面，有時可能會有個凹陷的小窩，窩裡有一個蛹。他們要做的事便是隨便到任何地方挖挖，注意觀察聖甲蟲的活動，看能不能找到住著蛹的糞球，沒有蛹的糞球就不要。爲了用一大筆錢來吸引他們，使他們願意把挖鉛彈賺幾里亞的時間用來幫我的忙，我答應每一個有蛹的糞球給一個法郎，一枚嶄新的、值二十個蘇的硬幣。聽到我報出這麼一筆鉅款，他們的眼睛都睜得圓圓的，天眞的樣子煞是可愛。我把一塊糞球標上這麼高的價格，這可把他們對貨幣的概念都搞亂了。接著，爲了證明我的建議是認眞的，我給他們每人幾個蘇作爲訂金。下個星期的同一天、同一時間，我會再到這地方來，向所有得到這寶貴新發現的人，忠實地履行交易條件。我向這群孩子交代得一清二楚後就讓他們走了。他們離開時異口同聲地說：「這可眞不賴，要是我們每人都能賺到一個法郎，

⑥ 里亞：法國古銅幣名，1里亞等於 0.25 蘇。——譯注

那就太好了！」孩子們的心中充滿了美好的希望，用掌心把做為訂金的那幾蘇錢捏得叮噹響。踩扁的子彈頭被忘掉了，我看到孩子們在平原上四散開來，尋找糞球去了。

第二個星期約定的那一天，我又來到高崗上。顯然我這個計策很成功，我年輕的合作者一定會跟他們的同學談論關於「聖甲蟲糞球」這麼賺錢的生意，並且會把訂金拿給別人看，好說服不相信的人。果然，我在那地方看到了比第一次更多的孩子。看到我來了，他們跑過來，不過沒有勝利的激動，沒有快樂的喊聲。我已經看出事情進展不妙。他們放學後找了好多次，但就是沒有找到我向他們描述的糞球。他們連同聖甲蟲一起找到幾個糞球，但只是幾堆食物而已，裡頭並沒有蛹。於是我又做了一些解釋，約定下個星期四再會，但還是沒有成功。尋找的人已經洩氣，只剩下很少的人了。最後一次，我要他們提起勁來，但是仍然沒有結果。最後，我給那些一直堅持到底、最熱情的人一些報償，協定就告吹了。我只能靠著自己一個人來進行表面看來很簡單，其實卻十分困難的研究。

即使是今天，在許多年之後，在適當的地方所做的搜尋，在有利的時刻進行的觀察，仍然沒能給我一個明確且符合邏輯的結果。我只好把殘缺不全的觀察結果彼此聯繫起來，並透過類推來填補空白。我現在就將我所看到的點點滴滴，再結合關

在籠子裡的其他食糞性甲蟲，如裸胸金龜、蜣螂和屎蜣螂所提供的資料，來做歸納與總結。

用來產卵的糞球不是在大庭廣眾前、在亂哄哄的開採工地上製造出來的，這是個需要高度耐心的藝術品，要求集中心思、認真仔細，這種工作是不可能在人群中進行的。雌蟲走進住房思考牠的計畫，然後開始工作。母親在沙裡為自己挖了一個一、二十公分長的洞。這是個相當寬的大廳，靠一個直徑小得多的迴廊通到外面。昆蟲把預定要滾成球形的精選材料運到裡面來，旅途必須多次往返，因為工作結束時，房間裡堆放的東西數量絕對無法通過入口，顯然不可能一次就堆積完成。我記得我去拜訪一隻西班牙蜣螂時，牠在洞的盡頭做了一個有橘子那麼大的球，而這個洞通往外面的長廊只夠一根手指伸進去。牠要把糞球運回家裡去，既不滾動糞球，也不長途跋涉，就直接在糞便中挖一口井，然後一堆一堆地後退著，把材料拖到地底下去。在糞便的下面，食物供應方便且工作安全，所以養成了牠們如此奢侈的偏好。而那些喜歡搬運糞球這種苦差事的食糞性甲蟲就沒有這麼挑剔，不過聖甲蟲只要來回走個兩、三次，所囤積的財富就足以讓西班牙蜣螂嫉妒了。

不過，這些糞球還只是隨便湊合起來的未加工材料。現在首先要做的是仔細篩選：最精細的一份食物要放在內層給幼蟲

吃，最粗糙的則放在外層，不是作為食物，只是用來當作保護殼而已。然後，在放置卵的中央居室周圍，按材料粗細和營養價值，由優到劣，一層層地放好，各層材料都得堅實，而且使前一層和後一層彼此貼合在一起。最後，把最外層的纖維黏合起來，要用這一層保護整個窩。在堆滿食物、幾乎沒有地方活動、漆黑一片的洞裡，動作那麼笨拙、僵硬的聖甲蟲要如何能完成這樣的作品呢？當我想到，牠們所完成的工作如此精細，而工具竟然那麼粗大，那多角的腳可以用來挖土，需要時甚至可以用來劈開凝灰岩，我心裡就不免想到，這簡直像是大象繡花啊。誰願意就來解釋解釋母親們這種技藝的奇蹟吧，至於我，我可不打算看到，何況我也不可能看到藝匠們工作的情形。我只是把這個傑作加以描述而已！

裝著卵的糞球通常有一個中等的蘋果那麼大。中央是個直徑約一公分的橢圓形小洞，卵就垂直固定在洞底。卵呈圓柱形，兩端渾圓，顏色白中帶黃，約有麥粒大小，只是稍短一些。小洞的洞壁塗著微綠的棕色材料，閃閃發光，半液體狀，這是真正的糞糊，供幼蟲作為最初的糧食。這種精細的食品是採集糞便的精華做成的嗎？看食物的模樣就知道絕非如此，這是在母親胃裡經消化而製成的醬泥。鴿子在嗉囊裡把麥粒弄軟，把它變成一種像乳製品的東西，然後餵給雛鴿吃。看來食糞性甲蟲也有同樣的柔情：先把精選的食物消化，然後吐出精

細的粥糊，塗在放置蟲卵的小洞洞壁上。幼蟲孵化後就可以找到容易消化的食物，使胃迅速強壯起來，進而能夠向鄰近各層未經精製的食物進攻。在半液體的塗層下面，是一層均勻密實的精髓，任何纖維屑都被剔掉了。再往外是粗層，那裡有許多植物莖；最後糞球的外層由最普通的材料構成，被壓緊並黏結成堅固的殼。

　　由此可以清楚地看出飲食方式的逐漸變化。非常虛弱的小幼蟲破卵而出時，舔著住房牆壁上精細的漿。漿的量不多，不過足以強身，而且有很高的營養價值。繼嬰兒時期的粥糊之後，供給斷奶嬰兒的食物介於最初的精細乳品和最後的粗糙食品之間。這個食物層很厚，足以使小幼蟲長得粗壯。接下來，給強壯者吃的是強壯者的食物，這帶著麥芒的大麥麵包，其實是夾雜乾草尖的天然糞便。幼蟲食物非常豐富，除了整個生長期所需以外，還有一層把牠圍起來的隔牆。住所的空間隨著居民的長大也擴大了，因為居民就是靠吃這些牆壁的物質長大的；最初牆壁很厚的小洞，現在成了牆壁厚度只有幾公釐的一間大房間，屋內的住客隨著不同的時期而成了幼蟲、蛹或者成蟲。總之，糞球是一層牢固的殼，神秘的變態就是在這寬敞住房的遮蔽下進行的。

　　我缺乏再繼續寫下去的材料了，因為聖甲蟲的身份證明文

件不足，我只能停留在卵上。我沒有見過幼蟲，不過有其他作家比較了解幼蟲，並在作品中做了描寫⑦；我更沒見過還關在糞球房間裡已經完成變態，但還沒有從事搬運和挖掘的昆蟲，而這正是我特別想看到的。我想在牠出生的房間裡找到剛完成變態、什麼事都沒做的食糞性甲蟲，並對這個還未投入工作的工人進行一番觀察。為什麼有這種願望呢？理由我將在下面加以講述。

這種食糞性甲蟲的腳末端有跗節，這跗節由一系列類似我們手指指骨的精細零件組成，最末端是帶鉤的指甲。每隻腳有一個跗節。分類層級較高的鞘翅目昆蟲，尤其是食糞性甲蟲，至少有五個跗節。可是金龜子卻是奇怪的例外，前腳沒有跗節，而其他兩對腳卻一定都有五個節。金龜子是缺臂少腿的殘廢人士，牠們的前腳不像其他昆蟲有跗節。類似的情況在同屬於食糞性甲蟲家族的寬胸蜣螂和野牛蜣螂中也有。昆蟲學早已記載這種奇怪的事實，但無法做出令人滿意的解釋。這種昆蟲是不是生來就殘缺不全呢？是不是生來前腳就沒有跗節呢？或者是牠一開始做苦差事就因事故而斷指呢？

½

寬胸蜣螂

⑦ 參閱米爾桑的《法國的鞘翅目‧金龜子》。──原注

對於這樣的肢體殘缺，我們很容易便會設想，這是由於昆蟲努力工作的結果。牠們時而在土裡的礫石中，時而在有粗纖維的糞堆裡，搜呀、挖呀、扒呀、剁呀，牠們那嬌嫩的跗節做這些工作一定會有危險的。更嚴重的是，當昆蟲倒退著滾動糞球時，頭朝下，靠前腳支撐在地上。牠那脆弱的跗節細得像根線頭，不斷地摩擦粗糙的土地，會發生什麼事呢？這些跗節沒有用處，純粹是累贅，在千百次的事故中，總有一天會消失，被壓碎，被拔掉，或受到磨損。

這些工人在操作笨重工具或搬動沈重負荷時，唉，成了殘廢，這是太常有的事了。金龜子大概就是這樣，在搬運糞球時弄得殘缺不全，因為這糞球對牠來說是極大的重負，牠的斷指大概就是勤勞生活的崇高證書吧！

但是說到這裡，人們立即就會提出疑問。殘缺如果真是由於事故和艱苦工作的結果，那麼就應當是例外情況，而不是原則。一個工人，若干個工人，手被機器的齒輪軋斷，不能說所有工人都該是斷手的。如果說金龜子由於從事糞球搬運工的職業而失去跗節是常有的事，那麼至少會有幾隻因為比較幸運或者比較靈活而保留著跗節。那麼我們看看事實究竟如何。我觀察過許多生活於法國的金龜子，如普羅旺斯的聖甲蟲，住得離海遠些；或出沒於塞特[8]、帕拉瓦和朱翁灣沙灘上的半帶斑點

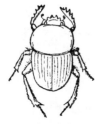

寬頸金龜

金龜；還有比前兩種分布更廣，到達隆河河谷，至少直至里昂⑨的寬頸金龜。最後我還觀察過一種在君士坦丁⑩郊區收集到的非洲斑痕金龜。這四種金龜子的前腳全都沒有跗節，沒有任何一隻例外，至少在我所觀察的範圍之內是如此。所以，金龜子是生來就斷趾的，這是牠天生的特點，而不是由於意外所致。

還有另一個理由可做為進一步的證據。如果前腳沒有跗節是由於劇烈工作所造成的職業傷害，那麼做更艱苦的挖掘工程的昆蟲，牠們的前腳更應該沒有跗節，因為跗節是沒有用處的構件，當前腳要做為強有力的工具時，甚至是十分礙事的。譬如說糞金龜吧，牠的名字的意思是「掘地者」，真是名副其實，牠在道路壓得結結實實的土裡，在被黏土黏合的碎石中間挖掘豎井，井是如此之深，以至於要察看井底的小室，都得使用強有力的挖掘工具，有時都還不一定能夠辦到。然而，這些傑出的礦工卻能在聖甲蟲幾乎連表面都挖不開的地方，輕而易舉地為自己挖出長長的巷道，而牠們前腳的跗節卻完好無損，

⑧ 塞特：法國南部港口，位於地中海的朱翁灣畔。——譯注
⑨ 里昂：法國第二大城，位於法國中部頌恩河與隆河的匯流處。——譯注
⑩ 君士坦丁：位於阿爾及利亞北部的城市。——譯注

彷彿在凝灰岩中鑽洞很輕鬆，而不是劇烈的工作似的。所以一切證據都讓人相信，聖甲蟲在出生的洞穴裡，還是沒有工作過的新手時，就像已經闖過世界的，由於工作而弄壞身體的老手一樣，是沒有跗節的。

根據這種沒有跗節的事實，可以提出一種推論來支持當今流行的理論，即生存競爭和物種變化。人們可能會說：「根據昆蟲生理構造的普遍法則，聖甲蟲原先所有的腳都有跗節。某些聖甲蟲因某種方式使前腳失去這些無用而有害的累贅構件，覺得這種斷趾有利於工作，於是牠們逐漸勝過了其他不如牠們方便的金龜子而成為始祖，把沒有跗節的殘肢傳給了後代，於是古代有跗節的聖甲蟲，終於變成今天缺指的昆蟲了。」對於這樣的推論，如果人們能夠首先向我論證，為什麼糞金龜同樣做著類似的艱辛工作卻仍保留跗節，那我是很樂意雙手贊成的。可是在能證明之前，我還是相信，在古獸沐浴的湖邊沙灘上搬運糞球的第一隻聖甲蟲，就像今天的聖甲蟲一樣，前腳是沒有跗節的。

第三章

弒吉丁蟲節腹泥蜂

　　有些作品向人們描繪了未曾想像過的境界。由於每個人的思想方式不同，對某些人而言，這些作品具有劃時代的意義。它們打開了一個新的世界，讓人們從此要以全部的才智去探索；它們是使火爐發出火焰的星星之火，火爐裡的木柴如果沒有這火星的幫助，將永遠發不出火光來。而這些在我們的思想演變中成為新時代出發點的作品，往往是偶然讀到的。在最偶然的情況下，根本無法了解，在眼前出現的幾行字怎麼會決定了我們的未來，並走上了命運為我們指出的道路。

　　多天的一個夜晚，火爐還暖烘烘的，全家人都睡了，我坐在爐邊讀書，忘掉了家無隔宿之糧的明日煩憂。這是物理教師的煩憂，即使他大學文憑得了一份又一份，人們也了解他四分之一世紀的服務功績，可是他自己和全家人糊口之所需是一千

六百法郎，比為一個大戶人家養馬的工錢還要少。這個時代對
教育事業的看法就是這麼可恥，多一點錢都捨不得給。根據行
政規定，我因為獨自從事研究，便成為非正式人員。然而我埋
首書堆，無意中翻到一部我不知怎麼得到的昆蟲學小冊子時，
便忘記了教師生涯的極度窮苦。

　　這部著作是關於捕食吉丁蟲的膜翅目昆蟲的習性，作者是
當時的昆蟲學宗師，可敬的學者——雷翁·杜福。事實上，我
並不是到這時候才對昆蟲感興趣的。從童年時代起，我就喜歡
鞘翅目昆蟲、蜂和蝶蛾。我記得我從懂事起，就曾出神地望著
步行蟲華貴的鞘翅和黃鳳蝶美麗的翅膀。火爐裡的木柴已經準
備好了，缺少的是使木柴燃燒起來的火星。偶然間讀到杜福的
作品，便成了這星星之火。

　　新的啟迪迸發出來，我的思想就像是得到了天啟。把漂亮
的鞘翅目昆蟲放在軟木盒裡，對這些昆蟲進行命名、分類，所
謂的科學不只是這些，還有某些更高層次的東西：深入研究昆
蟲的構造，尤其是牠們的特性。我激動萬分地閱讀著這種昆蟲
學研究的出色範例，這種幸運，熱心尋找的人總會找到的。在
這部書的幫助下，我不久便發表了我第一部有關昆蟲學的著
作，作為杜福作品的補充。這部處女作得到了法蘭西學院的榮
譽，被授予實驗生理學獎。但是更溫馨的獎賞是我在不久後收

到的信件，這封信對我讚譽有加，鼓舞著我。令人尊敬的大師從隆德①向我熱烈表示他的欣喜，並極力鼓勵我在這條路上繼續走下去。如今我想起這件事，聖潔、激動的淚水還會濕潤我昏花的老眼。噢，充滿對未來的幻想和信念的美好日子啊，你發生了多大的變化啊！

我想，在這裡摘出讓我開始從事自己研究的那篇文章，讀者應該不會討厭吧，特別是這個摘要對於理解以後要談到的事是很有必要的。我現在就讓大師說話，但這裡縮短了些②。

我在所有昆蟲的歷史上，從沒有見過像我將跟您談到的那麼奇怪、那麼新奇的事情。我談的是一種節腹泥蜂，牠極其奢侈地用吉丁蟲來飼養牠的子女。我的朋友，請允許我告訴你，我在研究這種膜翅目昆蟲時所留下的強烈印象吧。

一八三九年七月，有一個住在鄉下的朋友為我寄來兩隻雙面吉丁蟲，當時我的收藏品中還沒有這種昆蟲；他同時告訴我，是一種正在運送這些漂亮的鞘翅目昆蟲的胡蜂，把這吉丁

---

① 隆德：為杜福的居住地，在法國西南部的阿基坦區，濱臨大西洋。——譯注
② 關於文章全文，參閱《博物學年鑑》，第二號叢書第十五冊，〈弒吉丁蟲節腹泥蜂的變態，以及這種膜翅目昆蟲的行為和本能的觀察〉，杜福著（致歐端先生的信）。——原注

蟲扔在他衣服上的，而過了一會兒，另一隻胡
蜂又把另一隻吉丁蟲扔在地上。

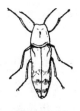

雙面吉丁蟲

　　一八四〇年七月，我以醫生的身分到我這
位朋友家裡出診，我向他提起他去年抓到的昆
蟲，並打聽當時的情況。同樣的季節，同樣的
地點，使我萌生自己也來抓蟲子的願望，可是當天天氣陰沈且
涼爽，對於膜翅目昆蟲的活動不太有利。不過我們還是在花園
的小路上進行觀察，由於根本找不到這種昆蟲，我便想在地上
尋找這種善於掘地的膜翅目昆蟲的巢。

　　一個新近翻動過、像小鼴鼠丘般的小沙堆引起了我的注
意。我刮動小沙堆，發現它蓋住了一個深入到地下的通道孔。
我們用鏟子小心挖地，很快就看到我們所渴望尋找的吉丁蟲鞘
翅，零零落落地閃著光。不一會兒，我發現的不再是一些孤零
零的鞘翅、殘缺的斷骸，而是整隻吉丁蟲，三隻、四隻吉丁蟲
一起展現牠們身上的金飾與綠寶石。我簡直不敢相信自己的眼
睛，然而這還只是令我歡天喜地的開場哩！

　　在亂哄哄地挖掘其餘的地方時，一隻膜翅目昆蟲鑽了出
來，落入我的手裡。這是專門捕食吉丁蟲的昆蟲，正企圖從牠
的窩裡逃走。我認出這隻掘地蟲是我的老相識，一隻節腹泥

蜂，我曾在西班牙或者在聖塞維郊區找到約兩百次。

　　我的野心還遠遠未能得到滿足。對我來說，認識了掠奪者和被掠奪者還不夠，我還需要抓到幼蟲，因爲幼蟲才是這些豐盛食物的消費者。把第一個裝著吉丁蟲的窩挖掘完畢後，我急忙又挖新窩，更加仔細地探測著；我終於發現了兩隻幼蟲，這次幸運的探查活動得到完滿的結果。在不到三個小時的時間裡，我搗了三個節腹泥蜂的窩，得到十五隻完整的吉丁蟲，至於斷臂殘骸的數量則更多。我估算了一下，花園裡還有二十五個窩，我認爲事實上遠不只這些，那麼，埋藏的吉丁蟲總數就相當可觀了。我尋思，在這塊地方，我在大蒜花上捉到的節腹泥蜂的數目高達六十隻，這是怎麼回事呢？看來這些節腹泥蜂的窩很可能就在這附近，牠們的菜單肯定是一樣的豪奢。因此我想像在地底下不大的半徑內，會有幾千隻雙面吉丁蟲，而這想像是絕對有可能的。可是，三十多年來我一直在研究我那個鄉下地區的昆蟲，卻沒有找到任何一隻吉丁蟲。

　　只有一次，大約在二十年前，我在一個老橡樹洞裡看到這種昆蟲的腹部，上面長著鞘翅。這鞘翅對我來說是一線希望，顯示雙面吉丁蟲的幼蟲可能生活在橡樹裡，因此在一個完全是橡樹的樹林裡該有大量的這種鞘翅目昆蟲，我認爲這就完全說得通了。由於弒吉丁蟲節腹泥蜂在此地的黏土丘陵上，比起在

長著海洋松樹的沙地平原罕見一些，所以我特別想了解，住在
松樹林裡的這種膜翅目昆蟲，是不是跟住在橡樹林裡的昆蟲一
樣，奢華地用吉丁蟲來飼養幼蟲？我完全有理由推測牠們不會
這樣，可是你不久就會驚奇地看到，
我們的節腹泥蜂在選用吉丁蟲時，牠
們的觸覺是多麼靈敏。

那麼我們趕快到松樹林裡去領略
新發現的樂趣吧。我們探查的土地是
座落於海洋松樹林中的園林。很快就

弒吉丁蟲節腹泥蜂

找到節腹泥蜂的窩了，這些窩完全挖在主甬道上，這裡的地踩
得更平、地面更密實，因此為這種掘地的膜翅目昆蟲提供了更
堅固的條件，用來建造牠們的地下住所。我大約檢查了二十個
洞，弄得滿頭大汗。這種探測工作十分艱苦，因為非得挖到一
法尺深的地方才能找到這些窩，也才能找到窩裡儲存的糧食。
為了不把窩弄壞，我們先把當作標竿和指引標誌的一根稻草插
進節腹泥蜂的巷道中，再用方形的挖掘線把這塊地方圍住，挖
掘線的各邊離洞眼或者標竿約七、八法寸③。挖地要用園藝
鏟，使中間的土塊跟四周的土完全隔開，這樣才能把整塊土挖
起來，然後翻倒在地，再小心地把它搗碎。我就是這樣做才挖

③ 法寸：法國古長度單位，等於1／12法尺，約合27.07公釐。

得好。

　　我的朋友，看到用這樣新穎的探測方法，把美麗的吉丁蟲相繼攤放在我們急切的目光下時，你可能會跟我們一樣欣喜若狂的。每當我們把坑道徹底翻了過來，裡面展露出新的寶藏，而炎熱的陽光使它更加光彩奪目的時候，或者每當我們有時發現不同年齡的幼蟲咬著牠們的獵物，有時發現這些幼蟲的殼上全都鑲金嵌銅、裝飾著藍寶石的時候，我們都忍不住發出了歡呼聲。我是個著重實踐的昆蟲學家，唉，三、四十年以來，我從沒有見過這麼迷人的場面，從沒有參加過這樣歡欣的慶祝會。可惜你不在場，否則我們一定會更加高興的。我們看到這些閃閃發光的鞘翅目昆蟲，這些吉丁蟲可以非常清楚地被辨認出來，再看到節腹泥蜂把蟲子埋藏和存放起來，牠們的智慧是那麼驚人，我們真是越來越讚嘆。請相信我，在挖出來的四百多隻昆蟲中，每一隻都屬於吉丁蟲類！這靈巧的膜翅目昆蟲完全不會搞錯。從這麼一隻小小昆蟲的聰明行為中，我們可以學到多少東西啊！拉特雷依④對節腹泥蜂為博物學所做的貢獻，會給予多麼高的評價啊！⑤

---

④ 拉特雷依：1762～1833年，法國博物學家，昆蟲學的奠基者之一。──譯注
⑤ 從地下挖出來的450隻吉丁蟲屬於以下幾種：八棉芽吉丁蟲、雙面吉丁蟲、紫紅吉丁蟲、慢步吉丁蟲、雙棉芽吉丁蟲、碎點吉丁蟲、黃斑吉丁蟲、克里索斯蒂 加馬吉丁蟲、九點吉丁蟲。──原注

　　現在我們來談談節腹泥蜂築巢和糧食供應所採用的各種辦法。我說過牠們選擇經過踩踏、密實和堅固的土地，我得補充指出，這塊地必須乾燥而且受烈日曝曬。選擇這樣的土地是聰明之舉，或者，你願意接受的話，是出於本能，這本能可以說是得之於經驗。一塊鬆動的地或純粹的沙質土壤，挖起來無疑要容易得多；但是在這樣的地裡，要如何開出一個出入方便而一直張開的洞口，或是挖出一條四壁不會隨時坍塌、不會因小雨而變形或堵塞的巷道來呢？所以，牠們選擇這樣的土地是合理而且經過準確計算的。

　　我們的膜翅目掘地蟲使用牠的大顎和前腳跗節來挖掘巷道，為此，跗節上長著硬刺當作耙使用。洞的直徑不能只有礦工身體那麼大，還必須能把體積更大的獵物運進去才行。這種遠見真是不可思議。隨著節腹泥蜂鑽進土裡，牠們把挖出來的土送到外面堆起來，我剛才比喻為一個小鼴鼠丘的正是這個土堆。巷道不是垂直的，如果垂直，就可能由於風吹或其他許多原因而有填滿的危險。在離洞口不遠處，巷道拐了個彎，其長度有七、八法寸。多才多藝的母親把孩子們的搖籃放置在巷道盡頭，這是五個彼此隔開而獨立的蜂房，排成半圓圈，蜂房的形狀和大小如一顆橄欖，內面光滑而牢固。每個蜂房可放三隻吉丁蟲，這是每隻幼蟲的日常口糧。母親在這三隻吉丁蟲體內產卵，然後用土封住巷道，使得小室不再與外部相通，而這些

吉丁蟲便可在整個孵化期結束前，提供給幼蟲當食物。

　　弒吉丁蟲節腹泥蜂⑥應是一位機智、勇敢而靈巧的獵人。埋在巢裡的吉丁蟲乾淨又新鮮，顯然這些鞘翅目昆蟲剛剛在木質巷道裡完成最後的變態步驟，一出來就被抓住了。可是，只靠花蜜維生的節腹泥蜂，要具有多麼難以想像的本能，才能夠千辛萬苦地爲牠永遠看不到的、愛吃肉的孩子提供動物糧食，也才能夠飛到與牠們生活環境完全不同的樹上，從樹幹深處搜捕注定要成爲獵物的昆蟲啊！牠們需要更難以想像的觸覺，才能在選擇獵物之時，只在一個類別中捕捉大小、外形、顏色等方面千差萬別的某幾種昆蟲啊！我的朋友，請你想想看，這些昆蟲的相似之處是多麼的少：雙棉芽吉丁蟲體態修長、顏色暗淡；八棉芽吉丁蟲爲橢圓形，身體的藍底或綠底上有兩個漂亮

3／4

雙棉芽吉丁蟲

碎點吉丁蟲

八棉芽吉丁蟲

⑥ 弒吉丁蟲節腹泥蜂：又名黃帶土棲蜂。──編注

的大黃斑；碎點吉丁蟲的體積是雙棉芽吉丁蟲的三、四倍，身上有燦爛的藍綠金屬光澤。

我們的吉丁蟲殺手在工作時，還有一件事非常特別。被埋葬的吉丁蟲，以及我從牠們的掠奪者爪下搶來的吉丁蟲，都完全沒有生命的跡象；總之，牠們肯定都已經死了。可是我驚訝地注意到，不管是什麼時候被拉出來的，這些屍體不僅保持著新鮮的色彩，而且牠們的腳、觸角、觸鬚和連接身體各部分的薄膜都還十分柔軟，可以彎曲。牠們身上看不出有任何損傷，沒有任何明顯的傷痕。我們最先還以為，埋在洞裡的昆蟲能保持完整，是因為埋在涼爽的地下，沒有空氣和光線的緣故；而那些從掠奪者手裡搶下的昆蟲，則是因為剛剛死的緣故，才這樣新鮮呢！

但是請你想像一下，在我的實驗中，挖出來的許多吉丁蟲各自放在圓錐形紙袋裡後，我經常是擺了三十六個小時之後，才用大頭釘把牠們釘起來的。看吧，儘管七月炎熱乾燥，這些吉丁蟲的關節還是可以彎曲自如。不僅如此，在這段時間之後，我解剖了若干隻吉丁蟲，牠們的內臟仍然保存得完好無損，我的解剖刀就好像是插到這些昆蟲還活生生的內臟似的。然而長期的實驗告訴我，一隻這樣大小的鞘翅目昆蟲，在夏天裡死了十二個小時後，體內的器官要不是乾掉了，就是腐爛

了，根本不可能看出其形狀和構造。而被節腹泥蜂殺死的吉丁蟲卻是例外，也許一個星期、兩個星期都不會乾掉或腐爛。這究竟是怎麼回事呢？

　　一隻昆蟲若干星期來處於死屍般的無生氣狀態，成為一塊野味，可是在最炎熱的夏天竟不會變質發臭，保持跟被捕捉時一樣的新鮮。要解釋為什麼能夠把肉保存得這麼好，這位介紹吉丁蟲捕獵者的精明昆蟲學家便設想，應是使用了一種防腐液，所發生的作用就像為了保存解剖下來的軀體所使用的化學藥品一樣；應當是這種膜翅目昆蟲把毒液注入到獵物體內。一小滴毒液隨著螫針（用來注射的針頭）注入，就產生醃肉鹽水或者防腐液的作用，把幼蟲要吃的肉保存下來。顯然，膜翅目昆蟲在保存食品時所使用的方法，比我們人類強太多了啊！我們用鹽浸泡，用煙燻，把食物放到密封的白鐵盒裡，食物雖仍然可以吃，可是比起新鮮狀態，質與量就都差遠了。泡在油裡的罐頭沙丁魚、荷蘭的煙燻鯡魚、鹽醃日曬的鱈魚乾，這些能夠跟送到廚房時還活蹦亂跳的魚相比嗎？就肉質而言，就更差勁了。除了醃製和燻乾外，沒有任何一塊肉能夠保持很短的一段時間還不會腐壞。今天，經由各種方法，做了千百次徒勞無功的努力之後，人們斥鉅資來裝備特殊船隻，船上有著強大的冷凍機器，透過強冷把在南美潘帕斯草原上宰的牛羊肉冷凍，使之免於腐爛。然而，節腹泥蜂的辦法這麼迅速、有效又不花

錢，比我們高明多少倍啊！我們從這超群絕倫的化學技巧中，能夠學到許多有用的東西呢！牠用幾乎看不見的一小滴毒液，立即使牠的獵物不會腐敗。我在說什麼？不會腐敗？還不只如此！毒液使牠的野味不會變乾，關節仍靈活自如，內外器官保持像活著時一樣新鮮，總之，昆蟲除了一直像屍體那樣一動也不動外，跟活著沒什麼不同。

看到這種不會腐爛的死吉丁蟲，杜福面對這種不可理解的奇蹟，所產生的想法便是如此。一種比人類科學所能生產的強上千百倍的防腐液，似乎便解釋了這個奧秘。這位大師是精明者中的精明者，精通解剖學，他用放大鏡和解剖刀仔細觀察了整個昆蟲體系，沒有一個角落未曾探索到；總之，對他來說，各種昆蟲的組織都沒有任何秘密可言，可是面對一個使他困惑不解的事實，他除了提出某種防腐液做為表面上可以講得通的解釋外，再也想像不出別的解釋了。請允許我進一步強調昆蟲的本能和學者的理性，以便及時把昆蟲的無比優越性進一步揭示出來。

關於節腹泥蜂捕捉吉丁蟲的歷史，我只再說幾句。這種膜翅目昆蟲，正如昆蟲生活史學家告訴我們的，在隆德很普遍，而在沃克呂茲省⑦似乎十分罕見。秋天時，我偶爾在亞維農郊區、歐宏桔和卡爾龐特哈郊區見到，而且總是孤零零地待在帶

對生吉丁蟲

刺莖的菊科植物頭狀花序上。在卡爾龐特哈，河邊鬆軟的沙地有利於膜翅目掘地蟲工作，我不僅親自挖出了大量杜福所描述的昆蟲，而且還找到了幾個老巢。我根據蛹室的形狀、所供應的食物以及在附近遇到的膜翅目昆蟲，毫不猶豫地斷定這是吉丁蟲捕獵者的巢。這些巢挖在一種當地稱爲「薩弗爾」、一種非常易碎的砂岩中，巢裡充滿著鞘翅目昆蟲的殘肢斷體：斷掉的鞘翅、掏空的前胸、整隻腳，很容易辨認出來。然而幼蟲享受盛宴後的殘羹剩菜全部屬於一種昆蟲，而這昆蟲仍然是一種吉丁蟲，即對生吉丁蟲。所以，從法國西部到東部，從隆德省到沃克呂茲省，節腹泥蜂愛吃的野味始終是吉丁蟲，經度的不同絲毫沒有改變牠們的喜好。牠們在海邊沙丘的海洋松樹林中捕獵的是吉丁蟲，在普羅旺斯橄欖樹中捕獵的還是吉丁蟲。牠根據地點、氣候和植物而改變所捕獵的吉丁蟲種類，這些因素使昆蟲家族產生許許多多的變異，但是節腹泥蜂所愛吃的昆蟲並沒有改變，都是吉丁蟲。這是出於什麼樣的奇怪原因呢？這便是我試圖加以論證的部分。

⑦ 沃克呂茲省：屬普羅旺斯-阿爾卑斯-蔚藍海岸區，在法國東南部。法布爾在該省的亞維農和卡爾龐特哈居住過很長時間。——譯注

第四章

櫟棘節腹泥蜂

　　我滿腦子都是吉丁蟲捕獵者的赫赫戰功，期待自己也有機會看看節腹泥蜂的工作；我如此殷切地期待著，終於盼到了這個機會。誠然，這不是杜福所稱頌不已的那種膜翅目昆蟲，他所描述的昆蟲乃以豐盛的食物爲餐，而從地下挖出來的食物殘骸碎末，就像砂金礦內礦工鐵鎬砸爛的金塊碎粉一樣。我所看到的是一種同類的昆蟲，這種碩大的掠食者滿足於吃比較小的獵物，這就是櫟棘節腹泥蜂[1]，或者稱大節腹泥蜂，牠在節腹泥蜂中個子最大，最強壯。

　　九月下旬，我們的膜翅目掘地蟲開始築巢，並把幼蟲要吃的獵物埋在巢裡。選擇住宅地點總是十分挑剔，而且總是按神

---

[1] 櫟棘節腹泥蜂：又名瘤土棲蜂。——編注

秘的法則來決定；支配不同種昆蟲的法則各不相同，而同種昆蟲則永遠不變。杜福所觀察的節腹泥蜂，要求用來築巢的地面要像小徑那樣平坦，踩踏壓實，這樣便不會一下雨就坍塌、變形，弄壞坑道；而我們見到的節腹泥蜂則相反，要在垂直的地方築巢。建築上的小小變動，使得會威脅坑道的大部分危險就不會發生了，因此在選擇土壤方面也就不太困難，牠可以隨便在任何地方築巢，甚至是在略帶黏土的鬆軟土地裡，或者是在柔軟易碎的沙中，如此一來，牠的挖掘工作也方便多了。工程的唯一條件是土地要乾燥，而且一天中大部分時間能夠照到陽光。所以膜翅目昆蟲安家的地方都選在道路的陡峭邊坡，柔軟的沙地被雨沖刷成溝壑的側面。在卡爾龐特哈附近稱為「凹路」的地方，這樣的地面很常見，正是在那裡，我觀察到數量更多的櫟棘節腹泥蜂，並收集到其生活史的大部分資料。

對牠來說，選擇垂直的地方還不夠，牠還採取了其他預防措施來抵擋深秋時節不可避免的雨水：某個突出如簷口狀的硬砂岩片，以及在土裡自然形成的、可以放進拳頭的某個洞。牠正是在這雨篷下、正是在這洞底修築坑道，進而為牠的房屋增添一個前廳。雖然這些昆蟲完全沒有群居的習慣，不過少數個體卻喜歡聚集在一起，總是十幾隻左右成為一組，至少我觀察的巢是如此。牠們彼此居住的洞口往往隔得相當遠，但有時彼此接近得幾乎碰到一起了。

　　天空晴朗，陽光燦爛，去看看這些勤勞礦工的各種工作成果是再妙不過的了。牠們有的在洞穴深處用大顎耐心地把幾粒礫石拔出來，再把這些石子推到洞外去；有的用跗節上銳利的耙刮著走廊兩壁，倒退著把耙下來的一堆泥屑掃到洞外，碎土如涓涓細水般從陡坡側面流下來。正是這些從建築中的坑道一次次排出來的細流，向我洩露了節腹泥蜂的蹤跡，讓我發現牠們的巢穴。另外一些節腹泥蜂或者因為累了，或者艱辛的任務已經完成，似乎正在保護牠們住所的天然雨篷下休息，或擦亮觸角和翅膀，或在洞口一動也不動，只露出黃黑相間的方形大臉。還有的低聲嗡嗡叫著，在胭脂蟲櫟附近的灌木叢上飛來飛去，一直在建築中的巢穴附近窺伺的雄蜂，很快便跟隨而來，於是一對夫婦喜結良緣。不過，此時往往有另一隻雄蜂企圖取代這個幸運的占有者，擾亂這門親事。嗡嗡的聲音變得咄咄逼人，彼此口角撕打，兩隻雄蜂在塵土中打滾，直到其中一隻甘拜下風。雌蜂在不遠處若無其事地等待爭鬥的結果，最後牠接受在戰鬥中有幸取勝的雄蜂，於是這對伴侶飛得無影無蹤，到遙遠的灌木叢上去尋找安寧的生活了。雄蜂的角色僅限於此，牠的個子比雌蜂小一半，但是數目幾乎與雌蜂一樣多。牠們在巢穴附近遊蕩、閒晃，但從來不曾參加挖洞的辛苦工作，也沒有參加更為艱苦的、為蜂房供應糧食的捕獵工作。

　　沒幾天，坑道就挖好了，特別是那些前一年用過的坑道，

稍微修理就可以重新使用。據我所知，其他節腹泥蜂並沒有當作遺產代代相傳的固定住宅。牠們是真正的流浪吉卜賽人，流浪生活把牠們帶到任何地方，只要土壤適合，便在那裡定居。可是櫟棘節腹泥蜂卻貪戀自己的舊居。向外伸出的砂岩片曾做為前人的雨蓬，如今為牠所使用；牠在祖先挖過的沙地基礎上挖掘，在前人的工程上加上自己的工程。牠的藏身處往裡面深深延伸，要想察看一番並不容易。坑道的直徑相當大，大拇指都放得進去，昆蟲即使抱著獵物都可以在裡面活動自如。我們下面將會看到牠是怎麼捉這些獵物的。坑道的走向先是水平的，延伸至十幾二十公分深處，然後突然一個轉彎，略為傾斜地時而朝這個方向，時而朝另一方向往下延伸。除了水平部分和轉彎處外，其餘部分似乎完全取決於土壤挖掘的難易程度，這一點我們可從坑道最深處的走向變化不定、蜿蜒曲折得到證明。我所探測的洞全長達半公尺，坑道盡頭是蜂房，房間數量很少，每間蜂房備有五、六隻鞘翅目昆蟲做為食物。不過我們暫且放下砌造工程的細節，去看看更令我們讚賞的事情吧！

這種節腹泥蜂選來飼養幼蟲的獵物，是一種身材巨大的象鼻蟲科昆蟲：小眼方喙象鼻蟲。掠食者用腳抱著沈重的獵物，彼此肚子貼著肚子、頭靠著頭往洞口飛。牠在離洞不遠處笨拙地停下來，接著不靠翅膀的幫助走完剩下的路程。這時膜翅目昆蟲用大顎十分艱辛地拖著獵物，在垂直或至少角度很大的平

面上行走，結果經常摔倒，掠食者和牠的
獵物一起翻倒，滾到斜坡底下。但是，這
一次次摔跟頭不會使不知疲倦的母親沮喪
洩氣，牠仍是渾身沾著塵土，終於帶著一
刻也不鬆手的戰利品鑽進了巢中。櫟棘節
腹泥蜂抱著這麼重的東西行走很不容易，

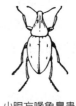

小眼方喙象鼻蟲

不過飛起來卻不同了，牠的飛行能力令人佩服，這種粗壯的小
蟲能夠帶著一個幾乎跟牠一樣大而且比牠重的獵物飛行。我曾
好奇地分別把櫟棘節腹泥蜂和牠的獵物秤重進行比較，前者重
一百五十毫克，而後者平均重量爲二百五十毫克，幾乎整整重
了一倍。

　　這些數字很有說服力，顯示這位捕獵者是多麼強壯有力，
所以當我出於好奇，不愼靠得太近而嚇到牠，牠決定逃走以拯
救那寶貴的戰利品時，看到牠那麼敏捷、那麼從容地用腳抱著
野味又飛起來，飛到我看不見的高處，我不禁讚嘆不已。不過
牠不一定都會逃走，於是我便用一根麥桿撩撥牠，把牠翻倒，
好不容易才在沒有傷害牠的狀況下使牠放棄獵物，我趕忙把獵
物搶了過來。遭到搶劫的節腹泥蜂四處搜尋，牠鑽進巢裡，很
快又出來，然後飛走再去捕獵。不到十分鐘，這個靈巧的搜尋
者又找到一個犧牲品，完成了謀害和劫持的大業，而我則常常
不經允許便把這個獵物據爲己有。我接連八次對同一隻泥蜂做

同樣的扒竊，牠接連八次堅定不移地重新進行徒勞無功的遠征。牠的堅韌毅力使我失去了耐心，於是第九次的俘虜，最終便歸牠所有了。

採取這種辦法，或者闖進已經準備好食物的蜂巢，我得到近一百隻象鼻蟲科昆蟲；而儘管透過杜福關於弒吉丁蟲節腹泥蜂的習性的這篇文章，我完全可以料到這究竟是怎麼回事，可是當我看到剛剛收集到的奇怪材料時，還是驚訝不已。如果說，吉丁蟲的捕獵者可以隨便捕捉同一類昆蟲的任意一種，那麼這種櫟棘節腹泥蜂則始終不變地專門捕捉同一種昆蟲——小眼方喙象鼻蟲。我在清點我的戰利品時，只發現了一個例外，僅有的一個例外，不過仍是同類的昆蟲——交替方喙象鼻蟲；我經常造訪節腹泥蜂的住所，但這種例外現象卻再也沒有見到過。我後來進行的研究向我提供了第二個例外——白色甜菜象鼻蟲。全部的例外僅此而已。這種獵物的味道非常鮮美，是否足以解釋為什麼牠只愛吃一種昆蟲呢？幼蟲是不是覺得這種從不改變花樣的野味汁液符合牠們的口味，而在別的昆蟲身上根本找不到呢？我不這麼認為。而如果說，杜福的節腹泥蜂之所以一視同仁地捕獵各種吉丁蟲，是因為所有的吉丁蟲絕對具有同樣的營養價值，那麼象鼻蟲應當也是如此，牠們的營養價值應當是一樣的。所以，如此令人驚訝的選擇，只不過是考量獵物的體型大小，因而只不過是節省時間和減少辛苦的問題而

已。我們的這種節腹泥蜂是同類昆蟲中的巨人，特別喜歡捕食小眼方喙象鼻蟲，因為這種象鼻蟲是我們地區體型最大的，而且也許是最常見的。但是如果這種節腹泥蜂捕不到牠所喜愛的獵物，不得已只好轉向別種蟲子，即使沒那麼大也可以，我們見到的兩個例外便是證明。

　　另外，靠著捕捉大吻管的象鼻蟲維生的，還不只這種節腹泥蜂，許多別種節腹泥蜂衡量牠們各自的身材、力氣和捕獵技巧，也捕食象鼻蟲科昆蟲，這些蟲的類別、種別、形狀、大小都截然不同。我們早就知道，沙地節腹泥蜂用類似的食物來飼養其幼蟲，我就曾在牠的巢裡找到直條根瘤象鼻蟲、長腿根瘤象鼻蟲、細長短喙象鼻蟲、作惡耳象鼻蟲等。大耳節腹泥蜂的戰利品有草莓耳象鼻蟲和帶刺葉象鼻蟲。鐵色節腹泥蜂的食櫥裡有如下食物：鼠灰色葉象鼻蟲、帶刺葉象鼻蟲、直條根瘤象鼻蟲、槭虎象鼻蟲。槭虎象鼻蟲有時呈非常漂亮的金屬藍色，但通常是閃閃發光的金銅色，牠會把葡萄葉捲成雪茄狀。我有時發現一間蜂房裡有七隻這樣閃爍著金光的昆蟲，在這種情況下，地下小巢穴裡盛宴的豪奢程度，簡直可以與吉丁蟲捕獵者所埋藏的、渾身披金帶銀的吉丁蟲比美了。其他種類的節腹泥蜂，尤其是最弱小的種類，則熱衷於吃小的野味，並以數量多來彌補體積小的不足。例如四帶節腹泥蜂在每個蜂房裡堆放的圓腹梨象鼻蟲，數目就多達三十隻；當然，如果有機會碰上如

直條根瘤象鼻蟲、鼠灰色葉象鼻蟲一類體型較大的象鼻蟲科昆蟲，牠們不會不屑一顧的。巨唇節腹泥蜂也是吃這樣體型小的食物。最後，朱爾節腹泥蜂這種我們地區最小的節腹泥蜂，則捕食最小的象鼻蟲科昆蟲——圓腹梨象鼻蟲和穀倉豆象，這些

野味與弱小的捕獵者很速配。除了這些食物之外，最後還應補充指出，某些節腹泥蜂，如綴錦節腹泥蜂，會按照不同的美食原則行事，牠用某些膜翅目昆蟲來餵養牠的幼蟲。這樣的愛好超出我們討論的範圍，姑且不談。

圓腹梨象鼻蟲

於是，八種以鞘翅目昆蟲為口糧的節腹泥蜂，七種吃象鼻蟲，一種吃吉丁蟲。這些膜翅目昆蟲出於什麼奇怪的原因，把捕獵局限於這麼狹窄的範圍呢？牠為什麼只挑這種食物吃呢？吉丁蟲和象鼻蟲在外表上毫無相似之處，而其內部有什麼相似的特點，因而都成為同類的膜翅目幼蟲的食物呢？在其他某些獵物之間，毫無疑問存在著味道、營養成分的不同，幼蟲很善於做出評斷；但是要解釋牠們為什麼特別喜愛這種食物，一定有一種遠比美食因素更為重要的原因。

對於留給食肉幼蟲吃的昆蟲能夠長時間妥善保存的問題，杜福已做了十分精闢的介紹，我幾乎用不著再補充。我從地下

挖出來和從掠食者手下搶下來的象鼻蟲，雖然永遠一動也不動，但全都保存得十分完好：顏色新鮮，膜和最小的關節都很柔軟，內臟狀況正常，甚至在放大鏡下也看不出任何一點損傷。這一切都會使你懷疑，眼前這個毫無生氣的軀體是否真是死屍一具，於是人們情不自禁地會認為，這昆蟲隨時都會動起來。一般來說，如果天氣炎熱，死掉的昆蟲經過幾個小時就會被烤乾，一碰就碎；而如果天氣潮濕，牠們又會腐爛發黴。我曾經不採取任何預防措施，把節腹泥蜂捕捉的吉丁蟲和象鼻蟲在玻璃管或紙袋裡放了一個多月，經過這麼長的時間之後，牠們的內臟絲毫沒有失去新鮮，解剖起來就跟在活體動物身上進行一樣容易，這可真是奇特的事情。的確，面對這樣的事實，我們無法相信昆蟲真的已經死去，純粹只靠防腐劑的作用才保持新鮮；牠們還有生命，這是潛伏的、消極的生命，這是類似植物的生命形式。也因為有這種生命形式，牠才能成功地與化學力量破壞性的入侵抗爭一段時間，使軀體不會腐爛。除了不能活動之外，牠們還有生命跡象，於是就像是用了氯仿和乙醚那樣。其實，我們眼前出現了一個奇蹟，這個奇蹟是由於神經系統的神秘法則而產生的。

　　這種類似植物的生命功能，無疑因受到擾亂而減緩了，但畢竟仍然在暗地裡發揮著作用。我的證據是，象鼻蟲雖然再也不會醒來，但在尚未死亡，仍然沈睡的頭一個星期，還有正常

且間歇的排便。只有到了腸子裡什麼東西都沒有時，排便才會終止。屍體解剖證實了這一點。昆蟲還能表現出來的生命微光不限於此，雖然看來對外界刺激的反應已永遠消滅，但是我還能激起牠的一點微瀾。我把一些剛剛從地裡挖出來、動也不動的象鼻蟲放到一個小瓶裡，瓶內裝著浸了幾滴苯的木屑。我驚訝地看到，一刻鐘後，牠們的腳動了。有一下子我還以為可以使牠們起死回生呢，不過這只是幻想罷了，腳的這些活動是即將消失反應能力的迴光返照，很快便停止了，無法再次啟動。我又重複這個實驗，對象從被害後幾小時到三、四天的象鼻蟲，而且都成功了。不過，昆蟲被害的時間越久，就要越長的時間才有動作表現。這動作先從身體前端開始再到後端，首先是觸角慢慢擺動幾下，然後前跗節顫抖著一齊擺動，然後是第二對跗節，最後第三對跗節很快地也動起來。跗節一旦動了起來，各個附屬部分便毫無秩序地擺動著，直至全部恢復不動；而這種不動狀態，往往有點突如其來。除非兇殺事件剛發生，否則跗節的擺動不會傳送到較遠的部位，所以腳一直不會動。

　　被害十天後，我用同樣的方法，卻無法激起象鼻蟲任何反應，於是我便求助於電流。這種辦法更有力，可引起肌肉收縮，連苯蒸氣無法啟動的部位都動了起來。具體操作過程是：把本生燈[2]的一、兩個組件裝在通電流的細針上，將一根針的針尖放在昆蟲腹部的最後一節下面，另一根針尖放在頸下，一

通電，除了跗節顫動外，所有的腳都彎曲起來收縮到腹部下面，電流切斷時，腳又放鬆伸直開來。頭幾天這些動作非常有力，然後強度逐漸減弱，一段時間後便不再有反應了。第十天，我還能激起牠明顯的動作。第十五天，儘管昆蟲的膜還柔軟，內臟還新鮮，電流已無力激起牠的動作了。我用電流刺激一些死亡的鞘翅目昆蟲，用苯或二氧化硫使琵琶蚜、楔天牛和青楊黑天牛窒息，對其反應加以比較。在窒息後至多兩小時，我就無法激起這些死昆蟲的反應了，而象鼻蟲被牠們可怕的敵人置於這種半生不死的奇特中間狀態已經好幾天了，我卻可以很容易地使牠們動起來。

如果你設想昆蟲已經徹底死亡，或假設一具真正的屍體靠著某種防腐液的作用而不會腐爛，然而所有上述事實都與之背道而馳。事實只能這樣解釋：昆蟲受到傷害而無法活動，牠因突然被麻痹，使反應能力慢慢熄滅，與此同時，牠類似植物的生命功能因為比較頑強，所以消失得比較慢，也因此內臟保持得完好無損，好讓幼蟲在需要時享用。

還有一點我們應該特別注意的，就是兇殺的方式。很顯然

---

② 本生燈：實驗室使用的一種氣體燃燒裝置。德國化學家羅伯特・本生使這種燈大為普及。——譯注

的，節腹泥蜂的毒螫引發首要的作用。但是，象鼻蟲身上披掛著堅硬的甲冑，甲冑的各個部分又拼合得天衣無縫，這毒螫要刺在哪裡，又是怎麼刺進去的呢？在一隻被螫針螫過的昆蟲身上，即使用放大鏡也絲毫看不出謀殺的痕跡。所以，必須透過直接的檢查，來查明膜翅目昆蟲的謀殺手段。關於這個問題，杜福知難而退了，而我在一段時間內也覺得束手無策。不過我還是進行嘗試，而且我很滿意終於找到了答案，當然得要經過反覆的摸索才行。

節腹泥蜂從巢中飛出去捕獵時，沒有一定的方向，有時飛向這邊，有時飛向那邊，然後隨便從哪個方向抱著獵物返回。牠們並沒有特別選擇到哪裡搜尋，但是由於這些獵人來回幾乎不超過十多分鐘，顯然搜索的半徑並不大，何況還要考慮到必須花時間發現獵物，向獵物進攻，使之成為一團無生氣的東西。於是我便盡可能在附近搜尋，希望找到某些正在捕獵的節腹泥蜂。我花了一個下午尋找卻一無所獲，於是我相信，這樣的尋找是沒有用的，即使偶有機會撞見稀少的幾個狩獵者，分散在各處進行捕獵，可是由於牠們飛得很快，很快就看不見了，特別是在種滿葡萄和橄欖樹的這些難以觀察的地方，就更無法追蹤了。我放棄了這個方法。

如果我把一些活的象鼻蟲放在巢的附近，由於獵物不費力

氣就能找到，豈不是能夠引誘節腹泥蜂前來，進而可以看到我想看的那場戲？我覺得這想法妙極了，第二天一早我便四處奔走，想抓幾隻活的小眼方喙象鼻蟲。葡萄園、苜蓿地、麥田、籬笆、石子堆、路邊，到處我都找過，都檢查過，經過漫長而要命的兩天仔細搜尋，我終於擁有了三隻象鼻蟲，但牠們渾身光禿禿，沾滿泥土，觸鬚或跗節已經不見了，這些瘸腿的老傷兵，節腹泥蜂也許根本就不要！自從那次爲了抓一隻象鼻蟲，我渾身大汗地四處奔走，狂熱地尋找以來，已經時隔多年。儘管我幾乎每天都在進行昆蟲學的研究，可是我始終不明白，在山路旁四處遊蕩的方喙象鼻蟲，到底是在什麼條件下生活呢？強大的本能的力量啊！在同一塊地方，轉眼之間，我們的膜翅目昆蟲會找到幾百隻這樣的昆蟲，而我根本就找不到；而且牠們所抓的這些昆蟲都是新鮮的、有光澤的。因此，我可以肯定，象鼻蟲是剛剛從蛹室裡出來的！

　　管他的，我還是用我抓來的蹩腳野味試試看吧。一隻節腹泥蜂剛剛帶著平常的獵物走進牠的巢，牠再走出來進行另一次捕獵前，我把一隻象鼻蟲放在離洞口幾法寸的地方。象鼻蟲四處走動，如果牠離得太遠了，我便又把牠放到崗位上。節腹泥蜂終於露出牠那寬大的臉，從洞裡出來了，我的心激動地跳著。這隻膜翅目昆蟲在家門口附近踱來踱去，過了一會兒，牠看到象鼻蟲，用腳碰碰，轉過身來，幾次從象鼻蟲身上走過，

然後飛走了，對我捉來的東西，連用大顎碰一碰都不屑，我可是費了多大的勁才捉到的啊！我困惑不解，驚訝不已。我在別的幾個洞口再做實驗，還是失望了。一定是這些挑剔的捕獵者不要吃我送給牠們的野味。也許因為我用手抓這蟲子，把節腹泥蜂不喜歡的某種氣味傳到象鼻蟲身上了。對於這些挑剔講究的食客，只要食物被別人的手碰了一碰，牠就會感到噁心。

如果我迫使節腹泥蜂為了自衛而使用牠的螫針，會不會運氣好些呢？我把一隻節腹泥蜂和一隻方喙象鼻蟲關在同一個瓶裡，搖晃了幾下來刺激牠們。膜翅目昆蟲本性機靈，比另一個粗胖笨拙的囚徒更易受刺激，牠想到的不是進攻而是逃走，而且兩者的角色甚至顛倒過來：象鼻蟲成了攻擊者，有時用牠的吻管抓住死敵的一隻腳，而節腹泥蜂甚至不打算自衛，因為牠太害怕了。我束手無策，然而所遇到的困難卻更加強我想弄明白的決心。好吧，我們再想想辦法吧！

突然我冒出一個高明的想法，為我帶來了一線希望，這個想法很自然地觸及到問題的要害。是的，就是這個主意，這種辦法會成功的：必須在節腹泥蜂最急切地進行捕獵時，向牠提供原本不屑一顧的獵物。這時牠一心只想找到食物，便不會發覺食物有什麼缺點了。

　　我已經說過，節腹泥蜂狩獵歸來時，會落在離洞不遠處的斜坡底下，千辛萬苦地把獵物拖進洞裡。這時我便用鑷子夾住受害者的一隻腳，把牠從節腹泥蜂懷抱裡拖出來，然後立即把一隻活象鼻蟲扔給牠。我成功了。節腹泥蜂一感到獵物從肚子底下滑走不見了，便用腳急切地跺地。牠轉過身來，發現已經取代牠的獵物的那隻象鼻蟲，急忙撲過去，用腳摟住把牠帶走。但是牠很快發現這獵物是活的，於是開始了這場好戲，不過好戲結束之快卻令人難以想像。膜翅目昆蟲和牠的犧牲品面對面，用牠強有力的大顎抓住象鼻蟲的吻管，用力夾住；而當象鼻蟲被迫直立著挺起身子時，節腹泥蜂用前腳使勁壓著牠的背，使牠腹部的關節微微張開。這時我看到兇手的腹部滑到方喙象鼻蟲的肚子底下，弓起身子，用帶毒的螫針在方喙象鼻蟲第一對和第二對腳之間的前胸關節處，狠狠螫了兩、三下。一剎那間大功告成了。這個犧牲品沒有絲毫抽搐，四肢沒有任何踢蹬，而這些是一隻動物臨死前一定會有的；牠就像被雷擊斃似地永遠一動也不動了。這麼快的速度真令人害怕，也令人嘆為觀止。然後，掠食者把屍體背朝地翻過來，跟牠肚子貼著肚子，用腳一左一右地緊緊抱住屍體飛走了。我用我抓到的三隻象鼻蟲做了三次實驗，每次的情況都完全一樣。

　　另外，我每次都把節腹泥蜂自己的獵物還給牠，並把我的方喙象鼻蟲取出來，以便從容地進行檢查。檢查只是證實了我

對兇手那可怕才能的高度評價。在螫刺的地方根本不可能看出任何多麼微小的傷痕，連一點點流出來的血都沒有。但是最令我驚訝的是，獵物這麼快、這麼徹底就完全不能動彈了。謀殺一結束，這三隻在我眼前被動了手術的象鼻蟲，不管是用鑷子夾牠、戳牠，都根本看不出牠對刺激有任何反應的跡象了，必須用前面談到的人工方法才能再激起反應。這些粗壯的方喙象鼻蟲如果被一根大頭針刺穿，並被釘在昆蟲標本收集者那萬劫不復的軟木板上，可能會掙扎個幾天、幾個星期；我在說些什麼呀，可能會掙扎整整幾個月呢。由於這輕輕一螫，就在被注射了一小滴肉眼看不見的毒液當時，便一動都不能動了。但是在化學裡並沒有劑量這麼少而毒性這麼劇烈的毒藥；氰化氫勉強能產生這樣的效力，如果節腹泥蜂能製造出氰化氫的話。所以要想了解為什麼象鼻蟲能夠如此迅速地突然死去，我們必須從生理學和解剖學的角度，而不是從毒理學來尋找原因；為了解這些不可思議的事實，我們應當考慮的既不是所注射毒液的高度效力，也不是受傷害器官的大小。

那麼，在螫針的螫入點，究竟發生了什麼事呢？

第五章

高明的殺手

　　前面一章，膜翅目昆蟲向我們指明了螫針的螫入點，向我們揭示了他們的部分秘密。那麼問題是不是就解決了呢？還沒有，而且還差得遠呢。我們再回過頭來，暫時忘掉昆蟲剛剛告訴我們的事，而想一想節腹泥蜂的問題吧。問題是這樣的：如何在地下的蜂房裡儲存足夠數量的獵物，把卵產在一堆食物上，以滿足孵化後幼蟲的需要呢？

　　乍看之下，食物供應問題似乎很簡單，可是稍一細想，立刻就會發現困難非常大。比如說吧，我們人類的獵物是靠開槍捕殺來的，被殺死的獵物遍體鱗傷。膜翅目昆蟲對獵物的挑剔是人類所不及的，牠要求獵物完好無損，保持優美的形狀和色澤，沒有破碎的薄膜，沒有裂開的傷口，沒有醜陋可怕的死相。牠的獵物完全保持著活昆蟲的新鮮，蝶翅上精細的彩色鱗

片絲毫不少，但只要我們的手指碰一碰這個翅膀，上面的色彩就會剝落。想想看吧，即使是一隻死昆蟲，即使昆蟲真正成了一具屍體，要做到這一點也是多麼困難啊！用腳粗暴地踩死一隻昆蟲，是誰都能做到的；可是要把昆蟲乾淨俐落地殺死，而且一點都看不出死亡的樣子，這可不是每個人都能輕而易舉地做到的。一隻生命力頑強的小動物，即使頭已經被砍下來，都還要折騰好長一段時間哩。如果要求我們不把昆蟲砸碎，卻要立刻把牠殺死，那麼很少人知道該怎麼辦才好吧！只有做實驗的昆蟲學家才會想到用麻痺的手段。但是採用苯或者硫磺蒸氣這種原始的方法，也沒有多少把握能夠成功。在有毒的環境下，如果昆蟲掙扎的時間太長，會使牠身上的裝飾物失去光彩。我們必須採用更劇烈的手段，例如讓浸著氰化鉀的紙條慢慢散發出可怕的氫氰酸，或者更好的辦法，使用硫化碳的可怕蒸氣，這種化學物質對捕獵昆蟲的人沒有危險。可見我們為了殺死一隻昆蟲，為了做到節腹泥蜂用牠那簡便方式便可以很快做到的事，即使假設獵物經此處理就已成為一具真正的屍體，也要施展一整套求助於化學軍火庫的手段，才能辦到的啊！

一具屍體！這絕對不是幼蟲的日常飲食，幼蟲是貪吃新鮮肉類的小傢伙，野味只要有一點點臭味，牠就會感到噁心而無法忍受。幼蟲需要的是鮮肉、沒有絲毫走味，走味是腐爛的第一個跡象。然而獵物不能活生生地儲藏在蜂房裡，就像我們要

提供新鮮食物給一艘船的船員和旅客一樣，不能把牲畜放在船
裡。嬌弱的卵放在活蹦亂跳的食物旁邊會有什麼結果！虛弱的
幼蟲，輕輕碰一碰都可能導致死亡，如果整整幾個星期都在那
裝著鐵刺般長腿的鞘翅目昆蟲之間，會有什麼下場？膜翅目幼
蟲需要的是，如死掉一般一動也不動，卻還有生命的新鮮食
物，這兩者之間的矛盾似乎是無法解決的。面對這樣的問題，
世人即使擁有最廣泛的知識也無能爲力；實驗昆蟲學家自己也
會承認無法辦到。然而，節腹泥蜂的食櫥卻證明，這一切都是
可以做到的。

　　假設在一所科學院的一次大會上，像弗盧杭、瑪戎迪、貝
納①這些解剖學家和生理學家正在討論這個問題。爲了使食物
長時間動也不動且不腐爛變質，人們的頭一個想法，最自然、
最簡單的想法，就是食物罐頭。人們會想到要使用防腐劑，就
像著名的隆德學者②在吉丁蟲問題上所假設的那樣。人們會假
設膜翅目昆蟲的毒液具有卓絕的殺菌防腐效力，但這種奇特的
效力還有待證明。用未知的防腐劑來保存鮮肉，也許就是這個
學者會議的結論，就像隆德博物學家所做的結論一樣。

---

① 弗盧杭（1794～1867年）、瑪戎迪（1783～1855年）和貝納（1813～1878
　年）：皆爲法國生理學家。弗盧杭在神經系統的生理學領域有諸多發現。——
　譯注
② 指出生在隆德的杜福。——譯注

　　如果人們明確指出，幼蟲需要的不是罐頭，因為罐頭肉永遠不可能具有仍會顫動的活肉特性，牠們要的是一種儘管完全沒有生氣卻仍然活著的獵物，那麼這個學者會議就會認定要採用麻痺法。「對，就是這辦法！必須使昆蟲麻痺，使牠不能活動但又沒有奪去牠的生命。」為了達到這個效果，辦法只有一個：在巧妙選好的某個或某些部位，使昆蟲的神經器官損傷、切斷或受到破壞。

　　對於微妙的解剖學秘密不熟悉的人，如果被要求用這種方式處理這問題，那麼事情不會有多少進展。要麻痺昆蟲卻不把牠殺死，所要破壞的神經系統究竟要怎麼安排呢？首先，這種神經器官在哪裡？無疑是從頭部再順著排下來，就像高等動物的腦和脊髓一樣。「你這麼想就大錯特錯了，」我們的同行會這麼說，「昆蟲像是一個翻轉過來的動物，牠用背來走路；也就是說，昆蟲的脊髓不是在背部，而是在腹部，順著肺和肚子走下來。所以，若要使昆蟲麻痺，應該在腹面動手術。」

　　這個困難解決了，又出現了另一個困難，而且更嚴重。解剖學家拿著解剖刀，刀尖願意插到哪裡就插到哪裡，即使遇到障礙也可以加以排除。但膜翅目昆蟲沒有選擇的餘地，牠的獵物是一隻披掛著堅固甲冑的鞘翅目昆蟲，牠所用的手術刀就是螫針，這個纖細的武器十分脆弱，角質化的甲冑完全可以抵擋

得住。這個脆弱的工具只能刺進幾個部位，也就是只靠一層沒
有抵抗力的薄膜所保護的關節處。另外，肢體的關節處雖然可
以刺得進去，但完全不符合所要求的條件，因為螫到這些部
位，頂多也只能產生局部麻痺，不能阻礙整個運動器官活動而
造成全身麻痺。膜翅目昆蟲需要的是，僅僅一螫便使對方失去
任何活動能力，而不必長時間纏鬥，否則對自己會有致命的危
害。牠也不希望螫好幾下，因為螫的次數太多，就會危及獵物
的性命。所以，螫針一定要刺到神經中樞，也就是運動機能的
樞紐，神經就是從這裡分布到各個運動器官去的。然而神經中
樞有一定數量的核或神經節，幼蟲的神經節多些，成蟲少些；
在腹部的中線上，這些神經節排成一條彼此間隔距離不等、用
神經髓鞘的雙重飾帶連起來的念珠串。在所有已發育完全的昆
蟲身上，向翅膀和腳提供神經並控制其活動的胸部神經節有三
個。要刺到的就是這些點，如以某種方式毀壞了這些點的作
用，那麼昆蟲活動的可能性也就被摧毀了。

　　膜翅目昆蟲使用螫針這種軟弱的工具，能螫入的只有兩
處。一處是頸與前胸之間的關節，另一處是前胸和胸部其餘部
位之間的關節，也就是第一對腳和第二對腳之間的關節。頸關
節不太合適，距離靠近腳基部用以刺激腳活動的神經節又太
遠。目標應是另一處，也只有這一處有實際作用；貝納等人在
法蘭西科學院以他們高深的科學知識闡述這個問題時，就是這

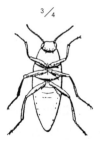

吉丁蟲（腹面）

樣說的。膜翅目昆蟲螫針的刺入點就在這裡，即在腹部中線上第一對腳和第二對腳之間。那麼，昆蟲是受到何種高明智慧的啓發呢？

　　在眾多部位中選擇一個最脆弱的部位，這部位只有熟知昆蟲解剖學結構的生理學家才能預先確定，以便刺入螫針。然而，做到這一點還遠遠不夠，膜翅目昆蟲還有一個更大的困難要克服，而牠居然克服了，其卓絕的本領會令你驚呆的。我曾說過，要控制發育完全的昆蟲的運動器官，神經中心有三處，彼此間隔開來；有時這三個中心會湊在一起，但很少見。這些中心各自還具有行動的獨立性，所以如果其中某個中心受損，至少從立即產生的效果來說，只會引起與它相應的肢體癱瘓，並不會影響到其他神經節，以及這些神經節所控制的肢體。而如果用螫針一個接著一個地攻擊這三個越來越往後縮的運動中樞，或者只螫一點，即螫在第一對腳和第二對腳之間的關節，看來都是辦不到的，因為螫針太短了。然而，某些鞘翅目昆蟲胸部的三個神經節非常靠近，甚至有時最後兩個神經節完全連結、沾黏、融合在一起，隨著這些神經節趨於混合、更加集中，激發運動的特點就變得更加完善，也因此，唉，更易於受到攻擊。這正是節腹泥蜂所需要的獵物！這些鞘翅目昆蟲的運動神經中樞接近到碰在

一起，甚至連成一團，結果彼此牢不可分，所以只要刺上一針就立即癱瘓了；或者，即使要刺幾下也沒關係，反正要刺的神經節全都擠在一起了，至少都聚集在螫針的針尖下面。

　　這些很容易使之癱瘓的鞘翅目昆蟲是哪些呢？這就是問題之所在。貝納所提出關於生命和器官的傑出理論，在此只是泛泛空談，已經不夠用了；這個理論無法教導和指引我們做出這次昆蟲學領域的選擇。我求教於任何一個可能讀到這幾行字的生理學家。如果他不查找書架上的資料，有沒有可能說出神經系統如此集中的鞘翅目昆蟲的名字呢？如果查找他的書架，能不能立即找到資料呢？現在我們已經進入到專家研究詳盡的細節，我們已經離開大路而走上只有少數人熟悉的小徑上來了。

　　我們所需的資料，我在布朗夏先生關於鞘翅目昆蟲神經系統的傑作中[3]找到了。我從該書得知，神經器官如此集中的昆蟲，首先是金龜子。不過大多數的金龜子都太大了，節腹泥蜂實在無法向牠們進攻，也搬不走；另外，許多金龜子都生活在糞便裡，而膜翅目昆蟲是那麼愛乾淨，根本不會到糞便裡找金龜子。閻魔蟲屬昆蟲的運動神經中樞非常接近，但這些昆蟲很髒，生活於惡臭的屍體中，所以也應棄而不談；至於刺脛小蠹

③ 《博物學年鑑》第三號叢書第五冊。──原注

的個子又太小，最後只剩下吉丁蟲和象鼻蟲了。

對問題茫然無知的一片黑暗中，忽然出現了一線光明，多麼令人興奮啊！在無數鞘翅目昆蟲中，可以讓節腹泥蜂劫掠的似乎只有兩類，象鼻蟲和吉丁蟲完全符合必要的條件。牠們生活在遠離惡臭和污穢的地方，而挑剔的狩獵者正對惡臭和污穢十分討厭。牠們種類繁多，形態各異，身材跟掠奪者差不多大，於是掠奪者便可以隨意挑選。比起其他鞘翅目昆蟲來，牠們控制腳和翅膀運動的神經中樞全都擠在同一個部位，很容易刺到，膜翅目昆蟲可以萬無一失地刺進去。象鼻蟲胸部的三個神經節十分接近，後兩個幾乎連在一起。在同一部位上，吉丁蟲的第二和第三個神經節混成一團，而且與第一個神經節相距不遠。有八種節腹泥蜂絕不捕捉別的野味，只捕獵吉丁蟲和象鼻蟲，而節腹泥蜂以鞘翅目昆蟲為食物則已經證實！所以，內部結構的某種相似性，即神經器官集中在一起，這就是各種節腹泥蜂的巢穴裡堆放著外表上毫無相似處的犧牲品的原因。

再出類拔萃的知識，也無法做出比這更明智的選擇，儘管這種選擇有著巨大的困難，但都被巧妙克服了，因此人們不免思考，自己是不是被一廂情願的幻想矇騙了，是不是被先入為主的理論概念蒙蔽了事實的真相，最後，再用生花妙筆把想入非非的奇蹟寫得像真的一樣呢？一項科學成果只有在以各種方

式反覆進行的實驗加以證實後，才算是穩固確立了。所以，讓我們將節腹泥蜂告訴我們的生理學手術，透過實驗加以檢驗吧！如果以人工方法的確能得到膜翅目昆蟲使用螯針的結果，也就是使動了手術的昆蟲無法動彈並長時間保持新鮮狀態。如果用節腹泥蜂所捕捉的鞘翅目昆蟲，或者用神經節也如此集中的其他鞘翅目昆蟲製造出同樣的奇蹟，而用神經節彼此分隔開的鞘翅目昆蟲卻辦不到；那麼，不管在取證方面有多大困難，我們就能了解，膜翅目昆蟲受到本能的無意識啓發，的確具備極為卓越的科學本領。好吧，我們看看實驗是怎麼說的。

　　動手術的方法再簡單不過：用一根針，或者更合適的工具，用一支十分鋒利的金屬筆尖，沾一小滴腐蝕性液體，把筆尖輕輕刺入第一對腳與前胸的連接處，把液體注入前胸的運動神經中心。我使用的液體是氨水，不過其他任何具有同樣強力作用的液體，都可以產生同樣的效果。沾著氨水的金筆就像沾著小滴墨水一樣。我把筆戳進去，所產生的效果，根據昆蟲胸部神經節彼此接近或隔開的程度，會有很大的不同。我所實驗的神經節接近的對象有金龜子科昆蟲，即聖甲蟲和寬頸金龜；吉丁蟲類有青銅吉丁蟲；最後還有象鼻蟲，尤其是這些觀察中的主角所追捕的方喙象鼻蟲。而我所實驗神經節隔開的步行蟲科昆蟲有步行蟲、黑步行蟲、強步行蟲、心步行蟲等；天牛科昆蟲有楔天牛、青楊黑天牛；另外還有麥拉索姆蟲、琵琶蚒以

及盜虻。

在金龜子、吉丁蟲和象鼻蟲身上，效果是立竿見影的；致命的藥滴一碰到神經中樞，昆蟲來不及抽搐便驟然停止一切活動。節腹泥蜂的螫刺也沒有產生比這更快的毀滅性後果。沒有什麼比強有力的聖甲蟲突然便動也不動更令人驚訝的了。膜翅目昆蟲的螫針和沾著氨水帶毒的金屬筆尖所產生的效果，還不僅僅在這方面相似。被人工戳刺的金龜子、吉丁蟲和象鼻蟲儘管完全動也不動，在三星期、一個月甚至兩個月後，所有的關節仍然完全可以伸縮，內臟也像正常一樣新鮮。在頭幾天，這些昆蟲仍像往常那樣排便，通上電流也可以使牠們動起來。總之，牠們的表現完全就像被節腹泥蜂擊殺的鞘翅目昆蟲一樣。被掠奪者螫刺的獵物所產生的狀態，和有意用氨水破壞胸部神經中樞所造成的狀態完全一樣。可是，由於不能把昆蟲完整保存歸因於注射了氨水，所以必須完全摒棄任何與防腐劑有關的想法。我們應承認，昆蟲雖然動也不動，卻沒有真正死去，牠還有一線生機，在一段時間內，各個器官仍保持正常的新鮮狀態，然後才慢慢地逐步變壞直至最後腐爛。不過在另外一些情況下，氨水只會使腳完全不能動彈，這時，液體的毒性顯然沒有擴散得很遠，觸角還能稍微動一動，甚至在注射了氨水之後一個多月，只要稍微碰碰這昆蟲，牠還會敏捷地把觸角收縮回來，這證明在沒有活力的軀體上，生命還沒有消失。被節腹泥

蜂螫傷的象鼻蟲，觸角會動的情況也不罕見。

注射氨水會使金龜子、象鼻蟲和吉丁蟲立即停止運動，可是不見得都能使昆蟲處於休克狀態。如果刺的傷口太深，如果注入的氨水效力太強，昆蟲就會眞的死掉，兩、三天後就只剩下一具發出惡臭的屍體了。相反地，如果刺得太輕，昆蟲在一段或長或短的時間中深深麻痺不醒，之後又會甦醒過來，至少部分恢復運動功能。其實強盜也會像我一樣刺得不好，因爲我曾經看到一隻被膜翅目掘地蟲螫過的獵物又復活了。我們下面即將講到黃翅飛蝗泥蜂的故事。牠在巢裡堆放著被牠的毒螫針預先刺過的小蟋蟀。我從巢裡取出三隻可憐的蟋蟀，牠們肌肉鬆弛，在其他任何情況下都會被認爲已經死了，不過在此時仍然是假死。我把這些蟋蟀放置在一個瓶子裡，保存得好好的，牠們在將近三個星期中始終動也不動。最後有兩隻發黴了，而第三隻則有部分復活，牠的觸角、口器的某些部位，尤其令人驚絕的是，第一對腳又恢復了運動。如果說，心靈手巧的膜翅目昆蟲有時也會出差錯而沒能使獵物永遠麻痺不醒，那又怎能要求我們的笨拙實驗一定會萬無一失呢？

在第二類鞘翅目昆蟲中，也就是胸部神經節彼此隔開的昆蟲身上，氨水所產生的作用完全不同。步行蟲科昆蟲似乎是最不容易受到傷害的。一隻粗壯的聖甲蟲被刺一針就會立即無法

動彈，可是這一針即使是刺在個子不大的步行蟲科昆蟲身上，也只不過引起一陣劇烈而沒有規則的抽搐而已，然後昆蟲逐漸平靜下來，休息幾小時後，又恢復了平時的運動功能，根本看不出受過什麼苦難的樣子。如果對同一隻昆蟲再做兩次、三次、四次實驗，結果還是一樣，直到傷得太嚴重，昆蟲真正死掉為止；過不久之後牠就乾癟、腐爛了。

麥拉索姆蟲和天牛科昆蟲對氨水的作用更為敏感。注入一小滴腐蝕性液體，牠們馬上就一動也不動，抽搐幾下後，昆蟲似乎就死了。但是這種在金龜子、象鼻蟲和吉丁蟲身上可能持續很長時間的麻痺狀態，在牠們身上只是暫時的現象，第二天，牠們又會活動了，而且似乎比過去更有力；只有當氨水分量用得相當大時，才會使得牠們無法再動彈，不過一旦發生這種情況，昆蟲就真的完全死了，因為牠很快就腐爛了。對神經節彼此接近的鞘翅目昆蟲如此有效的辦法，卻不能使神經節彼此隔開的鞘翅目昆蟲產生徹底且持久的麻痺作用，麻痺只是暫時性的，第二天就消失了。結論非常清楚：捕捉鞘翅目昆蟲的節腹泥蜂對獵物的選擇性，完全符合只有最博學的生理學家和最厲害的解剖學家才能教授的道理。你要辯稱這只不過是偶然的巧合，這是沒有用的，因為這樣的一致性絕不能用「偶然」來解釋。

第六章

黃翅飛蝗泥蜂

　　鞘翅目昆蟲盔甲堅硬，只有一個部位能讓帶著螫針的強盜刺入。謀殺犯很清楚盔甲間的連接處在哪裡，便把毒針刺入這個地方。牠選擇象鼻蟲和吉丁蟲這一類昆蟲行刺，因為這些昆蟲的神經器官相當集中，一刺就可以刺傷三個運動神經中樞。但是如果獵物是軟皮不帶盔甲的昆蟲，在跟膜翅目昆蟲搏鬥時，不管被刺到什麼部位都無所謂，那麼會發生什麼情況呢？膜翅目昆蟲在螫刺時是不是還有什麼選擇呢？兇手在殺人時會選擇刺入心臟，以便縮短受害者的反抗，減少麻煩，那麼這個強盜是不是採用節腹泥蜂的戰術，仍然刺傷運動神經節呢？如果是這樣，假如這些神經節彼此沒有連在一起，而是各自獨立運作，結果，一個神經節被麻痹了，其他神經節卻沒有遭麻痹，又會發生什麼情況呢？一種捕捉蟋蟀的黃翅飛蝗泥蜂[1]，將會回答這些問題。

　　近七月末，黃翅飛蝗泥蜂從保護著牠的蛹室，這個地下搖籃中飛出來。整個八月，在火辣辣驕陽下昂首挺立的羅蘭薊，在它帶刺莖的枝頭上，黃翅飛蝗泥蜂正飛來飛去尋找蜜汁，這是一種最最普通卻非常強壯的植物。但是這種無憂無慮的生活非常短暫，一到九月，黃翅飛蝗泥蜂就要從事挖掘和狩獵的艱鉅任務，通常在道路兩側的邊坡上，選擇一個不大的地方來安家。當然，那裡具備兩個必要的條件：易於挖掘的沙土和充足的陽光，除此之外，牠沒有採取任何預防措施來遮蔽牠的住所、抵擋秋天的雨水和冬天的白霜。一塊無遮無擋、風吹雨打的平坦地，對牠是再適合不過了，不過條件是這塊地必須朝向陽光。但是，如果正當牠進行掘地工程時突然下了一場暴雨，那牠就慘了；第二天，正在建築的地道會被沙土堵塞，弄得零亂不堪，不得不棄置。

　　黃翅飛蝗泥蜂很少單獨進行建築工作，而是一群十隻、二十隻或者更多，大家一起開發選定的場所。你必須一連好幾天凝視著這樣一個村落，才能對這些勤勞礦工忙忙碌碌的活動、敏捷的跳躍、急劇迅速的動作有概括的了解。工人們用前腳，也就是林奈[2]所說的「猶如利刃」的耙子迅速挖著土。一隻小

---

① 黃翅飛蝗泥蜂：又名黃翅穴蜂。——編注
② 林奈：1707～1778年，瑞典博物學家。——譯注

狗也不會這麼熱情地耙地玩耍。與此同時，每個工人哼著快樂的歌曲，聲音尖銳刺耳，時停時起，那聲音隨著雙翅和胸腔的振動而抑揚頓挫。這多像一群歡樂的夥伴，彼此在工作中以有節奏的韻律來相互激勵啊！工地上沙土飛揚，細塵落在牠們微微顫動的翅膀上，而牠們一點一點耙出來的大沙礫，則滾到遠離工地的地方。如果沙礫耙起來很費力，黃翅飛蝗泥蜂便猛然一用勁，發出高聲的吆喝，令人想到伐木者砍下斧頭時喊出的「嗨喲」聲。工人們腳顎並用，加倍使勁，小洞很快便挖好，飛蝗泥蜂的整個身體都可以鑽進去了。這時，往前挖新材料和往後排碎屑這兩種動作迅速交替。在這急促的來回動作中，飛蝗泥蜂不是用走的，而像是被彈簧彈出去似地往前衝；牠跳躍著，腹部抽動，觸角顫抖，全身震顫發響。現在我們眼睛看不見礦工了，不過還聽得到牠在地下不知疲倦地歌唱著，有時還能瞥見牠的後腳把一堆沙土往後推到洞口。飛蝗泥蜂不時中斷地下的工作，有時候到陽光下撣撣身上的灰塵，因為塵粒落到牠那細小的關節上，妨礙牠活動自如；有時則到四周巡查一番。中斷工作的時間很短，所以儘管時有停歇，地道還是在幾個小時內就挖好了，於是飛蝗泥蜂來到門口高奏凱歌，對工程做最後的裝修，刮掉那些凹凸不平之處，搬掉幾顆只有牠們的眼睛看得出會影響活動的土粒。

在我看見過的許多黃翅飛蝗泥蜂群中，有一群讓我留下了

深刻的印象。在一條大路旁有些小土堆，這是養路工人用鏟子挖側面小溝時堆出來的，其中有個半公尺高的錐形土堆早就被太陽曬乾了。飛蝗泥蜂喜歡這個地方，便在這裡建了一個我從未見過有如此眾多居民的小村落。從土堆底到頂部洞穴密布，使這塊圓錐形的乾燥土堆外表看上去像塊大海綿。整個大海綿上一片熱鬧喧騰的繁忙景象，居民們忙忙碌碌地你來我往，令人想起某個正在趕工的大工地。牠們用觸角把蟋蟀拖到錐形城市的斜坡上，存放到蜂巢的食品儲存間裡。塵土順著挖掘的巷道流出，灰頭土臉的礦工不時出現在走廊口，不斷進進出出。有時你會看到一隻黃翅飛蝗泥蜂偷閒爬上堆頂，好像是要從高處欣賞牠的傑作。多吸引人的景象啊，我真想把整個村落連同居民一起搬走！不過這只是白日夢罷了，土堆那麼高那麼大，我怎麼可能把它連根拔起搬回家去呢！

還是回來看看在平地、在自然的土壤中工作的飛蝗泥蜂吧，這種情況才是最常見的。洞一挖好，飛蝗泥蜂就開始捕獵了。我們且趁這種膜翅目昆蟲遠行尋找獵物的機會，對其住所仔細觀察一番吧。前面曾說過，飛蝗泥蜂通常群居在平坦的地方，但這裡並不是一片平坦，而是有些地方突起，上面覆蓋著一簇草皮或者蒿屬植物；有的地方有皺摺，植物的細根鬚使皺摺牢牢地糾結起來。飛蝗泥蜂的窩就建在這些皺摺的側面，地道的入口先是一個水平的門廳，約兩、三法寸深，這是通往隱

居處所的通道，也是食物儲藏室和幼蟲的臥室。天氣不好時，飛蝗泥蜂就躲在門廳裡；牠夜間在這裡藏身，白天在這裡小憩，從洞口露出牠那富有表情的面孔和無所忌憚的大眼睛。過了門廳便是一個急轉彎，緩緩的坡度往下延伸了兩、三法寸深。最後是一個橢圓形的蜂房，直徑較長，這條水平線就是最長的軸線。蜂房牆壁沒有塗任何特殊的黏結物，雖然四壁蕭然，卻可以看得出經過最精心的構築。這裡的沙土都被壓得實實的，地板、天花板、牆壁都經過認真的整平以免不時坍塌，或因表面粗糙而可能傷害幼蟲的嫩皮。最後，這個蜂房靠著僅夠黃翅飛蝗泥蜂帶著獵物通行的狹窄入口與通道相通。

在第一個蜂房產下一個卵，並備足了食物後，飛蝗泥蜂便封住入口，不過並不是拋棄這個窩。牠在第一個蜂房旁挖了第二個，同樣產卵存放食物，然後挖第三個，有時還有第四個。只是到了這時候，飛蝗泥蜂才把所有堆在門口的殘屑搬回洞裡，把洞外留下的痕跡全都清除掉。一個洞穴通常有三個蜂房，兩個蜂房的情況較少，而四個蜂房的情況更少。然而根據對飛蝗泥蜂的屍體進行的解剖，我知道飛蝗泥蜂可以產下三十個卵，這樣就需要十個蜂窩。另一方面，築巢的工程在九月才開始，到月底就要結束，所以飛蝗泥蜂建造一個蜂窩和準備食物的時間最多只有兩、三天。在這麼短的時間內，勤勞的小蟲要挖住所，要準備好一打蟋蟀，要把食物從遠處千辛萬苦運回

來，放進倉庫，最後把窩封好，的確是分秒必爭啊！何況有些日子還會因為颱風而無法捕獵，有些日子陰雨連綿，所有工作都得停下來。因此我們不難明白，黃翅飛蝗泥蜂不可能把屋子蓋得太牢固，不可能像櫟棘節腹泥蜂的長坑道那樣，結實到讓你覺得可住上百年。櫟棘節腹泥蜂的牢固住所可以一代代傳下去，一年比一年挖得更深，所以當我想參觀牠們的住宅時，常常弄得滿身大汗，即使我再努力，用我的挖掘工具努力挖，也挖不到盡頭。黃翅飛蝗泥蜂則不同，牠並不繼承先人的成果，而是白手起家，事必躬親，並且要快快做好。牠的住所就像一頂匆匆忙忙搭起來、用了一天後第二天就要收起來的帳篷。為了彌補這個缺陷，幼蟲雖然只蓋著一層薄沙子，卻知道要為藏身處增添牠們母親無法製造的東西，也就是穿上三、四層不透水的外套，這可比節腹泥蜂薄薄的蛹室高明多了。

現在一隻嗡嗡叫的飛蝗泥蜂狩獵歸來了，停在離家僅一溝之隔的灌木叢上，大顎咬著胖嘟嘟的、比牠重幾倍的蟋蟀。牠被重物壓得精疲力竭了，休息一會兒後，重新用腳夾住俘虜，用力一躍，飛過住所前的溝壑，重重地落在我正觀察的那個飛蝗泥蜂村落中，餘下的路程則靠徒步完成。雖然我坐在一旁，這隻膜翅目昆蟲卻一點也不害怕。牠跨在獵物身上，用雙顎咬住獵物的觸角，昂首闊步，自信地向前進。如果地面光禿禿的，運輸起來便沒有什麼障礙；但是如果路上草木盤根錯節，

牠突然被一條草根絆住，有勁使不出時，那副驚慌的樣子煞是好玩；牠前走走，後退退，想盡了辦法，最後靠著翅膀的幫助或者巧妙地繞道而過，才克服了障礙。多麼有意思的場景啊！蟋蟀終於被拖到目的地，牠的觸角正好搆到蜂巢洞口。這時飛蝗泥蜂放下獵物，迅速下降到地道底。幾秒鐘之後，牠又出現了，頭伸出洞外，發出一聲愉快的喊聲。腳下就是蟋蟀的觸角，牠一把抓住，於是獵物很快就落到了巢穴深處。

　　把蟋蟀運進巢裡為什麼要這麼複雜呢？牠大可不必獨自走下牠的住所，然後再出來抓起丟在洞口的獵物啊，其實牠可以像在空地上那樣，把蟋蟀一直拖進地道裡，因為地道的寬度絕對可以通得過；要不然牠可以自己先進去，而把蟋蟀拖在身後。為什麼牠不這樣做呢？迄今所能觀察到的各種膜翅目掠奪者，都是沒有任何開場序幕，便直接用大顎和中間那兩隻腳，把獵物抱在腹下，直接拖到洞穴深處去了。杜福觀察到的節腹泥蜂開始把工作複雜化，牠先暫時把牠的吉丁蟲擺在地下室的門口，然後退入地道，以便用顎咬住獵物再拖到地洞裡去。不過，這種戰術與蟋蟀捕捉者在同樣情況下的戰術差別甚大。為什麼在把獵物運進巢之前，非得先對住所檢查一番呢？會不會是在帶著累贅的負擔進洞之前，黃翅飛蝗泥蜂認為應該謹慎些，先對住所掃一眼，檢查一下是不是一切都正常，以便把牠出門時鑽進來的某種厚顏無恥的寄生蟲趕走呢？那麼，這種寄

彌寄生蠅

生蟲是什麼呢？許多雙翅目是巧取豪奪的小飛蟲，尤其是彌寄生蠅，牠們總是守在出外捕獵的膜翅目昆蟲門口，窺伺著有利時機，好把牠們的卵產在別人的獵物身上；可是這些小蟲不會鑽進別人的家裡，也不敢闖進黑暗的坑道，因為如果不幸碰到屋主正好在裡面，那麼牠們這魯莽的行為可能要付出慘痛的代價。黃翅飛蝗泥蜂跟別的昆蟲一樣，會受到彌寄生蠅的搶掠，然而彌寄生蠅絕不會進入飛蝗泥蜂的巢洞裡去做壞事。何況牠們也絕對有時間把卵產在蟋蟀身上呀！如果牠們小心行事，絕對可以利用黃翅飛蝗泥蜂暫時把獵物拋棄在門口的機會，把牠們的後代託付給蟋蟀。既然黃翅飛蝗泥蜂認為，事先下到窩裡看一下是絕對必要的，那麼一定有某種莫大的危險在威脅著牠。

下面是觀察到的唯一事實，可以對這個問題作一點說明的事實。在一群正加緊工作的黃翅飛蝗泥蜂之中，任何其他膜翅目昆蟲通常都不可能會混在裡面，一天我突然發現有一隻不同種類的獵人，一隻黑色步蚜蜂，這個不速之客混在蜂群裡，牠鎮靜自如、不慌不忙地搬來許多沙粒、乾草莖碎屑和其他小材料，用來堵住一個與旁邊黃翅飛蝗泥蜂巢穴口徑大小相同的洞口。工作進行得非常認真，令人想當然爾地認為，這個工人的

卵就埋在那地底下。一隻動作顯得焦躁
不安的黃翅飛蝗泥蜂，看來是這個巢的
合法屋主；每當有異族的膜翅目昆蟲進
入地道時，牠一定會撲上去追趕的，可
是這時牠猛然跑了出來，好像受了驚嚇
一樣，後面跟著另一隻蟲，鎮定自若地
繼續自己的工作。我察看了這個成為兩

黑色步蚖蜂

隻膜翅目昆蟲爭執對象的巢，我在巢中發現了一個蜂房，裡頭
裝著四隻蟋蟀作為儲備的口糧。我幾乎要確信而不只是懷疑
了：這些食品遠遠超過了一隻黑色步蚖蜂幼蟲的需要，黑色步
蚖蜂的個子至少要比黃翅飛蝗泥蜂小一半。看牠若無其事，專
心地封著洞口，起初還會以為牠就是這個洞的主人呢，其實牠
只是個搶奪者。黃翅飛蝗泥蜂比對手個子大、力氣壯，怎麼會
聽憑自己的窩被搶走而不加攻擊呢？然而牠最多也只是無謂地
趕一趕而已，而那個根本沒有把牠放在眼裡的不速之客轉身要
走出洞穴時，黃翅飛蝗泥蜂竟然可恥地倉皇逃竄了！昆蟲是不
是跟人一樣，成功的第一要訣就是大膽，大膽，再大膽[3]呢？
搶奪者的確是大膽的，我到現在仍然看到，牠鎮靜自如地在那
隻寬容的黃翅飛蝗泥蜂面前踱來踱去，飛蝗泥蜂在原地急得不
得了，卻不敢向強盜撲過去。

③ 「大膽，大膽，再大膽！」是法國大革命時丹東的一句名言。──譯注

另外在別的地方，我曾多次發現，那被推測爲寄生蟲的黑色步蜱蜂用觸角推著一隻蟋蟀。這是牠合法得到的獵物嗎？我很願意相信是的；可是黑色步蜱蜂順著路上的車轍漫無目的地走著，好像在尋找合意的洞穴，這種猶豫不決的行徑，總使我滿懷狐疑。牠眞的曾經不畏辛勞地挖掘嗎？可是我從未見過牠的挖掘工程。還有更嚴重的事，我曾見到牠把自己的獵物扔掉，也許是因爲沒有存放獵物的洞穴，牠不知道該怎麼處理獵物才好。在我看來，像這樣糟蹋糧食，正說明了這財產不是牠辛勤所得，所以我尋思，這蟋蟀是不是牠趁黃翅飛蝗泥蜂把獵物暫放在門口時，從飛蝗泥蜂那裡偷來的。我同樣對便服步蜱蜂也有懷疑，牠們像白邊飛蝗泥蜂一樣，腹部也長著一條白帶，也是用蝗蟲餵食幼蟲。我從未見過牠挖地道，可是我卻見過牠拖著一隻蝗蟲，飛蝗泥蜂可能不會認爲這東西歸牠所有。不同種類的某些昆蟲間這種食物的一致性，令我思考這戰利品的合法性。最後，爲了稍微彌補我的懷疑可能對此類昆蟲的名譽造成損害，我得承認，我曾目睹跗骨步蜱蜂堂堂正正地捉到一隻還沒長翅膀的小蝗蟲，我看到牠挖了巢穴，用英勇戰鬥獲得的獵物做爲儲糧。

因此我只能提出一些懷疑，來說明黃翅飛蝗泥蜂爲什麼要先下降到地下的洞底，然後才把獵物運進去。除了趕出趁牠不在時鑽進去的寄生蟲外，牠是否還有別的目的呢？我無法得

知。有誰能解釋千百種本能的表現形式呢？人類的智慧太貧乏了，無法了解飛蝗泥蜂的智慧！

無論如何，這種永遠不變的表現形式已經獲得證明。對此，我要舉出令我十分激動的一次實驗。事情是這樣的：當黃翅飛蝗泥蜂巡視住所時，我把牠暫放在家門口的蟋蟀拿走，放在幾法寸遠的地方。黃翅飛蝗泥蜂從洞底爬上來，發出平常的鳴叫聲，左看看、右看看，最後看到牠的獵物離得太遠了，便從洞裡出來，抓著蟋蟀，又放回該放的位置。放好後，牠又爬下去了，不過只是自己下去。我用了同樣的手法，飛蝗泥蜂又是同樣沮喪，獵物又被放在洞口，而自己還是獨自走下去。如此不斷重複，只要我還有耐心實驗，牠的策略都不會變。我一次又一次，對同一隻飛蝗泥蜂進行了四十次同樣的實驗，飛蝗泥蜂的固執勝過了我的執著，牠的策略完全沒有改變。

我在同一個飛蝗泥蜂村落，對所有令我感興趣的對象所進行的實驗，證明了前述那種不屈不撓的頑強性，這使我反覆思索了一段時間。我心想，可見昆蟲受一種命中注定的本能所支配，環境是無法改變的，哪怕是很小一點點改變。牠的行為永遠固定不變，可能沒有靠自己的力量獲得任何一點經驗的能力。但是我接下來再進行的觀察，卻改變了這種過於絕對的看法。

　　第二年，我在適當的時間察看同一個地點。為了挖掘洞穴，新的一代繼承了上一代的場所，也同樣忠實地繼承了上一代的策略。把蟋蟀放遠一點的實驗，所得到的結果完全相同。去年的飛蝗泥蜂是什麼樣子，今年的飛蝗泥蜂也這樣做，都執著地進行徒勞無功的動作。正當我逐漸陷入錯誤的看法時，突然間我的運氣來了，在遠離第一個飛蝗泥蜂村落處，發現了另一個飛蝗泥蜂群。我又開始我的嘗試。起初的結果和我以前得到的一樣，經過兩、三次後，飛蝗泥蜂跨到蟋蟀身上，用大顎咬住蟋蟀的觸角，把牠立即拖到洞裡去了。究竟誰是傻瓜呢？是我這個實驗者，被狡猾的膜翅目昆蟲打敗了。在其他洞穴裡，牠的鄰居或遲或早也會揭穿我的陰謀，把牠們的獵物直接搬進家裡，而不是固執地把獵物扔在門口一會兒，然後再往裡運。這說明了什麼呢？我今天所觀察的村民來自於另一個祖先，子孫總是回到祖先選好的地方，這些村民比我去年觀察的那些村民靈巧些。狡猾精神代代相傳，根據祖先的特性，有的部族靈巧些，有的部族頭腦簡單些。黃翅飛蝗泥蜂跟人類一樣，地點不同時，才智也有別。

　　第二天，我在另一個地方又開始用蟋蟀進行測試，我一直都勝利。今天碰到的是一個頭腦遲鈍的部族，一群真正愚笨的村民，就像我第一次觀察到的一樣。

第七章

匕首三擊

　　黃翅飛蝗泥蜂殺死蟋蟀時，無疑使出了最高明的手段，所以有必要看看牠是如何殺死獵物的。我爲了觀察節腹泥蜂而多次進行的嘗試使我大有收穫，所以我立即把這有效的方法運用到黃翅飛蝗泥蜂上。這方法就是把獵人的獵物拿走，然後立即用另外一隻活的來代替。我們前面看到，黃翅飛蝗泥蜂通常在入洞前把俘虜扔下來，獨自走到洞底去一會兒，這樣要進行偷樑換柱就更爲容易了。黃翅飛蝗泥蜂大膽而無所顧忌，會爬到你的手指頭邊，甚至爬到你手上來抓另一隻用來代替的蟋蟀，於是實驗的結果就會非常理想，因爲我們可以非常逼近地觀察這個悲慘事件的全部細節。

　　找到活蟋蟀是容易的事情，只要隨便掀起一塊石頭，就會找到密密麻麻一大堆，全在那裡躲太陽。這些是當年的小蟋

蟀，翅膀還沒長好，沒有成年蟋蟀的本領，還不會挖掘深深的隱居所躲在裡頭，不讓黃翅飛蝗泥蜂發現。我可以隨意捕捉，要多少有多少，不一會兒工夫就備足了所需的蟋蟀。現在一切準備就緒。我爬上觀察點的高處，待在黃翅飛蝗泥蜂村落中間的高地上，靜靜等待。

一個獵人捕獵歸來了，牠把蟋蟀放在住所的入口處，獨自進到洞裡去了。我迅速拿走這隻蟋蟀，把我的蟋蟀擺在離洞口稍遠處。獵人回來了，牠望了望便跑去抓住放得太遠的獵物。我睜大眼睛，聚精會神，無論如何也不放棄觀看這幕悲劇的機會。蟋蟀驚慌失措，連蹦帶跳拚命逃竄。飛蝗泥蜂朝牠猛撲過去，彼此打成一團，塵土飛揚，兩個決鬥者輪番占著上風，一時勝負難分。最後，獵人終於贏了，蟋蟀被打得仰面朝天，仍在那裡足爪亂踢蹬，雙顎亂咬。

獵人立即著手處理戰利品。牠反向趴在對手的肚子上，大顎咬著蟋蟀腹部末端的一塊肉，用前腳制止蟋蟀粗大的後腿瘋狂掙扎，同時用中間的腳勒住戰敗者抽動的肋部，後腳像兩根槓桿似地按在蟋蟀的臉上，使蟋蟀脖子上的關節張得大大的。這時飛蝗泥蜂把腹部彎成九十度角，這樣呈現在蟋蟀大顎前的只是一個咬不到的凹面。我的情緒很激動，看到飛蝗泥蜂第一下刺在被害者脖子裡，第二下刺在胸部前兩節的關節間，然後

再刺向腹部。說時遲，那時快，在非常短的時間內，謀殺的大工程便完成了。飛蝗泥蜂整了整凌亂的服裝，準備把犧牲品運到住所去，而垂死蟋蟀的腳還在顫抖。

　　我只是平鋪直敍地稍微介紹飛蝗泥蜂的捕獵過程，現在，我們在這種令人嘆為觀止的戰術上花點時間吧。節腹泥蜂攻擊的對手，幾乎沒有進攻性武器，牠們處於被動地位，根本無法逃逸，唯一求生的可能性就在於身披堅甲，然而兇手卻知道堅甲的弱點在哪裡。兩者的情況多麼不同啊！黃翅飛蝗泥蜂的獵物有可怕的大顎，這大顎要是咬住侵略者，就能夠將對手開膛破肚的；而蟋蟀的雙腳長著兩排銳利鋸齒且強勁有力，還可以跳得遠遠的，用以避開敵人或者踢蹬對手，狠狠地把黃翅飛蝗泥蜂打翻在地。所以你們會看到，飛蝗泥蜂在用針螫刺前，採取了多麼小心的預防措施。被害者仰倒在地，無法利用後腳彈跳起來逃之夭夭；如果蟋蟀是處在正常的姿勢受到攻擊，一定會這樣做的，就像受節腹泥蜂攻擊的象鼻蟲那樣。牠那帶鋸齒的大腿被黃翅飛蝗泥蜂的前腳壓住，無法發揮進攻性武器的作用，牠的雙顎被飛蝗泥蜂的後腳頂得離開老遠，雖然張得大大的、咄咄逼人，卻咬不到敵人的任何部位。但是對於黃翅飛蝗泥蜂來說，這一切還不能保證獵物不會傷害自己，還需要緊緊勒住獵物，使之絲毫不能動彈，以便螫針能把毒液注入要刺的地方。也許正是為了使腹部無法動彈，黃翅飛蝗泥蜂才咬住獵

物腹部末端的肉。太奇妙了，我們即使充分發揮豐富的想像力來擬定進攻計畫，也無法找到比這更好的辦法，而古代競技場上的格鬥士與對手肉搏時，也不見得會採取比這更巧妙的、經過精心計算的手段啊。

我前面說過，螫針在俘虜身上刺了好幾下，首先在脖子上，然後在前胸後面，最後在接近肚子基部處。正是像匕首的三下乾脆俐落的猛戳，表現出本能所具有的天賦本領和萬無一失的手段。讓我們先回顧前面對節腹泥蜂的研究所得出的主要結論。黃翅飛蝗泥蜂的幼蟲賴以維生的獵物，儘管有時完全不能動彈，卻不是眞正的屍體。牠們只是全身或者局部麻痺而已，其動物型態的生命被相當程度地消滅了，但是其植物型態的生命，即營養器官的生命，還長時間保持著，所以獵物不會腐爛，過了很久後幼蟲去吃牠都還很新鮮。爲了造成這樣的麻痺效果，膜翅目獵人使用了當今先進科學會向實驗生理學家建議的辦法，即借助有毒的螫針，破壞負責指揮運動器官的神經中樞。另外我們知道，節肢動物神經主幹的各個中樞或神經節的作用，在一定範圍內是各自獨立運作的，所以損壞其中的某個神經節，只會引起相應節段的癱瘓；各個神經節彼此相隔得越遠越是如此。相反的，如果神經節都連在一起，那麼只要損壞共同的神經節，就會使神經分支所分布的所有節段癱瘓。吉丁蟲和象鼻蟲就是如此，節腹泥蜂把螫針刺向胸部神經中樞，

只要一擊就使牠們癱瘓了。但是讓我們剖開一隻蟋蟀看看吧。
是什麼東西讓蟋蟀的三對腳活動起來的呢？我們所發現的東
西，黃翅飛蝗泥蜂比我們的解剖學家更早發現：三個神經中樞
彼此隔得很遠。由此可見，用螫針重複刺三次，真是再符合邏
輯不過的了。高傲的科學啊，您甘拜下風吧！

就像被節腹泥蜂的螫針刺傷的象鼻蟲一樣，被黃翅飛蝗泥
蜂刺著的蟋蟀也不是真正死了，儘管表面看來如此。在這種情
況下，獵物的外皮柔軟，忠實地反映出其內部還存在著微弱的
運作，於是，為了證實節腹泥蜂的獵物方喙象鼻蟲還殘存著生
命，我不需再使用人工方法。如果在兇殺事件後，對一隻仰臥
的蟋蟀持續不斷地觀察一個星期、半個月甚至更久些，我們會
看到，牠的腹部經過很長的間歇後，會有深深的抽動，甚至還
會看到觸鬚的顫抖，以及觸角和腹肌有十分明顯的運動：彼此
岔開，然後突然並攏。被刺傷的蟋蟀如果放在玻璃管裡，可以
完全新鮮地保存一個半月。黃翅飛蝗泥蜂的幼蟲把自己封閉於
蛹室裡之前，要生活的時間不到半個月，所以牠們直至宴會結
束，保證都有新鮮的肉可吃。

捕獵工作結束了。一個蜂房儲備三、四隻蟋蟀做為食物。
蟋蟀有條不紊地堆放在裡面，背朝下，頭擺在蜂房盡頭，腳在
門口。卵就產在其中一隻蟋蟀身上。最後要做的是把洞口封

住，把挖洞時挖出來堆在家門前的沙土迅速往後掃到通道中。飛蝗泥蜂不時用前腳耙著殘屑堆，把大的沙礫揀出來，用大顎叼起，用來加固易粉碎的洞壁。要是在搆得到的地方找不到合適的沙礫，便到附近去找，而且挑選得很認眞，就像泥水匠挑選建築物材料似的，連植物的殘根碎枝、小片枯葉都派上用場。不一會兒，地下建築物的外部痕跡全都消失了，如果不留心用記號做標誌，眼睛再注意也不可能找到這個位置。封好這個洞後，再挖另一個，放入食物，把洞封好，輸卵管裡有多少卵就做多少次。產卵結束後，飛蝗泥蜂又展開了無憂無慮、四處遊逛的生活，直至初冬乍冷結束了一個如此充實的生命。

黃翅飛蝗泥蜂的任務完成了，不過我還要觀察一下牠的武器。用來製造毒液的器官，由兩根分成許多細枝的管子組成，都通到一個梨形的共用儲液庫，或可稱爲「儲壺」。

一條纖細的管從儲壺裡伸出來，深入到螫針的軸線中，把毒液送到螫針的末梢。螫針非常細，相對於黃翅飛蝗泥蜂的身材，尤其是牠刺在蟋蟀身上所產生的效果來說，螫針這麼細，眞有點讓人感到意外。針尖非常光滑，完全沒有蜜蜂螫針上朝後長的鋸齒。其原因顯而易見：蜜蜂使用螫針只是爲了報復所受到的侮辱，甚至不惜犧牲自己的性命，因爲螫針的倒鉤會鉤住傷口拔不出來，結果使自己腹腔末端拉開一條致命的裂縫。

如果黃翅飛蝗泥蜂在第一次出征時，牠的武器就要了牠的命，那麼牠要這樣的武器做什麼？牠使用螫針的目的主要是為了刺傷獵物，用來給幼蟲當作口糧；即使帶鋸齒的螫針能夠拔得出來，我也懷疑有哪隻黃翅飛蝗泥蜂會願意讓自己的針帶有鋸齒。對牠來說，螫針不是用來炫耀力量的武器，若為了復仇且可以把匕首拔出來，這樣做當然是再快意不過的，但是快意的代價相當高，喜歡報復的蜜蜂有時要為此賠上自己的性命。黃翅飛蝗泥蜂的螫針是一種工作器械、一種工具，決定了幼蟲的未來，所以跟獵物搏鬥時，這工具應當便於使用，既能刺入對手肉中，又能很方便地抽出來，因此平滑的刀刃就比有倒鉤的刀刃符合要求。

黃翅飛蝗泥蜂能夠以迅雷不及掩耳之勢打垮強壯的獵物，我很想在自己身上試一試牠的螫刺是不是很疼。好吧！我試了，我十分驚奇地告訴您，這針刺下去一點感覺也沒有，根本沒有暴躁的蜜蜂和胡蜂螫得那麼痛。我沒用鑷子，毫無顧慮地用手指抓著牠而刺下去，因為我在研究中還得用牠呢。我可以說，各種節腹泥蜂、大頭泥蜂，甚至只要一看就令人害怕的巨大土蜂，乃至於我能夠觀察到的所有膜翅目強盜，螫起來都不痛。不過那些捕捉蜘蛛的蛛蜂不在此列，雖然被牠們螫到遠沒有蜜蜂痛。

　　最後一點要說明的是：我們知道，身上的螫針純粹用於自衛的膜翅目昆蟲，例如胡蜂，會多麼猛烈地撲向擾亂自己住所的膽大妄爲者，向對手魯莽的行爲給予嚴懲。相反的，螫針用來捕獵的膜翅目昆蟲則性情十分平和，彷彿牠們意識到，自己儲壺裡的毒液對於牠們的子女具有相當的重要性。這毒液是種族的保護者，是謀生工具，所以牠們只在狩獵的莊嚴場合才十分節約地使用，而不是用來炫耀自己勇於報復的勇氣。當我置身於各種黃翅飛蝗泥蜂部族之中，破壞牠們的巢，搶走牠們的幼蟲和食物時，我一次也沒被螫過。非得眞的抓住牠時，牠才會下決心使用武器，而且要是我不把身體上比手指更嬌嫩的部位（例如手腕）放在螫針旁邊，牠還沒辦法刺入皮裡去呢。

第八章

幼蟲和蛹

　　黃翅飛蝗泥蜂的卵呈白色，圓柱形，微呈彎弧狀，寬三至四公釐。這卵不是隨隨便便產在獵物身上的任何一處，相反地，產卵的首選地點是永遠不變的，那就是橫放在蟋蟀胸膛上，略微靠邊，在第一對腳和第二對腳之間。白邊飛蝗泥蜂的卵和隆格多克飛蝗泥蜂的卵也產在相似的地方，前者在蝗蟲的胸膛上，後者在短翅螽斯的胸膛上。既然我從沒見到這產卵點有什麼變化，所選擇的這個部位，勢必對於幼蟲的安全有著極其重要的作用。

　　卵產下三、四天後就孵化了。一層極為精細的膜裂開來，於是我們看到一隻虛弱的小蟲，渾身透明得像水晶，前端好像被勒住，後部微微脹起，就像這樣從後到前逐漸變得細一些；身體兩側各有一條主要由支氣管構成的白色窄細帶。這個虛弱

的小生命就像卵那樣橫躺著。牠頭的位置就像是擺在卵前端固定的地方，而身體的其餘部分只是靠在獵物身上，沒有與獵物結合在一起。由於牠是透明的，我們很快就看出，小蟲體內有快速的起伏運動，蠕動波非常有規律地一波接著一波，這些波產生於身體的中間，有的向前，有的向後蔓延開來。這是消化道在起伏運動，因為消化道大口大口地吮著從獵物身上吸出來的汁。

讓我們注意看看一個引人注目的場面吧。獵物仰臥著，一動也不動。黃翅飛蝗泥蜂的蜂房裡，獵物是蟋蟀，是三、四隻堆起來的蟋蟀；在隆格多克飛蝗泥蜂的蜂房裡，獵物只有一隻，不過比較大，是一隻大腹便便的短翅螽斯。如果把幼蟲從牠汲取生命泉源的部位拉開掉下來，牠就沒命了，因為牠虛弱無力，沒辦法動，怎麼能回到牠吸汁的地方呢？那隻犧牲品只要隨便動一下，就可以抖掉這個吸吮著牠的內臟的幼蟲，可是這龐然大物卻聽其擺布，連一點表示抗議的顫動都沒有。我當然明白牠被麻醉了，兇手的小針使牠無法控制大腿，但是牠剛被螫不久，那些沒被螫針刺到的地方，還多少保留著活動和感覺的能力，甚至腹部微微顫動，大顎一張一合，腹部的肌肉和觸角左右搖擺。如果幼蟲咬到這樣一處還有感覺的部位，咬到大顎旁邊，甚至咬在肉更嫩、汁更鮮，似乎應當最先給虛弱的小蟲吃的肚皮上，會發生什麼情況呢？蟋蟀、蝗蟲、短翅螽斯

被咬到致命的地方，至少皮膚應會有點顫抖的，可是這輕微的顫抖就足以甩掉衰弱的幼蟲，幼蟲也就必死無疑了，因為牠就處在大顎這可怕的鉗子下面啊！

　　但是獵物身上有一塊地方，可以使幼蟲不怕遇到這樣的危險，就是黃翅飛蝗泥蜂螫過的部位，即胸部。實驗者在最近捕捉的獵物的這個部位用針尖隨意搜尋，也只有在這個部位才可以到處戳洞，受刑者不會有絲毫疼痛的反應。所以，產卵的地方永遠是在這裡，幼蟲總是從這裡開始吃牠的獵物。這地方，蟋蟀被咬到卻感覺不到疼痛，所以一直動也不動。以後如果啃咬的傷口擴展到敏感部位時，獵物在可能的範圍內掙扎著，然而為時已晚，牠麻痺得太嚴重了，何況敵人的力氣已經增長。這就是為什麼產卵總是千篇一律地產在固定的地點，在螫針刺的胸膛傷口的原因；不過並不是刺在胸部中間，那裡的皮對幼蟲來說可能太厚了，而是刺在側面，靠近腳基部，那裡的皮細嫩得多。母蜂的選擇多麼合理、多麼符合邏輯啊，牠在漆黑一片的地下，在獵物身上進行辨認，然後選定了唯一合適的部位來產下牠的卵。

飛蝗泥蜂的幼蟲

　　我曾經飼養黃翅飛蝗泥蜂的幼蟲，從蜂房裡拿來蟋蟀，一

隻接著一隻餵給牠吃，就這樣一天天密切注視我的嬰兒迅速發育成長。幼蟲在第一隻，也就是下卵的那隻蟋蟀身上，就像我剛才說的那樣，朝著獵人螯針第二次刺下的地方進攻，即第一對腳與第二對腳之間的。沒幾天，年輕的幼蟲已經在獵物的胸膛上挖了一個足夠半個身子鑽進的洞口。這時我們常常可以看到，活生生被咬住的蟋蟀只能徒勞無功地搖晃著觸角和腹部肌肉，張開和閉攏大顎，有的甚至只能動動某隻腳；可是敵人十分安全地掏空牠的內臟而不會受到懲罰。對於這隻癱瘓的蟋蟀來說，是多麼可怕的惡夢啊！

經過六、七天，第一份糧食就吃完了；只剩下帶著外皮的骨架，骨架的所有組件幾乎都原封不動。這時，身長約十二公釐的幼蟲，從牠一開始時胸腔挖的洞鑽出來。在鑽出來的過程中，牠蛻了一次皮，而蛻下的皮往往就擱在牠鑽出來的洞口。蛻皮後，稍事休息，牠開始吃第二份糧食。現在幼蟲已經身強力壯，根本不怕蟋蟀軟弱無力的動作了。蟋蟀的麻痺程度與日俱深，連最後一點反抗的希望也消失了，所以幼蟲可以不必採取任何預防措施，便可以向蟋蟀進攻，而且往往從肚子開始，因為那裡肉嫩，汁液也更豐富。很快輪到第三隻蟋蟀，最後是第四隻，這第四隻在十二個小時內就會被吃光。這三隻獵物最後只剩下啃不動的外皮，外皮的各個部分都一塊塊地咬得支離破碎，能吃的全都掏空了。如果這時給幼蟲第五隻蟋蟀，幼蟲

根本不屑一顧，幾乎連碰都不碰一下，這並不是因為牠想節食，而是由於這時非排泄不可。請注意，迄今為止，幼蟲還沒排過便，牠的小腸裝著四隻蟋蟀，脹得快要裂開來了。

所以，一份新的糧食無法引起牠的貪食願望，牠現在想要為自己造一個絲製的房屋。總之，這場宴會不間斷地延續了十至十二天，此時幼蟲有十五至三十公釐長，而最寬的部分為五至六公釐。幼蟲的形狀通常是後部略寬，逐漸往前收縮，膜翅目幼蟲一般都是這個模樣。幼蟲含頭部在內共有十四節，頭非常小，大顎軟弱無力，人們會以為這大顎無法發揮剛剛提到的作用呢。在這十四個節段中，中間的那些節段有氣孔。牠的衣裳以白色為底，帶一點淡淡的黃色，上頭有無數的白點。

我們在前面看到，幼蟲吃第二隻蟋蟀時從肚子開始吃，這是獵物身上汁最多、肉最軟的部分。就像小孩先吃麵包片上的果醬，然後才不情願地啃麵包一樣，幼蟲首先吃最好吃的東西，即腹部的內臟，然後再吃需要十分耐心地從角質外殼掏出來的肉，以便有空時慢慢消化。不過，剛剛從卵裡爬出來的稚嫩小蟲，開始吃時卻不是這樣的貪婪，對牠來說，首先得要吃麵包，然後才吃果醬。牠別無選擇，第一口必須咬到蟋蟀胸部，也就是母親產卵的地方。這部位稍微硬了一點，可是很安全，因為螫針在胸部戳了三下，已經完全沒有活力了。在別的

部位，即使不是絕對，但至少常常會有痙攣性的顫動，把虛弱的小蟲抖掉，而使小蟲面臨可能發生的可怕情況，使牠置身於一堆獵物之中，這些獵物長著鋸齒的後腳還會猛然踢蹬一下；雖然間隔的時間越來越長，但牠們的大顎還是會咬人。所以，母親產卵地點的選擇完全是出於安全的考慮，而不是根據幼蟲的食慾來決定的。對於這個問題，我仍有一個疑問。第一份糧食，即卵產於其上的那隻蟋蟀，可能比其他蟋蟀更會使幼蟲面臨這種危險。首先，幼蟲還只是一隻脆弱的小蟲；其次，獵物才剛剛捕來，最有條件表現出牠仍有生命。第一隻應當盡可能徹底麻痺，所以黃翅飛蝗泥蜂戳了牠三下。但是其他的獵物隨著時間越長，麻痺得越深，向牠進攻的幼蟲也長得更強壯了，那麼爲何還要同樣地戳三下呢？當幼蟲吃第一份糧食時，麻痺的效果逐漸擴大，那麼後面幾隻只刺一下、兩下，不就足夠了嗎？事實上，毒液太珍貴了，膜翅目昆蟲不會隨隨便便浪費的，這是狩獵用的子彈，得節約使用。雖然我曾見到對同一個獵物用螫針連續刺三下，不過我也在別的場合看到刺兩下的情形。的確，黃翅飛蝗泥蜂腹部顫抖的針尖，似乎還在尋找有利的部位來刺第三下，不過，如果牠真的刺了，這第三下我可沒見到。所以我傾向於認爲，第一隻蟋蟀總是被螫了三針，而爲了節約起見，其他的只挨了兩針。下面對於捕捉毛毛蟲的砂泥蜂的研究，將證實這一項懷疑。

　　最後一隻蟋蟀吃完了，幼蟲便忙著織造蛹室，不到四十八小時便大功告成。從此，這位工人便在別人無法進入的隱蔽所內，安全地沈溺於牠必經的這種狀態——深深的、麻木不仁的狀態，沈溺於這種似睡似醒、似生似死的生活方式，過了十個月才脫胎換骨從蛹室裡出來。很少有牠那麼複雜的蛹室，除了外部為粗糙的網狀物外，還有清晰可辨的三層，像是一個套著一個。讓我們來觀察絲質建築物的各層吧。

　　最外面一層是像蜘蛛網般帶網格的粗紗，幼蟲先把自己關在裡面，像攀在吊床上一般，以便更舒適地織造真正的網。這個用來充當鷹架、匆匆忙忙編織起來的網絡殘缺不全，是由隨便拋出來的絲編成的，摻和著沙粒、土塊和幼蟲宴席的殘羹剩飯（還帶著血紅大腿、腳、頭顱骨的蟋蟀）。再往裡是封套，這才能算是蛹室的第一層，由淡棕色氈狀膜構成，非常細膩、非常柔韌，有著不規則的皺摺。幾根隨便拋出的絲線聯繫著鷹架和外套。這外套像個圓柱形的錢包，四面密閉，對於裡頭所要容納的東西來說太寬敞了一點，以至表面產生了摺皺。

　　這一層之後是一個「塑膠匣子」，尺寸明顯比包裹著牠的那個錢包小，幾乎呈圓柱狀，上端圓形，幼蟲的頭就躺在那裡；下端呈鈍錐狀。匣子為淡紅棕色，但下端錐體顏色更深些。這匣子相當堅固，但稍微一壓就裂了，只是錐端用手指按

也按不破，看來裡面裝著硬物。打開這匣子，可以看出它由彼此緊貼但易於分開的兩層東西構成，外層跟前面的錢包一樣是絲氈，而內層，或者說蛹室的第三層，像一種漆，一種深紫棕色發光的塗料，易碎，摸起來很柔軟，質地似乎與蛹室的其餘部分都不同。在放大鏡下可看出，牠不像外套那樣是絲氈材質，而是一種特殊的生漆塗料，其來源相當奇怪，下面將會談到。至於蛹室錐端的承受力，來自於易碎材料做成的紫黑色塞子，塞子上閃爍著許多黑點。這塞子是幼蟲整個蛹期在蛹室內排泄的全部乾糞便團，也正由於這糞團，蛹室錐端顏色深些。這個複雜的住所平均長度為二十七公釐，最寬部分為九公釐。

再回到塗在蛹室內部的紫色生漆。起初我還以為這生漆來自於絲腺，絲腺先是編織絲製的雙重匣子和鷹架，最後再排出生漆來。為了使自己深信這一點，我剖開一隻已經結束紡織工作但尚未開始塗漆的幼蟲。我在幼蟲的絲腺裡找不到任何紫色液體的痕跡，這顏色只有在消化道裡才找得到，消化道裡鼓脹著莧紅色的精髓（以後我們在蛹室糞便塞上還會看到這種顏色），此外全都是白色的，或者微帶黃色。我根本沒想到幼蟲是用糞便殘餘來塗抹牠的蛹室，不過我深信這塗抹漿是消化道的產物，而我猜想牠用口器排出胃裡的莧紅色精髓，用來做為生漆塗料；不過我無法確定，因為我好幾次笨手笨腳地錯過有利機會來證實。只是，幼蟲在最後一道程序後，才把消化的殘

餘物揉成一團排出去，這樣就可以解釋，爲什麼幼蟲如此奇怪，非把糞便留在牠的住所裡不可了。

　　不管怎樣，生漆層的用途是無庸置疑的，它完全不透水，使幼蟲不會受到潮濕的侵襲；母親爲牠挖的隱蔽所不牢固，顯然會受潮。我們還記得，幼蟲是埋在敞露的沙土底下不到幾法寸深的地方。爲了看看這樣塗著生漆的蛹室的抗濕能力如何，我把蛹室放在水中整整好幾天，而內部一點潮濕的痕跡都沒有。黃翅飛蝗泥蜂這種多層的蛹室非常巧妙，可以在沒有保護措施的巢裡好好保護幼蟲。節腹泥蜂的蛹室擱在乾燥的砂岩層隱蔽所下面，約半公尺深處。這蛹室長得像非常長形梨子，細端被切斷了，只有一個絲質外套，如此纖弱，如此細膩，以至於透過外套都可以看到幼蟲。在我多次進行的昆蟲學觀察中，我總是看到幼蟲的本領與母親的本領彼此互補。如果洞穴深藏地下遮蔽得好，那麼蛹室用輕質材料製造就可以了；如果洞穴淺，會受到風雨侵襲，蛹室的結構就要粗實。

　　九個月過去了，其間蛹室內的工作全都神秘進行著。我對於幼蟲變態的情形一無所知，只能跳過這段時間。爲了等到蛹的階段，我從九月末一直等到次年的七月初，這時幼蟲剛剛褪掉已經褪色的皮。蛹這個過渡性組織，或者說尚在襁褓中已變態完全的昆蟲，正一動也不動地等待還要過一個月才來到的甦

醒。腳、觸角、口器以及不發達的翅膀，樣子像是完全液態的水晶，而且有條不紊地攤在胸部和腹部下面。身體的其餘部分呈濁白色，即帶有一點點黃的白色，而腹部中間部分的四個節段，每一邊有狹窄而圓鈍的突出部分。末端最後一節上面，有狀如圓圈扇面的膨脹疊片，下面有兩個並排的錐形乳突，這一切構成了一個分布在腹部周圍的附屬器官。這纖弱的生物就是這個樣子，牠為了變成黃翅飛蝗泥蜂，必須穿著半身黑半身紅的服裝，然後再把緊裹著牠的薄皮蛻掉。

我曾經日復一日地注視著蛹的出現和顏色變化，並進行實驗，看看陽光這個大自然從中吸取顏色而色彩斑斕的調色板，是否會影響這種變化。為此，我把一些蛹從蛹室裡取出，放在玻璃瓶裡；有的放在一片漆黑中，讓蛹處於自然條件之下，以便將來進行比較；另一些則懸掛在一面白牆上，整天接受著散射的強烈光線。在這樣完全相反的條件下，兩組蛹的顏色演變都是相同的；或者說，如果有某些微小的、不一致的情況，也是因為受光線照耀的蛹色變化得較少。因此，與植物的情況完全相反，光線不會影響，甚至不會加速昆蟲顏色的變化。在色彩最斑斕的昆蟲身上，例如吉丁蟲和步行蟲，人們可能以為牠們美妙絕倫的燦爛顏色是從陽光那裡偷來的，其實卻是在黑暗的地底，或者被蟲蛀的百年老樹的樹幹深處調製出來的。

第一批有色的線條出現在眼睛，角質的複眼相繼從白色變成淡黃褐色，再變成深灰色，最後變成黑色。前額頂部的單眼接著也變了顏色，這時身體的其餘部分都還沒有失去其自然的色彩，即白色。我必須指出，眼睛這個最纖細的器官如此早熟，在動物中是普遍的。過不久，把中胸和後胸隔開的那條溝，上面出現了一道煙黑色，二十四小時後，整個中胸的背部都是黑色的了。與此同時，前胸的那一片模糊起來；後胸上部的中央部分出現了一個黑點，大顎蓋上了一層鐵色。胸部兩端的胸節顏色逐漸變深，這深色最後到達頭部和屁股。只要一天的時間，頭和胸部兩端的胸節就可以從煙黑色變成深黑色了。到這時，腹部開始越來越快地改變顏色：前部腹節的邊緣染上金黃色，而後部腹節有一道灰黑色的邊。最後，觸角和腳在顏色越來越深之後變成了黑色，腹底完全是橘紅色，而其末端則是黑色。此時，除了跗節和口器是透明的棕紅色，以及發育不全的翅膀是灰黑色外，全套服裝都已配好了。二十四小時後，蛹就要掙脫牠的束縛了。

蛹只要六、七天，顏色就定下來了，不過眼睛的顏色變化比身體的其他部分要提前半個月。根據這個概括的描述，便可容易掌握顏色變化的原則。我發現，除了複眼和單眼像所有的高等動物那樣提早完成變色之外，顏色的變化是從中胸這中央部位開始，向四周逐步擴展，先到達胸部的其餘部分，然後是

頭和腹部，最後及於附屬器官，觸角和腳。跗節和口器的變色更晚，而翅膀則是出了匣子之後才有顏色的。現在黃翅飛蝗泥蜂穿著打扮完畢，只剩下擺脫蛹殼了。這是一件非常精緻的緊身薄膜，使身體構造的細微部分顯現無遺，成蟲的形狀和顏色幾乎都沒能遮蓋住。在變態的最後一個動作完成之前，黃翅飛蝗泥蜂突然從昏昏沈沈中甦醒過來，激烈地亂動，似乎要從麻木太久的肢體中喚回牠的生命。牠的腹部一伸一縮，腳猛然伸開，然後彎曲，然後又伸開，用力地使各關節伸得直挺挺的。昆蟲用頭和腹尖支撐著身體，肚子朝上，用力抖動多次，讓頸關節和把腹部與胸連起來的腳關節撐開。牠的努力終於成功了，在進行這樣艱難的體操約莫一刻鐘之後，到處被拉扯的緊身服在脖子處、在腳關節周圍和靠近腹部的地方，總之在身體各個部位的活動能夠劇烈扯開的地方，都撕裂了。

要脫掉的外衣，現在四分五裂成一些不規則的碎片，其中最大的一塊包在腹部及背部，等於是翅膀的外套。第二塊則包著頭，最後，每隻腳有自己特殊的罩子，底部有不同程度的損壞。就這樣，由於腹部一張一縮的輪番運動，最大的那塊外衣碎片因而脫開了。靠著這個機制，這碎片慢慢被褪到尾部，終於形成一個小團，由幾條斷絲連在腹部一段時間。這時，黃翅飛蝗泥蜂又陷入昏昏沈沈的狀態，蛻變的步驟結束了，不過此時牠的頭、觸角和腳多少還被包著，顯然是因為腳上有許多參

差不齊的東西，或者說有許多刺，蛻皮無法一下子全部完成。
於是這些碎膜就在昆蟲身上逐漸乾燥，然後因爲腳的彼此摩擦
而脫落下來。飛蝗泥蜂一直要到十分健壯之時，才用腳來梳理
全身，以完成最後蛻皮的動作。

在蛻皮工作中，翅膀從匣子裡伸出來的方式是很引人注目
的。這些翅膀在還沒發育好之前，直直地折疊著而且收縮得很
緊。在翅膀以正常狀態出現前不久，我們可以很容易的把它們
從匣子裡拔出來，不過這麼一來，翅膀根本不會張開，而一直
蜷縮著。相反的，當那塊大碎片（裝翅膀的匣子是其中一部分）
由於腹部的運動而被褪到後面時，翅膀便慢慢地從匣子裡伸出
來。它們一旦可以自由活動，便立即伸展開來，與原先關在狹
窄囚牢時相比，真是碩大無比。此時，生命所需的大量液體便
湧到這些翅膀上，使之鼓起、撐開；這液體所引起的鼓脹，可
能正是翅膀從匣子伸出來的主要原因。剛剛展開的翅膀很重，
呈很淡的草黃色，充滿汁液。如果液體流得不規則，那麼翅膀
的末端便會懸墜著一粒黃色滴狀物，嵌在兩張膜片之間。

飛蝗泥蜂擺脫了腹部的套子，而套子又拖動包著翅膀的匣
子，接下來飛蝗泥蜂又有三天左右的時間動也不動。在這期
間，翅膀的顏色逐漸正常，跗節有了顏色，原先張開的口器現
在處於閉合的狀態。經過二十四天蛹的狀態後，昆蟲終於發育

完全了。牠撕裂囚禁著牠的蛹室，打開一條通道穿過沙土，在某個早晨出現在陽光下，不過牠並沒有被完全沒見過的光線照得眼花撩亂。黃翅飛蝗泥蜂沐浴著陽光，梳刷觸角和翅膀，用腳撫摩腹部，像貓一樣，用沾著口水的前跗節洗洗眼睛，梳洗完畢，便高高興興地飛走了。牠可以活兩個月呢。

　　我曾親眼看著美麗的黃翅飛蝗泥蜂，在鋪著一層沙的筆盒裡孵化出來。我用一份一份糧食親手把你們餵養長大，我密切注視你們怎樣一步步轉化變態。夜裡我會猛然驚醒，只怕錯過了蛹掙破襁褓、翅膀從匣子裡出來的時刻，你們告訴我那麼多事情，而你們自己卻什麼也沒有學到，凡是需要知道的事，你們全都無師自通！哦，我美麗的飛蝗泥蜂啊！在這夏蟬喜愛的陽光下，用不著害怕，從我的管子裡，從我的盒子裡，從我的瓶子裡，從我所有的容器裡飛走吧。走吧，小心那修女螳螂，牠正在矢車菊開花的枝頭打算把你們吃掉呢！當心那蜥蜴，牠正在陽光明媚的斜坡上窺伺著你們！平平安安地走吧！挖好你們的洞穴，巧妙地刺死你們的蟋蟀去傳宗接代吧，以便有一天讓別人也享有你們給我的東西：我一生中少有的幸福時刻。

第九章

高超理論

　　飛蝗泥蜂的種類相當多，不過大多數種類在法國都沒有。據我所知，這種昆蟲在法國只有三種，全都喜歡生活在陽光充沛、長著橄欖樹的炎熱地區。牠們就是：黃翅飛蝗泥蜂、白邊飛蝗泥蜂和隆格多克飛蝗泥蜂。不過很有意思的是，觀察者會看到，這三種掠奪者是根據動物學的嚴格規則選擇食物。三者只選直翅目昆蟲作為幼蟲的食物：第一類選蟋蟀，第二類選蝗蟲，第三類選短翅螽斯。

　　這三種獵物，外表有著如此巨大的差異，想要把牠們放在一起或領略牠們的類似之處，就必須擁有經過動物學訓練的眼力，或者至少有跟飛蝗泥蜂不相上下的專家眼光。你比較一下蟋蟀和蝗蟲吧；蟋蟀頭圓而大，短短胖胖，全身烏黑，後大腿佩帶著紅色的綬帶；蝗蟲是淡灰色，細長苗條，頭小呈錐狀，

長長的後腳一蹦就跳躍起來，而折成扇形的翅膀使牠可以繼續飛騰。然後你再把這兩種昆蟲跟短翅螽斯比較比較吧。短翅螽斯背上背著牠的樂器，兩個凹形蚌殼狀刺耳的鐃鈸，笨重地拖著牠那肥胖的肚子，嫩綠和奶黃色的體節相間，末端長著一把長長的匕首。把這三者加以比較，你如果跟我有一樣的看法，也就是飛蝗泥蜂選擇的食物如此不同，可是又沒有超出同一個動物學類別的範圍，就表示你有內行的眼光。這眼光不是隨便就有的，是連科學家都得佩服的。

面對著這種奇怪的偏好（這偏好的範圍似乎源於某個「訂立動物分類法則的人」，例如某個拉特雷依），如果來研究法國所沒有的飛蝗泥蜂，看牠們是否捕獵同類的獵物，會是很有意思的題目。不幸的是，這方面的資料很少，而大部分的同種昆蟲，研究材料也一樣缺乏。究其原因，最主要是人們普遍採用的方法是膚淺的。人們抓住一隻昆蟲，用一根長大頭釘把牠釘在一個軟木底的盒子裡，在牠的腳上繫一個寫著拉丁文名字的標籤，於是關於這隻昆蟲的一切都在上頭了。我不滿足於以這種方式了解昆蟲的生活史。人們告訴我，某種昆蟲的觸角有多少關節，翅膀有多少翅脈，腹部或胸部的某個區域有多少根毛，這都毫無用處。只有在了解牠的生活方式，牠的本能，牠的習性後，我才能真正認識這種昆蟲。

　　而你會看到，有些描寫得如此冗長，如此難以理解的細節，竟然用三言兩語便可以清楚加以說明了。假設你想讓我認識隆格多克飛蝗泥蜂，先是向我描述翅膀翅脈的數目和排列方式，接著敘述肘翅脈和回返翅脈，然後再描述昆蟲的外型，這裡是黑色，那裡是鐵色，翅膀末端煙棕色，這個地方有一塊黑絲絨，那個地方有一塊銀白色的絨毛，第三個地方是光滑的平面等等。非常的準確，非常的細膩，當然應該說，描述者眼光敏銳又有耐心，但是太冗長了，而且並不一定能夠說得清楚，甚至不是新手也免不了會在細節上囉嗦了些，這是情有可原的。但是你只要在枯燥乏味的描述中加上四個字：捕捉短翅螽斯，則一切都清楚了。我能夠分辨這隻飛蝗泥蜂究竟是哪一種而不會發生錯誤，因爲只有牠才捕捉這樣的獵物。要給人這樣一道啓迪之光，需要什麼呢？需要進行眞正的觀察，而不是把昆蟲學變成一串串的昆蟲。

　　暫且放下這個話題，先查閱迄今爲止關於國外飛蝗泥蜂捕捉對象的微薄知識吧。我打開拉普勒蒂埃・德・聖法古的《膜翅目昆蟲史》，我看到在地中海以外的地方，在阿爾及利亞省[1]，黃翅飛蝗泥蜂和白邊飛蝗泥蜂保存著牠們在法國所特有的愛好。牠們在生長棕櫚樹的地方，就像在生長橄欖樹的地方一

① 阿爾及利亞在第二次世界大戰勝利前，一直是法國的殖民地。——譯注

樣，喜歡捕捉直翅目昆蟲。雖然浩瀚的大海把牠們隔開，可是這些跟卡比利亞的柏柏爾人②同為獵人的飛蝗泥蜂，牠們的捕獵對象與其普羅旺斯同胞相同。我在書上還看到，第四種飛蝗泥蜂，非洲飛蝗泥蜂，會在歐宏桔郊區捕捉蝗蟲。最後，我記得不知道在哪本書上曾讀到，第五種飛蝗泥蜂生活在裏海附近的草原，牠們捕獵蝗蟲。於是，在地中海周圍，有五種不同的飛蝗泥蜂，牠們的幼蟲都是以直翅目昆蟲為食物。

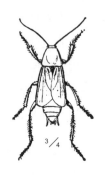

3／4

蟑螂

現在我們越過赤道去更遠的地方，到另一個半球，到模里西斯島和留尼旺島去。在那裡，我們將看到的不是一種飛蝗泥蜂，而是一種非常接近飛蝗泥蜂、屬於同一類膜翅目昆蟲的克羅翁，牠專門捕捉在船上和殖民地港口吃糧食的害蟲，即可惡的蟑螂。這些蟑螂不是別的，正是蜚蠊屬昆蟲，其中有一種也騷擾著我們這裡的居民。誰不認識這種氣味難聞的昆蟲？牠靠著自己像隻大臭蟲一樣扁平的身材，晚上從家具空隙和壁板縫裡鑽進來，哪裡有可以大嚼一頓的食物就出現在哪裡。這就是我們房屋裡的蟑

② 卡比利亞是位於阿爾及利亞的高原地區。柏柏爾人是北非土著，散居於摩洛哥、阿爾及利亞等地。——譯注

螂，牠的樣子令人感到噁心，而這種令人感到噁心的玩意正是克羅翁珍愛的獵物。那麼蟑螂究竟為什麼被近似我們飛蝗泥蜂的近親選擇作為野味呢？原因很簡單：蟑螂雖然狀如臭蟲，卻跟蟋蟀、短翅螽斯和蝗蟲一樣，也是一種直翅目昆蟲。僅從我所知道的這六個如此不同的例子，也許就可以得出結論：所有的飛蝗泥蜂都捕獵直翅目昆蟲。即使我們不做如此廣泛的結論，至少也可以看出，在飛蝗泥蜂這一類昆蟲中，在大部分情況下，幼蟲的食物會是什麼。

如此驚人的選擇，一定有某種原因。究竟是什麼原因呢？出於什麼樣動機使牠們決定，自己的日常飲食雖然局限在同一目昆蟲的嚴格範圍內，但在這個地方是惡臭的蟑螂，在別的地方是雖然有點乾但味道非常可口的蝗蟲，在另一些地方則是肥美的蟋蟀，或者是短翅螽斯呢？我承認我對此一點也不了解，只好把這個問題交給別人去解決。不過我注意到，在昆蟲之中，直翅目的情況就像哺乳動物的反芻動物一樣，牠們天生有一個強有力的大肚子和沈著的性格，在草場上悠閒自在地吃草，肚子很容易長肥肉。反芻動物數目眾多，到處都有，行動緩慢，容易捕捉；另外，也由於牠們大小適中，所以成為人們的主食。誰能告訴我，飛蝗泥蜂這些必須獲取肥壯獵物的強有力掠奪者，在尋找獵物對象時，是不是只能找到像反芻類家畜中的牛和羊這樣肉多又溫和的犧牲品呢？也許是這樣吧，但只

是「也許」而已。

　　我對於另一個同樣非常重要的問題，有一個確切的想法而不只是猜測。吃直翅目昆蟲的消費者，是不是永遠不會改變牠的飲食習慣呢？如果牠們特別喜歡的野味沒了，會接受另外一種嗎？隆格多克飛蝗泥蜂在此時是否會認為，除了短翅螽斯之外再沒有別的好吃的了？白邊飛蝗泥蜂是否在餐桌上只能擺上蝗蟲，而黃翅飛蝗泥蜂只能擺上蟋蟀呢？或者根據時間、地點、情況，各自用其他大致相同的東西來代替偏愛的食物呢？如果發生了這樣的事情而且有人觀察到，將具有極其重要的意義。這些事實將會告訴我們，本能的指引究竟是絕對、萬古不變的，或是會改變的，進而顯示狩獵者在選擇食物方面有極大的自由。但是「狩獵範圍擴大」這樣的假設無法用在飛蝗泥蜂身上，因為我看到牠們總是鍾情於專有的一種獵物，每種飛蝗泥蜂總是捕獵牠們各自特定的獵物，而且絕對能在直翅目昆蟲中找到許多形狀極其不同的品種。不過我幸運地收集到幼蟲食物徹底改變的一個案例，僅有的一個案例，我很樂意把它寫進檔案。這樣一些經過認真觀察的事實，對於想在牢固基礎上構建昆蟲心理學的人來說，有一天將是基礎性的材料。

　　這個故事發生在隆河畔的一個防波堤上，一邊是大河，河水咆哮；另一邊是蓊鬱茂密的清鋼柳、楊柳、蘆竹，中間夾著

一條鋪著細沙的小路。一隻黃翅飛蝗泥蜂蹦蹦跳跳地拖著一個
獵物來了。我看到了什麼？這獵物不是蟋蟀，而是一隻蝗蟲！
可是這膜翅目昆蟲正是我那麼熟悉的飛蝗泥蜂，熱衷於捕獵蟋
蟀的黃翅飛蝗泥蜂啊。我幾乎不能相信眼前看到的事實。洞穴
就在不遠的地方；昆蟲鑽了進去，把牠的戰利品堆放好。我坐
下來，決心等待牠再次出征，如果需要，就等個幾小時，以便
看看會不會再有這種異乎尋常的獵物出現。我這麼坐著，把小
路完全占住了。這時突然來了兩個剛剛剃光頭的菜鳥新兵，最
初的兵營生活把人變成木頭人的例子，再也沒有比這更典型的
了。他們一邊聊著天，八成是談著同鄉的事情，一邊不經意地
用刀刮著一根柳樹棍。我心中忽然有點擔心：在公共道路上做
實驗可不容易，當你窺伺了幾年的一件事終於發生時，突然來
了一個過路人，就會打亂一切，毀掉機會，而這機會也許以後
再也不會有了！我憂心忡忡地站起來，讓路給那兩個新兵，我
躲到柳樹後面，把狹窄的通道空出來。如果我上前一步對他們
說：「朋友，別從那裡過去！」一個不小心，會把事情搞得更
糟。他們會以為沙下埋著陷阱，就會提出問題，這可是怎麼解
釋也解釋不清的。況且我這麼一說，可能會使這兩個無所事事
的人也想看個究竟，而在科學研究中，這些人是非常礙手礙腳
的。於是我站起來，什麼也沒說，聽天由命吧。唉！運氣真不
好，軍靴重重的鞋底正好踩在飛蝗泥蜂巢穴的天花板上。我渾
身打了個寒顫，就像我自己被鐵靴踩著一樣。

　　兩個新兵走了，我趕緊搶救已成爲廢墟的洞穴。我在洞裡找到飛蝗泥蜂，牠被踩成殘廢了；跟牠在一起的，不僅有那隻我看著牠拖進去的蝗蟲，而且還有另外兩隻蝗蟲；在通常放著蟋蟀的地方，總共有三隻蝗蟲。這種奇怪的改變是出於什麼動機呢？是不是因爲洞的附近沒有蟋蟀，處於困境中的膜翅目昆蟲便用蝗蟲來彌補，正如諺語所說的「沒有斑鶇，將就吃烏鶇」呢？我不太相信，因爲附近沒有任何跡象顯示，這裡沒有牠喜愛的野味。比我更幸運的人，會把這個未知的新問題搞清楚。無論如何，黃翅飛蝗泥蜂或者出於迫切的需要，或是我不知道的動機，有時會用另一種獵物，用蝗蟲來代替牠所鍾愛的蟋蟀；兩者的外表並無相似之處，但同樣是直翅目昆蟲。

　　觀察者在歐宏桔郊區曾目擊以蝗蟲爲食，拉普勒蒂埃・德・聖法古據此對同一類飛蝗泥蜂的習性做了簡略介紹。他無意中看到一隻黃翅飛蝗泥蜂拖著蝗蟲。這是否就像我在隆河邊見到的那樣，是一個偶然的事件呢？這是個例外還是原則？奧宏桔鄉下沒有蟋蟀，所以膜翅目昆蟲要用蝗蟲來代替？此事很重要，我必須把問題提出來，卻找不到答案。

　　此處有必要插進我從拉科代爾的《昆蟲學導論》中引來的一段話，我以後對此會提出不同的看法。這段話是這樣說的：

　　達爾文[3]曾專門寫了一本書，證明支配著人類和動物行動的智力原則是一樣的。一天他在花園裡散步，在小徑上看到一隻飛蝗泥蜂剛剛捉到一隻個子跟牠差不多大的蠅。達爾文看著牠用大顎咬斷獵物的頭和腹部，只留下上面連著翅膀的胸部，然後牠便帶著這片胸部飛起來了。但是一陣風吹動蠅的翅膀，使飛蝗泥蜂在原地轉圈，無法前進，於是牠又落在小徑上，切斷蠅的一隻翅膀，在消除了飛行障礙後，牠帶著剩餘的獵物又飛起來了。很明顯，這事實具有推理的徵象。本能會讓這隻飛蝗泥蜂切斷獵物的翅膀，然後把牠帶到巢裡去，同類的某些昆蟲就是這樣做的。這裡頭明顯有一連串思想和這些思想所產生的結果，這一切，如果不承認是昆蟲的理智在發生作用，是完全無法解釋的。

　　這個故事太過輕率地把理智加在昆蟲身上，就算不把它看成真理，但其實連一點真實性都沒有。重點不在於行為本身，而在於行為的動機。達爾文看到了他向我們說的事，只是他把故事的主角搞錯了，搞錯了故事本身和故事的意義。他真的是

大錯特錯了，我可以證明這一點。

　　恕我直言，這位英國老學者應該對於他慷慨加以美化的生物有相當程度的熟悉與了解。那麼，我們來談談嚴格科學定義下的「飛蝗泥蜂」這個詞吧。在他的假設中，這隻英國飛蝗泥蜂（如果英國有飛蝗泥蜂的話）為什麼如此怪異地背離常規，選擇蠅為獵物，而牠的其他同胞卻選擇直翅目昆蟲呢？依我看來，即使接受了「蒼蠅是飛蝗泥蜂的獵物」這種不符常理的說法，還有其他不可能的事哩。膜翅目掠奪者給牠們幼蟲吃的應該不是屍體，而是一隻僅因麻醉而麻木的獵物，這是非常明確的；那麼，獵物如果被飛蝗泥蜂切斷了頭、腹部和翅膀，究竟意味著什麼？牠帶進巢的東西只是一塊死肉而已，只會以惡臭污染蜂房，在幼蟲孵化後過不了幾天就會發生了，對幼蟲毫無用處。所以，達爾文在進行觀察時，眼前看到的不是真正的飛蝗泥蜂。那麼，他看到了什麼呢？

　　那獵物被稱為蠅，而蠅這個字眼是個十分籠統的詞，可以適用於雙翅目這一大類的大部分昆蟲，使我們不知究竟指的是什麼。飛蝗泥蜂這個詞很可能也被用在同樣不確定的意義上。在上個世紀末，在到處都是達爾文著作的那個時代，人們用這個字眼不僅用來表示定義嚴格的飛蝗泥蜂，而且特別指方頭泥蜂；其中若有些昆蟲捕捉雙翅目昆蟲的蠅作為幼蟲的食物，是

因為英國博物學家不了解膜翅目昆蟲所需的獵物所致。那麼，達爾文的飛蝗泥蜂是不是一種方頭泥蜂呢？也不盡然，因為捕捉雙翅目昆蟲的獵人和捕捉其他野味的獵人一樣，在卵孵化和幼蟲完全發育的半個月或者三個星期中，必定要求獵物保持新鮮、一動也不動，處於半死不活的狀態。幼蟲這些小貪吃鬼要的是新鮮的肉，而不是腐敗甚至發臭的肉。這是我沒有發現任何例外的一個原則。因此，達爾文所謂的「飛蝗泥蜂」這個詞，甚至不能從舊定義來理解。

所以，該書的說法並不符合科學的精確事實，而是一個需要破解的謎。我們繼續來猜謎吧。由於身材、形狀和黑黃相混的外衣，許多種方頭泥蜂跟胡蜂十分相似，對於昆蟲學上的細微差別不夠專精的人根本無法分辨。對於所有未曾進行專門研究的人，方頭泥蜂就是胡蜂。這位英國觀察者居高臨下看事物，由於這故事將可證實他超群出眾的理論觀點，並可使理智與昆蟲結合起來，他便認為分類是微不足道的小事，不值得認真察考。因此，他會不會是犯了錯誤，不過是一種可以原諒的、一種相反的錯誤，把胡蜂當成了方頭泥蜂呢？我幾乎要肯定這一點了，下面是我的理由。

即使不是永遠如此，至少胡蜂經常用某種昆蟲做為食物來餵養牠的幼蟲，但牠沒有事先在每個蜂房裡堆放著獵物，而是

每天若干次、一次次分配食物給幼蟲，用嘴一口口餵牠們吃東西，就像母鳥餵雛鳥一般，負責餵食的雌胡蜂用大顎把昆蟲搗碎、咀嚼成細醬再餵給幼蟲吃。膜翅目昆蟲會製備小傢伙特別喜愛的肉醬，尤其是普通的蠅；如果有新鮮的肉，就是意外的收穫，牠會加以充分利用。每個人一定都看過，胡蜂大膽地鑽進我們的廚房，或者撲到肉店的砧板上，啄下一塊合意的肉，並立即把這戰利品叼走，供幼蟲享用。當半閉合的百葉窗在房間地板上落下一道陽光，蒼蠅在陽光下甜蜜地睡午覺或揮掉翅膀上的灰土時，多數人也都見過胡蜂突然闖進來，撲向雙翅目昆蟲，用大顎把牠咬碎，然後帶著戰利品逃走了。這又是給食肉性嬰兒的一塊美食。

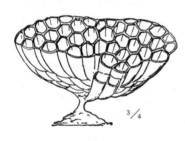

3/4

長腳蜂窩

這美食會被肢解，有時就在掠奪現場，有時在路上或巢裡。翅膀毫無價值，通常被切斷扔掉，腳裡的汁液通常也丟棄不要；剩下的是一段屍體，包括頭、胸、腹部，或者連在一起或分割開來，胡蜂把這部分咀嚼再咀嚼，做成一盤羹、一盤供幼蟲享用的美食。我曾經在飼養幼蟲時用一盤蒼蠅醬來代替。我的實驗對象是一個長腳蜂窩，這種胡蜂把牠那灰色、玫瑰花托狀的小蜂房，固定在一個灌木叢的枝椏上。我的烹飪器材是一

塊大理石板，先把野味清洗乾淨，把啃不動的翅膀和腳去掉後，在大理石板上製作蒼蠅醬。最後，用來餵食的湯匙是一根細麥桿，我把美食放在麥桿上，一個蜂房接一個蜂房，給每一隻雛鳥似半張著大顎的嬰兒餵食。我小時候喜歡飼養小雀鳥，但那時候也沒有做得這麼起勁，做得這麼好。於是，只要我有耐心堅持下去，一切進展都讓人非常滿意，而在這麼專心一意和認真細緻的餵食過程中，我的耐心經歷了很好的考驗。

透過如下的觀察，原來難以理解的謎語解開了，現在我們對真實的情況有完全透徹的了解；這觀察要求極其精確，花掉我所有的空閒時間。十月初，我書房門口兩簇鮮花盛開的紫苑草，成為無數昆蟲聚會的場所，其中主要是蜜蜂和黏性鼠尾蛆，那低沈的嗡嗡聲就像維吉爾[4]向我們談到的那樣：

低聲耳語誘人入睡樂無窮。

但是，如果在這嗡嗡聲中，詩人只找到誘人入睡的樂趣，那麼博物學家則看到了研究的題材：在花朵上歡樂嬉戲的這群小昆蟲，也許會向他提供某種新穎的資料。於是我便在這長著無數花苞的兩簇花前觀察起來。陽光強烈，空氣沈悶，這是暴

[4] 維吉爾：西元前70～前19年，偉大的拉丁語詩人。——編注

風雨即將來臨的徵兆，不過這確實也是膜翅目昆蟲極有利的工作條件，牠們似乎預見到明天將會下雨，便加倍努力利用眼前的時間。於是蜜蜂積極地採蜜，而鼠尾蛆則笨拙地從一朵花飛到另一朵花上。有時，胡蜂突然竄到這群飽吸瓊漿玉液的和平居民之間，胡蜂是掠奪成性的昆蟲，到這裡來是為了捕捉獵物而不是採蜜。

鼠尾蛆

有兩類同樣熱衷於殺戮但力量大為懸殊的胡蜂，各自捕捉自己的獵物，普通胡蜂捉鼠尾蛆，黃邊胡蜂則捉蜜蜂，不過兩者的捕獵方法都一樣。這兩個強盜敏捷地飛著，以各種方式飛來飛去，然後猛然撲向所覬覦的獵物，而獵物早有提防，都飛走了。掠奪者在猛烈攻擊中，一頭撞在已被吸空的花朵上。於是，追捕就在空中繼續進行，像老鷹捉雲雀一樣。蜜蜂和鼠尾蛆急拐了幾個彎，很快就挫敗了胡蜂的企圖，胡蜂又在花束上遊蕩。但遲早會有一隻獵物因為逃得不夠快而被捉住，胡蜂立即帶著鼠尾蛆落到草坪上。我也立即趴在地上，輕輕用雙手撥開擋住視線的枯葉和草根；如果我採用完善措施，不嚇到捕獵者，就能看到下面的悲慘事件。

首先，胡蜂和比牠還大的鼠尾蛆，在亂草堆裡展開了一場

混戰。雙翅目昆蟲沒有武器但強壯有力，翅膀撲打的尖厲聲說明牠正做絕望的抵抗。胡蜂有匕首，但牠不會慢條斯理地使用螫針，牠不知道致命點在哪裡，而那些需要獵物長時間保持新鮮的掠奪者，對此就非常了解。胡蜂幼蟲所要的是立即搗碎的蒼蠅醬，既然這樣，採取什麼方式來殺死獵物，對於胡蜂來說就無關緊要了。所以，牠的螫針毫無章法地亂戳一通，根據肉搏時所抓到的機會，胡亂地刺在獵物的背上、肋部、頭上、胸部、腹部。將獵物麻痺的膜翅目昆蟲，就像外科醫生一樣，用一雙靈巧的手揮著解剖刀；而胡蜂則像粗鄙的兇手，在爭鬥中隨便用刀子亂捅，也因此鼠尾蛆的反抗時間拖得很久，與其說是被匕首捅死的，不如說是被剪刀戳死的。這剪刀就是胡蜂的大顎，切割、破肚、剁碎。掠奪者用大腿把獵物夾得無法動彈，大顎一咬，頭就掉了下來，然後把翅膀連根切斷，接著一下就把腿切下；最後，扔掉肚子，不過裡頭的內臟沒有了，胡蜂似乎把內臟跟牠所喜愛的那塊食物放到一起。只有胸部是牠喜愛的食物，因為跟其餘部分比起來，鼠尾蛆的胸部肌肉較多。胡蜂沒有耽擱太久，就用腳夾著食物飛走了。到了巢裡，牠把食物做成肉醬，餵給幼蟲吃。

　　黃邊胡蜂抓住蜜蜂後，大致也是這樣做，但是由於掠奪者的塊頭大，即使蜜蜂這獵物擁有螫針，爭鬥時間也不會很久。就在抓住俘虜的那朵花上，更常見的是在鄰近一株小灌木的枝

椏上，黃邊胡蜂開始準備牠的肉醬。牠首先剪開蜜蜂的嗉囊，把嗉囊裡流出來的蜜舔乾。這麼一來，得到的是雙重收穫：一滴蜜是獵人的佳肴，而捕獲的膜翅目昆蟲則是幼蟲的美食。有時牠會把翅膀和腹部都扔掉，不過，通常黃邊胡蜂對蜜蜂完全不嫌棄，只要把牠弄得殘缺不全，就把牠運走了。沒有營養價值的部分也要，尤其是翅膀。不過，有的大胡蜂也在捕獵現場就開始製造肉醬，把翅膀、腳甚至腹部扔掉後，就用大顎把蜜蜂磨碎。

所有的細節都符合達爾文所觀察到的事實。一隻胡蜂（普通胡蜂）捉住一隻大蒼蠅（鼠尾蛆），用大顎把獵物的頭、翅膀、腹部、腿切斷，只留下胸部帶到巢裡去。但是達爾文完全沒有解釋胡蜂為什麼要把獵物切碎。另外，這一切是在相當隱蔽的地方，在厚厚的草地裡進行的，掠奪者把牠認為對幼蟲無用的東西扔掉。事實就是如此。

總之，某種胡蜂一定就是達爾文故事中的主角。那麼，昆蟲為了抵抗風力，把獵物的腹部、頭、翅膀切斷而只留下胸部，牠竟然經過如此理性的計算，這究竟是怎麼回事呢？其實這是個再簡單不過的事實，從中根本得不出人們想像的重大結論來。在現場便切割獵物，只留下牠認為值得給幼蟲吃的部分，這現象在胡蜂類非常普通。我從中看不出絲毫「理性」的

跡象，這只是一種再普通不過的本能行為，的確用不著在這上面多費腦筋。

　　貶低人類、抬高昆蟲的身價，以便建立一個連接點，然後成為一個融合點，這曾經是目前仍然流行的「高超理論」的一般方法。啊！那個時代的人們病態地執著於這些高明的理論，卻沒有發現，竟有那麼多得到權威肯定的證據，在經過實驗的驗證之後，最後落了個可笑的結局，就像伊拉斯莫‧達爾文所說的那麼博學的飛蝗泥蜂一樣！

第十章
隆格多克飛蝗泥蜂

　　化學家在認真制訂了研究計畫後，便在最合適的時刻攪拌反應劑，並在曲頸瓶下將火點著。化學家是時間、地點、環境的主人，他可以選擇工作的時間，躲在與外界隔絕的實驗室裡，不受到任何干擾；他隨心所欲地製造出任何環境與條件；他探究著無機的自然秘密，只要願意，他就有本事在任何時候生產出化學作用來。

　　活生生的自然秘密並非解剖學結構的秘密，而是活躍的生命，本能的秘密尤其如此，所以給觀察者造成的困難要大得多、微妙得多。人們不但無法控制自己的時間，而且還受季節、日子、小時乃至於分秒的束縛。機會一旦出現，就要毫不猶豫地抓住，因為這機會也許很久都不會再有了。又由於機會往往是在最沒想到的時候出現，所以人們對於如何善加利用機

會，往往毫無準備。你必須立即把小規模的實驗器材準備好，制訂計畫，設計戰術，想好巧妙的辦法；而如果你的靈感來得相當快，使你能夠馬上利用出現的機會，那麼就太幸運了，要知道，這機會幾乎只留給極力尋找的人。你必須耐心地、日復一日地等待著，有時蹲在烈日暴曬的沙坡上，有時等在陡坡夾峙、烤箱般的小路間，有時爬到砂岩的陡壁處，那裡人跡罕至，令人害怕。

如果你有辦法，能夠把你的觀察站設在一棵長著稀疏葉子、彷彿要為你擋住強烈陽光的橄欖樹下，那你得感謝命運讓你如此順遂，你中的獎就是一座伊甸園。你非得要一直守候著，這地方條件太好了，說不定什麼時候機會就來了。

機會來了，是的，來得晚些，但畢竟來了。啊！要是現在能夠獨自一人在自己的安靜書房裡，專心致力於研究自己的課題，沒有過路人來打擾，那該多好啊！那些過路人看到你正全神貫注地盯著一個點，而他卻什麼也沒看到，便會停下來，向你問個不停，把你當作拿著榛樹魔棒發現寶貴泉水的人，或者抱持更大的懷疑，把你視為形跡可疑的人，以為你用咒語從地下找到裝滿錢的舊罐子！如果你在他心目中還有基督徒的樣子，那他便會崇敬你，你看什麼，他也看什麼，還面帶微笑，那樣子簡直會讓人一眼就看出，他是抱著一副憐憫的心腸在看

待你這位專心致力於觀察蒼蠅的人。然而，如果這個討厭的參觀者雖然心中竊笑，但終於走開而沒有破壞現場，沒有再擴大上次那兩個新兵的鞋後跟所帶來的災難，可就太幸運了。

你正忙碌，可是你又無法清楚解釋在忙什麼，即使過路人不感到困惑，恐怕也會引起鄉村警察的疑惑。在鄉村裡，鄉警就是法律的代表，是很難打交道的人。他老早就在監視你了，經常看到你無緣無故在這裡走走、那裡逛逛，好像心事重重的樣子；他還經常發現你在地上搜尋，小心翼翼地在一條低窪塌陷的道路上拍打著溝壁，終於對你產生懷疑。在他眼裡，你八成是個吉普賽人、流浪漢、可疑的遊手好閒之士、偷竊農作物的人，不然至少也是個怪人。如果你帶著植物標本箱，在他看來簡直就是偷獵者用來裝白鼬的箱子。他的看法是很難扭轉的，他認為你無視狩獵法和所有權的規定，打算把附近所有的兔子都捕光。你可要當心啊，你口再渴，也不要把手伸到身旁的葡萄串上去；那個佩帶著鄉警牌的人可能就在某處，他會覺得很幸運，終於能對一種使他困惑不解的行為做個筆錄了。

我從沒做過這樣的壞事，大可拍胸脯保證。可是有一天，我正趴在沙上，專心地觀看一隻飛蝗泥蜂操勞家務時，突然聽到身旁一聲喊聲：「以法律之名，我命令你跟我走！」這是翁格勒的鄉村警察，他一直等待機會抓住我的把柄，可是又抓不

到，他非常想知道使他心神不寧的謎底，便決定要粗暴地提出
警告。我只好向他解釋，但這個可憐的傢伙似乎完全沒被說
服。「嘿！嘿！」他說，「你永遠也別指望我會相信，你來這
裡受太陽烤只是為了看蒼蠅飛。我一直盯著你，這你是知道
的！要是再一次發現你這樣，我就要帶走你了！」他走了。我
始終認為，他會走開，有很大原因是由於我的紅綬帶的緣故。
我進行昆蟲學或植物學遠征中，還發生過其他類似的小事件，
我認為也是這條紅綬帶幫的忙。雖然不見得是這個原因，不
過，我在馮杜山採集植物標本時，那位帶路人比這位鄉警好相
處，那隻驢子也沒有這麼凶悍。

　　這條腥紅色的小綬帶，並不能完全免除昆蟲學家在馬路上
進行實驗時會受到的苦難。讓我們舉一個典型的例子吧。一
天，天剛亮，我就埋伏在一條小峽谷裡的石頭上。我早晨探訪
的對象是隆格多克飛蝗泥蜂。三個採收葡萄的女子從那裡走
過。她們向我這個似乎坐著沈思的人瞥了一眼，禮貌地問了一
聲好，我也有禮貌地作答。太陽下山時，那幾個收葡萄的女子
又經過那裡，頭上頂著裝得滿滿的籃子，我還在那裡，仍坐在
那塊石頭上，眼睛一直盯著同一個地方。我這樣一動也不動，
這麼長時間一直待在荒無人煙的地方，一定使她們非常驚奇。
她們從我面前走過時，我看到她們之中有個人把手指放在額頭
上，跟其他人低聲說道：「一個不會害人的傻瓜，可憐啊！」

於是三個人都在胸前畫了十字。

　　一個「傻瓜」，她是這麼說的，一個「傻瓜」。一個傻瓜，一個不會害人但失去理智的可憐人；所以這些女子都畫了十字。對她們來說，一個傻瓜是被主打上印記的人。什麼話嘛！我心想，這真是命運的嘲弄；你如此認真地在昆蟲身上探尋什麼是本能、什麼是理智，可是在這些善良女子的心目中，你自己甚至連理智都沒有！這是多大的侮辱！管他的。「可憐」這個詞在普羅旺斯語中具有最高度的憐憫之意，這發自內心的「可憐」，使我立即忘掉「傻瓜」了。

　　如果讀者沒有因為我這小小的不幸事件而倒胃口、感到掃興，那麼我想邀請讀者前往這三個葡萄女子走過的那個峽谷去看看。隆格多克飛蝗泥蜂在築巢時，不是為了成群結隊相會於同一個地點而來到這兒裡，而是孤零零、拖拖拉拉的，在長途遷徙的流浪過程中，隨遇而安地來到某個地方安家。與牠同行的黃翅飛蝗泥蜂喜歡與同伴為伍，尋找熱鬧的工作場所，但隆格多克飛蝗泥蜂則更喜歡孤獨，喜歡離群索居的安靜。牠的步態更加莊重，不過也更加謹慎；牠的身材更為結實，而衣著也更加暗淡，總是獨自生活而不管別人在幹什麼。牠對同伴不屑一顧，是飛蝗泥蜂族中真正的憤世嫉俗者。前者善於群居，後者則不然；僅此深刻的差別就足以說明各自的習性了。

　　這同時也表示，要觀察隆格多克飛蝗泥蜂的困難更大。對於這種飛蝗泥蜂，不會有什麼經過長時間思考的實驗，一旦最初的嘗試失敗後，不可能企圖對第二隻、第三隻……無限度地在同樣情景下進行實驗。如果你事先準備了觀察器材，如果你儲備了，例如說，一塊獵物，打算用牠來代替飛蝗泥蜂的獵物，那麼幾乎可以肯定，捕獵者是不會出現的。而當牠終於出現在你面前時，你的器材已經無法使用了；一切都得即時倉促地準備好，但是我沒辦法每次都備好所要求的條件。

　　我們應當相信這是好的地點，我已經好幾次在這些地方，發現飛蝗泥蜂在陽光普照的葡萄葉上休息。昆蟲平躺著，喜孜孜地享受陽光與溫暖的樂趣。牠不時發出「嗡」的一聲，好像喜不自勝似的。牠舒服得扭動身子，用腳尖快速拍打牠坐的葉子，發出擊鼓般的聲音，宛如一陣狂風驟雨猛打著樹葉。這種歡樂的擊鼓聲，在幾步路外都可以聽得見。接著牠一動也不動，很快隨之而來的，又是一陣跗節的亂擺和神經質的搖動，表明牠快樂極了。我太了解這些熱愛陽光的蟲子了。為幼蟲築的巢還只挖了一半，牠們就突然扔下工作，到附近的葡萄架上來一場日光浴，然後再滿心不情願的回到巢裡，馬馬虎虎地掃一掃，最後終於拋棄了工地，因為對牠來說，葡萄葉上的快樂是個無法抵擋的誘惑。

　　也許這樣愜意的休息地，也是個好的觀察站，膜翅目昆蟲可以在那裡仔細察看四周，以便發現和選擇牠的獵物。事實上，牠專找的野味是葡萄樹短翅螽斯，這些短翅螽斯四散在葡萄藤或其他許多荊棘叢上，飛蝗泥蜂又專挑肚裡被豐富的蟲卵撐得鼓鼓的母短翅螽斯，這獵物真是肥美極了。

　　不必對那一再的奔波、徒勞的探究、長時間的無聊等待再多費口舌了，飛蝗泥蜂到底如何出現在觀察者面前，我也就這樣向讀者做介紹吧。看吧，飛蝗泥蜂出現在凹陷的道路上，兩旁是高聳的陡坡，牠徒步走來，但搧動著翅膀，把沈重的捕獲物拖過來。短翅螽斯的觸角像線一般又細又長，正可用來當作套拖車的繩子。飛蝗泥蜂昂著頭，用大顎咬著一根觸角，這根觸角穿過牠的腿間，獵物則肚子朝天。要是地面太崎嶇不平以致妨礙這樣的運輸方式，膜翅目昆蟲便抱起這龐大的獵物，飛短短的一段路程，其間只要有可能，便再用腳前進。我從來沒見過牠會像善於長途飛行的昆蟲那樣，用雙腳抱著獵物一直飛很長的距離。那些靈巧的昆蟲如泥蜂和節腹泥蜂，前者抱著雙翅目昆蟲，後者抱著象鼻蟲，在空中也許可以飛個一公里的距離，牠們的戰利品比起龐大的短翅螽斯要輕得多。因此，隆格多克飛蝗泥蜂的「獵物很重」這個事實，使牠只好幾乎在整個路程中，用非常慢且非常困難的徒步運輸方式。

同樣由於獵物大且重，膜翅目掘地蟲通常先挖洞再供應糧食的工作流程也被打亂。膜翅目昆蟲的力氣絕對可以搬動獵物，而且善於飛行運輸獵物，因此可以任意選擇住所的位置，獵人大可飛到很遠的地方捕捉獵物。牠抓到俘虜，很快便飛回家，遠或近對牠來說都無所謂。牠寧願把牠誕生的地方，把前人生活過的地方當作牠的巢。牠在那巢裡繼承了深邃的坑道，是幾代祖先不斷工作的成果；牠把那些坑道稍加修繕，做為通到新臥室的大道，因此，這些臥室的防衛功能，就比單獨一人每年重新從地面開始挖掘要更加堅固些。例如櫟棘節腹泥蜂和食蜜蜂大頭泥蜂就是這樣。如果父執輩的老屋不夠牢固，無法年復一年地抵禦風雨侵襲並傳給後代，膜翅目掘地蟲必須每年重新親自挖掘洞穴，那麼至少新洞的安全條件要比祖先的住所更好才行。所以，牠使每條巷道都是可以通往蜂房群的走廊，以便節省整個孵卵期所要耗費的體力。

雖然這樣的工作方式未能產生真正的社會型態（因為其間沒有出於共同目的而互相協調工作內容），但至少是一些聚居點。在這裡，昆蟲看到自己的同類、鄰居，一定產生更熱切的工作熱情。的確，我注意到，在同宗族的小部落中或是自己孤獨工作的掘地蟲，彼此的積極性不一樣：整群的昆蟲就像在萬頭鑽動的工地上那樣一片鬧熱滾滾，而單隻掘地蟲則孤獨無聊地工作著，懶洋洋的。昆蟲就跟人一樣，行動是有傳染性的，

有了榜樣就會互相激勵。

　　由此可以得出結論：對於掠奪者來說，獵物重量輕，就可能以長距離飛行方式運輸獵物。於是，膜翅目昆蟲就可以隨意選擇其洞穴的地點。牠最喜歡使用出生的地方，把每個走廊都做成可以通到若干個蜂房的過道。由於出生地點彼此接近，便形成同類之間的聚居，相互為鄰，更成為激勵工作的動力。這邁向生活的第一步，主要考慮運輸獵物的便利性。且讓我們做個這樣的比喻吧，人類不也是這樣的嗎？如果一個人只是局限在幾乎無法通行的山路邊，便只能孤零零地建造茅屋；如果有便於行走的大路，人們便聚居在一起而形成人口眾多的城市；如果有了鐵路，彼此距離縮短了，人們便集結在名為倫敦和巴黎這樣龐大的蜂窩裡。

　　隆格多克飛蝗泥蜂的狀況則完全相反。牠的獵物是沈重的短翅螽斯，單單一隻短翅螽斯就等於別的掠奪者飛行好多次所堆積的食物總和。節腹泥蜂和其他飛行快的掠奪者要分期完成的工作，牠只要運一次就行了。沈重的獵物使牠不可能長途飛行，必須辛辛苦苦地徒步把獵物慢慢運回家去。僅此一點，就必須以「在什麼地方能捕獵到食物」來決定住所的地點。先有獵物，後定住房。這麼一來，就很難有共同選定的地方可以聚會了，再也沒有同類居民彼此為鄰，也沒有各個部落競相做出

突出的表現以互相激勵了。隆格多克飛蝗泥蜂孤身獨處、隨遇而安，雖然一直很認真，卻無精打采地獨自工作著。掘地蟲首先找到獵物，發動進攻，把牠麻痹，然後才操心築巢的事。牠在距離捕獲物最近的地方選定一處合意的地點，然後很快地挖好未來幼蟲的臥室，以便立即用來保護卵和食物。這便是我所觀察到的情況，下面我將摘要加以介紹。

我所看過的正在挖洞的隆格多克飛蝗泥蜂總是單獨一隻，或者待在古老牆壁掉下一塊石頭所留下充滿灰沙的巢穴裡，或者在一片突出砂岩形成的隱蔽所裡；兇惡的單眼蜥蜴正需要這樣的隱蔽所，做為通向牠的巢穴的前院。這裡陽光充沛，簡直像個烤箱。土地很容易挖掘，因為這是一堆由拱頂逐漸掉下來的古老灰塵。大顎當作挖掘的鏟子，跗節作為掃土的耙子，很快就把房間挖好了。於是飛蝗泥蜂這種掘地蟲飛了起來，不過飛得慢，並未突然張開有力的翅膀，這表示昆蟲不打算做長途的遠征。我們完全可以用肉眼追蹤牠，牠通常落在大約十多公尺遠的地方。有些時候，牠決定徒步遠足，匆匆忙忙離開洞穴，朝一個地點走去，我們也冒冒失失地跟著，不過盡可能不干擾牠。牠或者步行或者飛行來到這個地方，尋找了一會兒，這可以從牠那猶豫不決的步態、四處來回張望中看出來。牠找著找著終於找到了，或者也可以說是「重新找到了」。牠重新找到的東西是一隻已經半麻痹，但跗節、觸角、產卵管還在動

的短翅螽斯。這肯定是隆格多克飛蝗泥蜂前不久曾經刺了幾下
的一隻獵物。在動了手術之後，牠便離開這個獵物，因為帶著
這個負擔到處尋找住所太麻煩了；牠很可能是把獵物扔在捕獵
現場，把牠放在某塊顯眼的草叢裡，以便將來比較容易找；牠
相信自己記憶力好，過一會兒能夠回到放置戰利品的地方。接
著牠便開始在四周探索，選擇一處合意的地方挖洞。住所一挖
好，牠便去找獵物，沒花多少力氣便找到了；現在牠準備把獵
物運到住所去。牠跨在獵物身上，抓住一根觸角或同時抓住兩
根，然後靠大顎和腰部的力量，拖拉著上路了。

　　有時這路程可以一口氣跑完，但搬運工更常突然間把重物
扔在半路，迅速跑回家。也許是牠想起入口的大門寬度不夠，
這龐然大物運不進去；也許是牠想到有些小地方還有毛病，會
影響食物的儲存。果然，這位工人對牠的建築物修修補補：擴
大入口門洞，整平門口道路，加固拱頂。這些工作只要用跗節
拍打幾下就完成了。然後牠再去找短翅螽斯，就在幾步路距離
外，仰天躺著。搬運工作又開始了。路上，飛蝗泥蜂靈活的腦
筋似乎又想起一件事：察看過大門，但還沒有看一看室內。誰
知道裡面是不是一切正常呢？牠又把短翅螽斯扔在半路，往家
裡跑去。室內的探察結束，免不了順便用跗節這把抹刀抹幾
下，為四壁做最後的修整。膜翅目昆蟲沒有在這些細膩的整修
上耽誤過多的時間，便回到獵物那裡，抓起獵物的觸角。牠再

次前進；這一次會走完路程嗎？我不敢擔保。我曾見到兩隻飛蝗泥蜂，或許是比牠的同伴更加多疑，或者對於建築上的小事更健忘，為了消除疑惑，牠把戰利品扔在半路上五、六次，自己跑回洞裡去，或者做一些小修改，或者只是到屋裡檢查一番。當然啦，有的飛蝗泥蜂直接回到巢裡去，甚至路上完全不休息。在此我要補充說明，當膜翅目昆蟲返回住所進行修整時，牠總要不時地從遠處向扔在路上的短翅螽斯瞥一眼，看看是不是有別人去碰牠。這種謹慎的檢查令人想起聖甲蟲的謹慎，牠從正進行挖掘工作的大廳裡爬出來，擺弄牠那親愛的糞球，把糞球推得靠近自己一點。

從上述事實推導出來的結論是顯而易見的。任何一隻挖掘洞穴的隆格多克飛蝗泥蜂，不管是在開始挖掘之時，還是用跗節初步掃一掃塵土、把住所準備好之後，牠總要時而步行、時而飛行，進行一場短途的出征，以便確保對那已經螫刺、已經麻痺的獵物的擁有權。由此我們可以有十足的把握得出結論：首先，膜翅目昆蟲是個獵人，然後才是個挖掘工；捕獵的地點決定了住所的地點。

原先我們看到的總是先有食物櫃、後有食物，而如今準備食物先於建造食物櫃。我把這種程序上的顛倒，歸因於飛蝗泥蜂的獵物沈重，不可能飛著把獵物運到遠處。這並不是因為飛

蝗泥蜂身體結構不適於飛行，相反的，牠很善於飛行；但是假
如只靠翅膀支撐，那麼牠所捕捉的獵物會壓得牠不方便飛，於
是必須用土地作為支撐，必須做搬運工的工作，其堅強的毅力
多麼令人欽佩啊！如果牠抱著獵物，即使飛行可以節省時間、
減少疲勞，但牠多半還是選擇步行，或者飛很短的路程。請允
許我舉一個例子，這是我最近對這種奇怪的膜翅目昆蟲所做的
觀察。

　　一隻飛蝗泥蜂出其不意地不知道從哪裡鑽了出來。牠徒步
拖著那可能是剛剛在附近抓住的短翅螽斯。在這種情況下，牠
必須挖一個巢。地點令人滿意，一條人來人往的道路，土地堅
硬得像石頭。飛蝗泥蜂沒有太多時間進行艱苦的挖掘，因為獵
物已經抓到手，必須盡快儲存起來，所以飛蝗泥蜂需要容易挖
掘的地面，可以在短短時間內建好幼蟲的房間。我說過，牠喜
歡的土地，是在岩石下某個小隱蔽所內長年累月堆積的塵土。
可是，如今我眼前的飛蝗泥蜂停在一棟鄉村房屋腳下，房屋新
塗的泥灰土牆有六到八公尺高。牠的本能告訴牠，在那上面，
在屋頂瓦片下，可以找到堆滿多年塵土的壁洞。牠把獵物放在
房屋牆腳下，飛到屋頂上去。我看著牠隨意地這裡找找、那裡
看看。過了一會兒，合適的地方找到了，這地方在一塊瓦片的
彎曲處，牠馬上展開工作。十分鐘、至多一刻鐘後，住所便蓋
好了。於是昆蟲又飛下來，很快地找到短翅螽斯，現在要把獵

物運到上面去。巢的情況似乎要求牠飛上去，是這樣嗎？不是的，飛蝗泥蜂用的是一種艱難的方法：在泥水匠用抹刀抹得光溜溜、高六到八公尺的垂直牆面上攀登。看到牠用兩腳抱著獵物這樣走上去，我起先覺得不可能，但我很快就對這種大膽嘗試的結果感到放心了。儘管背著沈重負擔，行動不便，強壯的昆蟲還是以一點一點凹凸不平的灰漿做為支撐點，在這垂直的牆面上走起來，竟像在平地上一樣步伐穩健，一樣輕盈敏捷。牠毫無困難地到達了屋脊，把獵物暫時擺在屋頂邊緣一塊瓦背上。當這隻狩獵蜂整修巢穴時，放得不穩的獵物滑落，又掉到了牆腳下。一切都必須重新開始，牠仍然採取攀登法；然而第二次同樣不小心，牠仍然把獵物放在彎曲的瓦片上，獵物又滑動而落到地上。飛蝗泥蜂並沒有因為這樣的事故而失去鎮靜，牠第三次爬牆把短翅螽斯運到高處。這一次牠學乖了，毫不遲疑地把獵物拖到巢裡去。

在這樣的條件下，膜翅目昆蟲根本沒有嘗試用飛行來搬運獵物，很顯然是因為牠背著沈重的負擔就無法飛得遠。這些生活習性上的某些特點，正是本章要說明的內容。由於黃翅飛蝗泥蜂的獵物重量不影響飛行能力，所以牠們是半群居的昆蟲；而隆格多克飛蝗泥蜂的獵物較重，無法在空中運輸，所以是離群索居的昆蟲，對於與同類結伴做鄰居所能得到的好處根本不在乎。獵物重量的大小，決定了昆蟲的某些基本特性。

第十一章

本能賦予的技能

毫無疑問的，隆格多克飛蝗泥蜂為了麻痺獵物，採取了像捕獵蟋蟀那樣的辦法，把螯針刺入短翅螽斯胸部好幾下，以便擊中胸部的神經節。牠可能對於傷害神經中樞的方法很熟悉，而我早就深信，牠這高明的手術做得既熟練又靈巧。所有的膜翅目強盜都非常熟知這種手法，牠們可不是白長著一支毒針的。不過我得承認，我還沒能親眼見到這種謀殺壯舉，這遺憾是由於隆格多克飛蝗泥蜂孤獨的生活習性所造成的。

在黃翅飛蝗泥蜂共同築巢的地方，許多巢是先挖好然後再放上食物，你只要在那裡等待，就可以看到一個個捕獵者帶著獵物回來了。這時可以輕易地用一隻活的獵物來代替昆蟲自行捕獲的獵物，並且只要你願意，不管重新實驗多少次都可以。另外，如果隨時都有可供觀察的對象，就可以事先把一切都準

備好。但是，如果是要觀察隆格多克飛蝗泥蜂，這些成功的條件就不復存在了。帶著事先準備好的器材要專門尋找牠，幾乎行不通，因為習性孤獨的昆蟲會一隻隻消失在廣闊的土地上；而且即使你遇到牠，在大多數情況下，都是牠無所事事的時候，這樣你從牠那裡什麼也得不到。的確如此，通常都是在沒有想到會看到牠的時候，隆格多克飛蝗泥蜂就拖著牠的短翅螽斯出現了。

　　嘗試更換捕獵者的獵物，可以讓牠告訴你怎樣使用螫針，而這唯一有利的時刻來到了。讓我們迅速備好一隻替代品，一隻活短翅螽斯吧。快一點，時間緊迫得很，過不了幾分鐘，食物就要放到巢裡去，機會就要錯過了。啊，難道我要在這時候說自己運氣不好，埋怨不巧沒有一隻微不足道的餌嗎？朝思暮想的觀察對象就在我的眼前，可是我卻無法利用！我沒有跟飛蝗泥蜂的獵物一樣的東西可以獻給牠，我無法從牠那裡掏取牠的祕密！那麼，請你想想看吧，你只有幾分鐘的時間，卻要四處尋找替代品來替代節腹泥蜂的象鼻蟲，而短翅螽斯更得需要三天的時間才能找到！這種沒有希望的嘗試，我卻進行了兩次。啊！要是鄉警這時看到我發瘋似地在葡萄樹下跑著，那麼對他來說，這真是抓到一個偷農作物的人和錄口供的好機會了！我急急忙忙地奔走，被樹藤絆住了，不過我才不管什麼葡萄藤和葡萄串呢，我不惜一切代價，我要一隻短翅螽斯，我要

立即得到一隻短翅螽斯！在我慌慌張張的奔波中，曾經得到過一次。我高興得滿面春風，卻沒有料想到，痛苦的失望正在等待著我。

　　只要我能及時到達，只要隆格多克飛蝗泥蜂還在忙著搬運牠的獵物，那我就成功了！上帝保佑！一切都對我有利。膜翅目昆蟲離牠的巢還遠，還在拖著獵物。我用鑷子輕輕地從後面拉扯這獵物。獵人進行抵抗，觸鬚亂動，不願放棄。我更用力拉，拉得搬運工都往後退，不過仍然無濟於事，飛蝗泥蜂始終不鬆口。我身上帶著小剪刀，這是我昆蟲學探險小行囊的一部分。我用剪刀迅速一剪，剪斷了韁繩，即短翅螽斯的長觸角。飛蝗泥蜂仍然朝前走，但很快停了下來，牠驚奇地發現拖著的重物重量突然減輕了。的確，牠現在的重物只剩下被我用巧妙的辦法剪斷的觸角了。真正的重擔，那大腹便便的沈重昆蟲，還在後面呢，不過立刻被活的蟲子代替了。膜翅目昆蟲轉過身來，丟下光溜溜的觸鬚，順著原路走了回來。牠來到被掉包的獵物跟前，審查著這獵物，滿心狐疑地把牠翻過來，然後停下來，用唾沫沾濕一隻腳，擦起眼睛來。在這樣的沈思狀態中，牠的腦子裡大概這麼想著：「哎呀！我老了嗎，我睡著了嗎？我眼花了沒有？那玩意不是我的。我被誰，被什麼東西騙了？」不管怎樣，飛蝗泥蜂並不急於用大顎咬我的獵物，牠站在一旁，一點都沒有想抓的樣子。為了刺激牠，我用指頭把昆

蟲放到牠跟前，我甚至讓昆蟲的觸鬚碰到牠的牙齒。我熟知牠
那大膽隨興的性格，我知道牠會從你的手指頭取走獵物，毫不
猶豫地把剛剛被搶走然後又拿給牠的獵物取走。

　　怎麼會這樣？飛蝗泥蜂對我獻上的食物不屑一顧，沒有咬
我放在牠跟前的東西，而是往後退。我再把短翅螽斯放在地
上，就擺在兇手跟前。短翅螽斯這時已經一動也不動，對危險
毫無知覺。我們成功了……咳！沒有，飛蝗泥蜂真是個懦夫，
繼續往後退，最後飛了起來。之後，我再也沒有看到牠了。這
次令我熱情激昂的實驗，就這樣莫名其妙地結束了。

　　以後，在我參觀了更多的洞穴之後，我終於逐漸明白我的
失敗，以及飛蝗泥蜂頑固地拒絕我的獵物的原因。要當作食
物，我找的總是雌短翅螽斯，一無例外，因為牠肚子裡裝著一
堆豐盛美味的卵，這大概就是幼蟲喜歡的食物。而我在葡萄樹
下匆匆忙忙尋找時，卻抓了一隻另一個性別的。我給飛蝗泥蜂
的是雄短翅螽斯，膜翅目昆蟲在食物這個重大問題上的目光比
我更加敏銳，牠不要我的獵物。「這就是我的幼蟲的晚餐？把
我們當成什麼啦！」這些精明的美食家的感覺多麼敏銳啊，牠
會區別出雌性的肉嫩而雄性的肉相對比較粗！牠的目光多麼精
確，兩個性別的形狀和顏色一樣，可是牠立即就能認得出來！
雌性在肚尖上帶著刀，也就是把卵埋到地下的產卵管；毫無疑

問，這就是從外表上與雄性區別的唯一特徵。這個特徵絕對逃不過飛蝗泥蜂的敏銳目光，而這也是為什麼在我的實驗中，膜翅目昆蟲看到那隻獵物時，揉揉眼睛困惑不解的緣故：當初抓到時，明明是長著刀的，現在竟然沒有刀子了。面對著這樣的變化，飛蝗泥蜂小小的腦袋想的是什麼呢？

現在讓我們看看膜翅目昆蟲的情況吧。巢準備好了，牠要去把那剛捕獲又做過麻痺手術、扔在不遠處的獵物找回來。現在短翅螽斯的狀態，與被黃翅飛蝗泥蜂麻痺的蟋蟀差不多，這是胸部被螫刺的確鑿證據。不過獵物還能動，還有相當的活力，只是不能全身協調活動罷了。昆蟲無法站立，便側躺或者仰躺著，迅速擺動牠那長長的觸鬚和觸角；牠張開又閉合大顎，咬的力量仍跟正常時一樣大；腹部不斷地深深起伏著；產卵管突然縮到肚子下面，幾乎貼到肚子上去了；腳仍在動，不過是懶洋洋地亂踢亂蹬，中間部分似乎比其他部分麻痺得更厲害。用針尖來刺激牠，牠全身亂抖，拚命想站起來走路，可是做不到。總之，除了連簡單的站立都無法做到之外，昆蟲可以說是充滿生命力的，因此牠的麻痺是局部的，是腳被麻痺了，或者可說是腳這部分不能正常運動。這種不是完全無活動力的狀況，原因是不是在於獵物神經系統的某種特殊安排，或者是膜翅目昆蟲只螫了一下，而不是像蟋蟀的捕獵者那樣，對獵物胸部的每個神經節都螫刺呢？我不知道。

獵物儘管顫抖著、抽搐著、不協調地活動著，但是牠目前的狀況卻不會對要吃牠的幼蟲造成危害。我曾經從隆格多克飛蝗泥蜂的巢裡，取出像剛剛被半麻痺時一樣有力地掙扎的短翅螽斯；可是剛孵出來還不到幾小時的軟弱小幼蟲，卻非常安全地用牙齒進攻這隻龐大的獵物；侏儒全無危險地啃咬著巨人。這一切都得益於母親對產卵點的選擇。我曾敘述過黃翅飛蝗泥蜂是怎樣把卵產在蟋蟀胸部，靠邊一點，在第一對腳和第二對腳之間；白邊飛蝗泥蜂所選擇的螫刺點也大致相同；而隆格多克飛蝗泥蜂選擇的產卵點稍稍往後退一點，在靠近一條後大腿的基部。這種一致性證明，這三種飛蝗泥蜂都具有令人欽佩的本領，能夠看出卵應該產在哪裡才安全。

現在，讓我們看一看關在巢裡的短翅螽斯吧。牠仰躺著，根本無法翻身。牠徒勞無功地掙扎、撲騰；牠的腳在空中亂踢亂蹬，房間太小，這些腳無法以牆壁做爲支撐。獵物的抽搐對於小幼蟲來說有沒有關係呢？幼蟲身處任何東西都無法碰到的部位，不管是跗節、大顎、產卵管還是觸鬚都碰不到的部位，處於完全動也不動、連皮膚都一點也不顫動的部位。只要短翅螽斯不能移動，不能翻身，不能站立，那就是絕對安全的，而這條件全都具備了。

但是如果獵物有好幾隻，而麻痺又不能更強烈一些，那麼

幼蟲的危險就大了。幼蟲一點也不怕牠要首先進攻的昆蟲，因爲牠所處的位置不會受到這隻獵物的攻擊，但牠要小心旁邊的其他獵物，這些獵物偶然伸伸腿就有可能傷害到牠，腳上的刺就會戳穿牠的肚子。這也許就是黃翅飛蝗泥蜂把三、四隻蟋蟀都堆在同一間蜂巢的原因，因爲這樣就可以使牠的獵物擠得徹底無法動彈了。至於隆格多克飛蝗泥蜂，牠在每個洞裡只放一隻獵物，所以短翅螽斯的大部分身體可以動彈，只是不讓牠們移動和站立，這樣就可以節省使用毒針的次數，不過我還無法證實這點。

僅僅半麻痺的短翅螽斯身上，有一些牠無法自衛的部位，如果幼蟲放置在這些部位沒有危險，那麼，對於要把牠運到住所去的隆格多克飛蝗泥蜂來說，還不見得就沒有危險呢。首先，獵物幾乎還保存著使用跗節的能力，牠被拖運的時候，會抓住路上遇到的草莖，因而產生難以克服的阻力。飛蝗泥蜂已經被重負壓得疲憊不堪，在多草的地方甚至會弄到精疲力竭，結果因獵物死命抓住某個東西，不得不絕望地放棄。但這只是最微不足道的麻煩而已。短翅螽斯的大顎一點都沒有受到影響，咬起來跟平常一樣有力。當掠奪者正在搬運時，牠纖細的身體正位於這可怕鉗子前方。飛蝗泥蜂抓住的地方離觸鬚基部不遠，肚子朝天的獵物嘴巴正對著飛蝗泥蜂的胸部或者腹部。飛蝗泥蜂挺立著牠那長長的腿，昂首向前，我深信牠一定會注

意不讓在牠身下那半張著的大顎咬住；牠如果稍有疏忽，一步失足，一點微不足道的小事，這兩把強有力的鉗子就有可能搆得到牠，而這鉗子是不會坐失報復良機的。所以，至少在某些危險的情況下，應當消除這些可怕鉗子的作用，也應當使腳上的鉤子別增添運輸的阻力。

飛蝗泥蜂要怎麼樣才能做到這一點呢？在這方面，人，甚至專家，也會猶豫不決，因為實驗失敗而茫然不知所措，也許會認為沒有希望做到。向飛蝗泥蜂學習吧。牠從來沒有學習過，從來沒看見別人做過，卻徹底掌握了手術的技能。牠知道神經生理學最微妙的奧秘，或者說，牠的所作所為彷彿牠知道這個奧秘似的。牠知道在獵物的頭顱下有一環神經節，就像高級動物的大腦那樣的東西。牠知道，正是這些神經的主要發源地，使口器能夠活動，還知道這是神經中樞，只有這裡發出命令，肌肉才會活動。最後牠知道，如果能破壞這類神經，一切抵抗都將停止，因為那昆蟲已經不再有抵抗的願望了。至於動手的方式，對飛蝗泥蜂來說是再容易不過的；只要我們向牠學習，絕對可以試試牠的方法。此時，使用的工具不再是螯針，昆蟲根據牠的智慧，決定用按壓而不用毒刺的辦法。我們要向牠的決定俯首致敬，因為過一會兒就會看到，在昆蟲的知識面前，明白自己的無知方為明智之舉。我觀看了一幕精彩的場面，並當場用鉛筆做記錄，我擔心另做介紹無法恰當地描繪這

位手術大師的卓絕，便把這筆記原封不動地抄在下面。

飛蝗泥蜂感覺到獵物抓住草莖拼命抵抗，便停了下來，對獵物進行奇怪的手術，好像是給牠致命一擊，讓牠不再受罪似的。膜翅目昆蟲跨在獵物身上，把獵物頸背處脖子的關節扳開到最大，然後用大顎咬住脖子，盡可能往前在頭顱下面進行搜索，不過在外表卻沒留下任何傷口，就這樣抓住腦神經節，壓迫再壓迫。進行這項手術後，獵物便完全不能動，無法做任何反抗了。而在此之前，獵物的腳雖然不能進行走路所需的協調動作，卻還能用力地拖曳某個東西以免被拉走。

顯然昆蟲用顎尖在頭顱裡搜尋和壓迫腦子，同時不損傷纖細柔軟的頸膜。沒有流血，沒有傷口，只是在體外壓一壓而已。當然，我把這隻動也不動的短翅螽斯保留了下來，以便有空時看看手術的結果。此外，我急忙也在活的短翅螽斯身上重覆實驗飛蝗泥蜂剛剛教我的辦法。在此，我把實驗的結果和膜翅目昆蟲手術的結果來做一番比較。

我用鑷子夾著兩隻短翅螽斯，壓迫牠們的腦神經節，牠們迅速陷入與飛蝗泥蜂的獵物相似的狀況。只是，如果我用針尖刺激，牠們會發出刺耳的聲音，而且腳還會懶洋洋地動個幾下。這種差異無疑是由於我的手術對象的胸部神經節，事先沒

有受到傷害，不像飛蝗泥蜂的短翅螽斯那樣，胸部先被針刺過。除了這個重要的差別外，可以說我並不是個太差的學生，我在生理學方面表現優秀，能夠模仿我的老師飛蝗泥蜂。

我得承認，我能夠做得幾乎跟昆蟲一樣好，因此不免有點洋洋得意了。

一樣好嗎？我這說的是什麼話！等一等再說這種話吧，我還得向飛蝗泥蜂學習很長時間呢。事實上，被我動了手術的那兩隻昆蟲很快就死了，名副其實地死了，四、五天後，我眼前只剩下兩具發臭的屍體。而飛蝗泥蜂的短翅螽斯呢？這還用說嗎？牠的短翅螽斯甚至在手術十天之後還完全新鮮，仍然處於幼蟲對食用獵物所要求的狀態。不僅如此，在頭顱下面動了手術才幾個小時，短翅螽斯的腳、觸鬚、觸角、產卵管、大顎便亂動起來，就像什麼事也沒發生似的。可以說，昆蟲又恢復了飛蝗泥蜂咬牠頭腦以前的狀態。而這亂顫一直保持著，不過日益衰弱而已。飛蝗泥蜂只不過讓牠的獵物處於暫時麻醉的狀態，這時間足以讓牠把獵物拖到巢裡去，而且獵物不會反抗。我自以為可以與牠匹敵，其實只不過是個笨拙又野蠻的蹩腳外科醫生而已：我殺死了我的獵物。飛蝗泥蜂以牠那無法模仿的敏捷手法，熟練地壓迫獵物的頭腦，使之麻醉幾個小時；而我，由於無知且動作粗魯，也許我的鑷子夾碎了這做為生命源

頭的纖細器官。我如果不因這次失敗而面紅耳赤，是因為我深信，很少有人（如果有這樣的人）能夠跟這些靈巧的生物比試靈巧。

好吧，現在我來解釋，為什麼飛蝗泥蜂不用牠的螫針傷害腦部的神經節。在這個生命力中心注入一滴毒液，就會使得全身動也不動，於是死亡很快便隨之而來。可是獵人要的不是獵物的死亡；幼蟲根本不要沒有生命的獵物，不需要因腐敗而發臭的屍體。獵人要的是一種麻醉狀態，一種暫時的昏昏沈沈，以便在搬運時不會抵抗。牠採取了實驗生理學實驗室裡所熟知的壓迫腦部的方法，就得到同樣的效果。牠像弗盧杭那樣行事：剝開露出一個動物的腦袋，對腦部施壓，一下子就使動物失去了智力、意識、敏感與活動力。而當壓迫停止，一切又恢復了。短翅螽斯就是這樣，隨著巧妙的壓迫而產生麻醉效果，又因麻醉的消失而恢復了殘餘的生命。腦部神經受到大顎的按壓，並沒有致命的挫傷，因此可以逐步恢復活動，結束昏昏沈沈的狀態。我們必須承認這一點，這真是可怕的科學！

進行昆蟲學研究真是命運多舛：你拼命追求時往往碰不到；一旦你忘記了牠，牠卻來敲你的門。為了看看隆格多克飛蝗泥蜂怎樣把短翅螽斯當作祭品，我已經多少次徒勞無功地奔波，多少次因一無所獲而煩心！二十年過去了，這些寫好的東

西已經交給出版者，突然這個月初（一八七八年八月八日），
我的兒子埃米爾急匆匆地走進我的書房。「快，」他說道，
「快來！院子的門前，一隻飛蝗泥蜂在梧桐樹下拖著牠的獵
物！」埃米爾讀過我寫的東西而了解這件事，他把我們夜間進
行的準備工作當作娛樂，而他也在我們的田野生活中看過類似
今天的事情。我跑過去，看到一隻隆格多克飛蝗泥蜂拖著一隻
被麻醉的短翅螽斯。牠向附近的雞窩走去，似乎打算爬上雞窩
的牆壁，把牠的巢設在屋頂的瓦片下面；幾年前我曾見到同樣
的昆蟲帶著獵物爬到同樣的地方，把巢設在一塊接合不良的瓦
片彎曲處。也許現在的這隻膜翅目昆蟲，就是我曾看到進行艱
苦攀登的那隻飛蝗泥蜂的後代呢。

　　牠很可能又要重複同樣的英勇行動了，而這次是在許多目
擊者面前進行的，在梧桐樹蔭下工作的全家人都圍在飛蝗泥蜂
旁邊。我們欣賞著飛蝗泥蜂那滿不在乎的大膽工作，牠並沒有
因好奇者圍觀而分心；牠昂著頭，大顎咬著獵物的觸鬚，身後
拖著那巨大的重物；我們每個人都對牠那自豪而有力的步伐驚
奇不已。所有圍觀者中，只有我對眼前這個場景生出一分遺
憾。「唉，要是我有活的短翅螽斯就好了！」我不禁這樣說
道，可是要實現這種願望毫無希望。「活的短翅螽斯？」埃米
爾回答道，「我有非常新鮮的，今天早上才抓到的。」他四步
一跨地跑上樓梯，向他的小書房奔去。他在房裡用字典圍出一

塊地方，用來飼養供伯勞吃的漂亮小昆蟲。當他回到我們身邊時，手上拿著三隻短翅螽斯，兩隻雌的，一隻雄的，都非常令人滿意。

隔了二十年，這些昆蟲怎麼會在我希望的時刻落在我手中，再度進行我那沒有得到結果的實驗呢？事情的由來是這樣的，有隻南方的伯勞，在花園小路一棵高大的梧桐樹上築巢。可是才幾天前，我們這地區的密斯特哈風[1]刮得那麼猛，把樹枝和樹幹吹得東倒西歪，支架的搖晃把巢弄翻了，巢裡的四隻小鳥掉了下來。第二天我發現巢在地上，三隻鳥掉下來摔死了，一隻還活著。我把活著的這隻交給埃米爾照管，他每天三次到附近草地抓蟋蟀來餵牠。可是蟋蟀個子小，而伯勞嬰兒的食量大，更喜歡吃短翅螽斯，所以他不時到茅草堆和刺芹戳人的葉叢中去尋找。埃米爾給我的這三隻短翅螽斯，就是從伯勞的食物儲藏櫃中拿來的。我對掉落小鳥的憐憫，才使我得到這個料想不到的收穫。

觀眾把圈子擴大些，好讓飛蝗泥蜂有活動的場地。我用鑷子把牠的獵物取走，立即用我的短翅螽斯換上，這些短翅螽斯的腹部末端跟偷走的獵物一樣帶著刀。被奪走食物的膜翅目昆

---

[1] 密斯特哈風：從法國南部沿著下隆河河谷自北向南吹的乾冷強風。——譯注

蟲先把腿動了幾下，以表示牠的著急，然後衝向新的獵物，這
獵物是那麼肥、那麼胖，牠是不會拒絕的。牠用大顎咬住獵物
馬鞍狀的前胸，橫跨在上面，然後拱起腹部，用腹部的末端掃
過昆蟲的前胸，無疑是在那上面刺了幾下；可是因爲不易觀
察，我無法知道究竟刺了幾下。短翅螽斯這個和平的犧牲品，
任憑別人爲牠動手術而沒有抵抗，就像我們屠宰場中傻呼呼的
綿羊一樣。飛蝗泥蜂不慌不忙地慢慢操作牠的手術刀，以便準
確地刺入。到目前爲止，觀察者都看得很清楚，不過獵物的胸
部和肚子碰到地上，而手術正是在那下面進行的，那就看不到
了。至於插上一手，把短翅螽斯抬起一點好看得清楚些，那可
是連想都別想，因爲兇手會收起武器走開的。接下來的行動，
觀察起來又變得容易了。在刺了前胸後，飛蝗泥蜂把腹部末端
放到脖子底下，操刀的醫師壓迫獵物的頸背，使牠的脖子張得
大大的。很明顯，螫針始終在這個部位搜索，彷彿刺在這裡比
別的地方更有效。過去認爲，受傷的神經中樞是在前胸食道下
方，但是由神經中樞支配的口器、上顎、下顎、觸鬚一直在動
看來，顯然情況並非如此。飛蝗泥蜂只傷害前胸脖子處的神經
節，至少是第一個神經節，因爲脖子的嫩皮比胸部皮膚更容易
刺進去。

　　大功告成了。短翅螽斯並沒有亂抖動以表示痛苦，牠已經
變成一團沒有生氣的東西。我第二次把飛蝗泥蜂動過手術的昆

蟲拿走，換上我的第二隻雌短翅螽斯。飛蝗泥蜂又開始了同樣
的操作，結果仍然相同。飛蝗泥蜂幾乎是連著三次，先是對牠
自己的獵物，然後對我送上的兩隻替代品，進行那巧妙的手
術。飛蝗泥蜂會不會對我還剩下的那隻雄短翅螽斯進行第四次
手術呢？其實我沒有把握，倒不是因為對膜翅目昆蟲厭倦了，
而是因為獵物不合牠的口味。除了雌蟲以外，我未曾看到牠抓
別的獵物，因為雌短翅螽斯肚子裡裝滿著卵，是幼蟲最喜歡的
食物。我的懷疑得到了證實：我把牠的第三隻獵物拿走，飛蝗
泥蜂死都不肯要我給牠的雄短翅螽斯。牠腳步匆匆地跑到這
裡、跑到那裡，尋找失蹤的獵物；牠三、四次走近雄短翅螽
斯，在四周轉圈，輕蔑地看了看，終於飛走了。這不是牠的幼
蟲所需要的東西；經過二十年後，經驗又向我重申了這一點。

那三隻被刺過（其中兩隻是在我眼前被刺的）的短翅螽斯
還在我手中。牠們所有的腳都癱瘓了。不管是處於正常的姿勢
趴著，還是仰臥或者側躺，你怎麼把牠放下，牠就一直保持這
樣的姿勢。生命的唯一徵象就是觸鬚不斷擺動，隔一段時間肚
子起伏幾下，嘴皮動動而已。被摧毀的是運動能力而不是敏感
性，因為只要在嫩皮的某處輕輕刺一下，牠全身便會輕輕地顫
抖。也許有一天，生理學家會從這樣的獵物身上，找到深入研
究神經系統功能的材料。膜翅目昆蟲的螫針可以靈巧無比地刺
到某一點，而且只在這一點造成傷口。這螫針有非常大的好

處，可以代替實驗者粗魯的手術刀，因為實驗常常只需要輕輕擦破一點皮，但手術刀卻非要開膛破肚不可。現在當然還做不到，在這之前，且先看看下面這三隻獵物向我提供的結果吧，不過是從另一個角度來看。

昆蟲僅存的腳部活動也被摧毀了，而除了神經中樞這運動的發源地受到損壞之外，並沒有別的損傷，所以牠應該是由於虛弱而不是由於受傷而死的。對此我們做了如下的實驗：兩隻剛剛從田裡抓來，完好無損的短翅螽斯，不給牠們食物，一隻放在暗處，一隻放在亮處。後者四天後餓死了，前者經過五天才餓死。這一天的差別很容易解釋。亮處的昆蟲為了恢復自由，活動得厲害，而由於器官的任何活動都要消耗養分，活動得多，身體的養分儲備就消耗得快。兩者都完全沒吃東西，亮處那隻動得厲害所以命短，而暗處那隻動得少所以命就長。

經過我動手腳的三隻昆蟲中，一隻放在暗處，不給食物。這隻短翅螽斯除了處於完全不給食物和在暗處這些條件外，飛蝗泥蜂給牠造成的傷也很重，可是牠的觸鬚一直擺動了十七天。只要這鐘擺在動，生命之鐘就沒有停止。這隻昆蟲在第十八天停止擺動觸鬚，死掉了。嚴重受傷的昆蟲，在同樣條件下，比完好無損的昆蟲存活的時間長了四倍。如此看來，似乎應該是造成死亡的原因，事實上卻成了生命延續的原因。

　　這種結果乍看不合情理，其實再簡單不過了。完好無損的昆蟲拼命亂動，消耗了體力，而癱瘓的昆蟲只有維持生命必不可少的內部微弱活動，所以體內的物質相應節省了下來。不斷活動的昆蟲身體器官因運作而耗損，癱瘓的器官則因休息而得以保存。由於不再進食以彌補損失，亂動的昆蟲在四天中耗盡體內儲存的營養便死掉了；不動的昆蟲不消耗養分，所以過了十八天才死去。生理學告訴我們，生命是不斷的破壞；飛蝗泥蜂的獵物給我們提供了最好的證明。

　　還有一點必須注意，膜翅目昆蟲非要新鮮的肉不可。如果獵物完好無損地堆在巢裡，那麼四、五天後，牠就會成為腐敗的屍體，剛剛孵化出來的幼蟲就只有一堆腐爛的東西維生；被針螫過的獵物則可以活兩、三星期，這時間足夠卵的孵化和幼蟲的發育。因此，麻醉有兩個效果：食物一動也不動，不會危及纖弱幼蟲的生存；肉類長時間保存，可以保證幼蟲吃到衛生的食品。即使有科學的啓迪，人類根據自己的邏輯推演，也找不到比這更好的辦法。

　　另外兩隻被飛蝗泥蜂螫過的短翅螽斯，我把牠們放在暗處並供應食物。除了長長的觸鬚不斷擺動之外，這兩隻短翅螽斯幾乎跟死屍沒有什麼區別，毫無活力。乍看之下，給牠們進食似乎是不可能的，可是口器還會自由張合給了我某些希望，於

是我便試一試。我得到的成功超過原先的期望。當然不是給牠們一葉生菜，或者正常狀態可以吃的嫩芽，而是就像給虛弱的人餵奶似的，用湯藥來維持生命。我使用的是糖水。

昆蟲仰臥著，我用一根麥桿把一滴糖水滴進牠的嘴裡。觸角立即抖動，上顎和下顎動了起來。顯然這滴糖水使牠們喝得十分滿意，尤其是在肚子餓了好一會兒的情況下。我一直讓牠們喝到不想喝爲止，每天進餐三次，有時兩次，次數不等，因爲我不想讓我自己完全成爲這種醫院的奴隸。

沒錯，憑著這再簡單不過的飲食方式，有一隻短翅螽斯活了二十一天，這跟挨餓的短翅螽斯比起來，時間並沒有長多少。由於我笨手笨腳，牠曾兩次從實驗臺掉到地板上，摔得很重。受到的挫傷可能加速了牠的死亡。至於另一隻則沒發生什麼意外，活了四十天。由於我用糖水餵牠們，不能無止盡地代替自然的菜葉等食物，所以如果有可能進食正常的飲食，昆蟲或許可以活得更久些。這就證明了我的觀點：被膜翅目昆蟲螫刺的獵物是死於飢餓，而不是死於受傷。

第十二章

本能的無知

　　飛蝗泥蜂剛剛向我們展示，牠在自己無意識的啓發下，也就是在本能的指引下，行動多麼正確無誤，技術多麼卓越。現在牠將向我們展示，哪怕只是稍微偏離習慣的情況，牠是多麼缺乏應對辦法，牠的智慧是多麼局限，甚至是多麼的不合邏輯。這便是動物本能所具有的特徵。這是一種奇怪的矛盾：高深的技能與深深的無知聯繫在一起。出於本能，不管困難多大，無論什麼都可能辦到。在建造牠那完全由三個菱形構成的六角形蜂房時，蜜蜂極其精確地解決了最大值和最小值這些艱難的問題，這些問題如果由人們來解決，就需要極高深的代數運算了。而由於膜翅目的幼蟲靠獵物維生，牠們在擒殺術方面所發揮的手段，即使精通最精妙的解剖學和生理學的人，也幾乎無法與之比試高低。只要行爲不超出動物所能掌握的不變法則，那麼出於本能，沒有任何事情是困難的。但同樣的，如果

超出了通常遵循的道路，那麼出於本能，沒有任何事情是容易的。昆蟲以牠高度清醒的頭腦令我們讚嘆不絕，驚駭不已；但是過一會兒，面對最簡單但有別於牠一向遵循的事實，卻又愚蠢得令人吃驚。飛蝗泥蜂將提供一些這樣的例子。

2/3

修女螳螂

注意觀察牠們把短翅螽斯拖到窩裡的過程吧。如果運氣好，我們也許會看到一個小場景，現在我把這場景描述一下。走進岩石下已經做好窩的隱蔽所時，這隻膜翅目昆蟲會在那裡發現一隻肉食類昆蟲，一隻修女螳螂棲息在草莖上。這螳螂表面看來似乎在虔誠誦經，其實隱藏著殘忍的習性。飛蝗泥蜂大概知道，埋伏在過路處的強盜會帶來什麼危險，牠把獵物放了下來，勇敢地向螳螂衝去，打算狠狠地揍牠幾下，把牠趕走，或者至少嚇牠一跳，讓牠不敢亂動。那強盜不動彈，但閉緊前後臂兩把大鋸這部死亡機器。飛蝗泥蜂又回來，從螳螂躺著的草莖旁邊走過。根據牠頭所朝的方向，我們看出牠有所提防，要以威脅的目光使敵人待在原地，不敢動彈。這樣的勇氣是該有回報的：獵物堆在原地，沒有令人擔心的事情發生。

　　關於修女螳螂得再說上幾句。這種昆蟲在普羅旺斯語中意為「祈禱上帝的昆蟲」。牠那大風帆似的嫩綠色長翅膀，那向天仰望的頭，那折疊交叉在胸前的臂膀，呈現出一幅正在凝神祈禱的修女的假象，事實上牠卻是喜歡屠殺的兇狠昆蟲。各種膜翅目掘地蟲的工地雖然不是牠特別喜愛的地方，卻也常常光顧。牠守在飛蝗泥蜂窩附近的荊棘叢上，等待著天賜良機，讓某些蜂落入牠的手中，甚至可以同時捕獲兩份獵物，既抓到獵人又得到其獵物。牠的耐心要經歷長時間的考驗。飛蝗泥蜂心中懷疑，一直提防著；但是牠終於越來越放鬆警戒心，不由自主地有點糊塗了。這時螳螂像痙攣似地一抖，翅膀打開一點，突然發出了響聲，走近的飛蝗泥蜂被嚇了一跳，由於害怕而猶豫。螳螂就像彈簧一般，立即把帶著鋸齒的前臂猛然往同樣帶著鋸齒的胳膊上一縮，飛蝗泥蜂就被夾在兩條鋸齒的齒條間，就像捕狼器的夾板夾住了剛咬著餌物的狼似的。這時，螳螂並未鬆開牠那兇猛的機器，而是一小口一小口地啃著牠的捕獲物。這就是「祈禱蟲」所謂的凝神、祈禱、沈思[1]。

　　關於修女螳螂留在我回憶中的屠殺情景，我們不妨在此講述一個場景。事情發生在食蜜蜂大頭泥蜂的一個工地上。這些以蜜蜂餵養幼蟲的膜翅目掘地蟲，在蜜蜂正採集花粉和蜜時，

---

① 詳細的介紹見《法布爾昆蟲記全集5——螳螂的愛情》第十八章。——編注

從花朵上把牠們抓來。如果大頭泥蜂覺得剛剛抓到的蜜蜂身上
裝滿著蜜，在把蜜蜂儲存起來之前，免不了在路上或者在洞
口，先壓迫蜜蜂的嗉囊，把美味的糖漿擠出來，糖漿不斷從垂
死的蜜蜂嘴裡流到外面來，而大頭泥蜂則舔著這受害者的舌頭
飽吸一頓。兇手壓迫垂死者的肚子，把裡面裝的東西擠空，做
為自己的美食②。這種對垂死者的糟蹋，場面真是醜惡。食蜜
蜂大頭泥蜂這麼做要是可以說是錯的，我就要狠狠責難牠一番
了。這樣可怕的美宴正在進行的時候，我看到膜翅目昆蟲連同
牠的獵物都被螳螂抓住，強盜被另一個強盜攔路搶劫了。情景
真是可怕，當螳螂抓住大頭泥蜂，用牠那雙重鋸子的尖端戳穿
了大頭泥蜂，並已經在咀嚼牠的肚子時，大頭泥蜂繼續舔著蜜
蜂的蜜，牠即使在死亡的痛苦中，也捨不得放棄那美味的食
物。趕快把這醜惡的場面遮住吧。

　　回到飛蝗泥蜂。在進一步敘述前，有必要了解一下牠的
窩。窩築在細沙裡，或者說是築在一個天然隱蔽所的塵土中。
窩的通道很短，只有一、兩法寸長，沒有轉彎，通到僅有的一
間橢圓形的寬敞房間。總之，這是一個匆匆挖成的粗陋洞穴，
而不是精雕細琢的華宅。我曾經解釋過住所為什麼這麼簡陋，
而且每個窩只能有一間房間、一間蜂房，這是由於事先抓到的

② 詳細的介紹見《法布爾昆蟲記全集4──蜂類的毒液》第十一章。──編注

獵物要暫時丟在狩獵場所的緣故，因爲誰知道在這同一天內，獵人第二次捕獵時，命運會把牠帶到何方呢！所以，洞穴必須築在抓到沈重獵物的附近地點。如果要運輸第二隻短翅螽斯，今天的住所可能離得太遠，無法用來進行明天的工作。所以，每抓到一隻獵物，就要進行新的挖掘，建造僅有一間房間的新窩，這窩時而在這裡、時而在別處。

接下來我們做一些實驗，看看當我們爲飛蝗泥蜂創造一些新環境時，牠會怎樣行事。

第一個實驗。一隻飛蝗泥蜂拖著獵物，在離牠的窩幾法寸處。我沒有打擾牠，只用剪刀剪斷短翅螽斯的觸角，我們知道，飛蝗泥蜂用這些觸角做爲將繮繩。由於拖拉的重擔突然減輕，牠感到驚訝，便回到獵物身邊。牠現在毫不猶豫地抓住觸角的基部，也就是剪刀剪剩下的那一小節，但是長度太短了，幾乎不到十公釐，不過沒關係，對飛蝗泥蜂來說，這已經足夠了，牠咬住剩下的繮繩又繼續搬運。爲了不傷到牠，我十分小心地剪那兩段觸角，這一次貼著頭頂蓋剪。昆蟲在牠熟悉的部位找不到可以施力的東西，就在旁邊抓起獵物長長觸鬚中的一根，繼續牠的拖曳工作，竟然對這種改變絲毫不覺得有什麼奇怪。我讓牠繼續這麼做。獵物被帶到窩裡，頭擺在洞口，接下來膜翅目昆蟲獨自走進窩裡，在把食物儲存起來之前，對蜂房

的內部做一番短暫的視察。這令人想起黃翅飛蝗泥蜂在同樣的
情況下所採取的舉動。我利用這短暫時刻抓起暫放洞口的獵
物，把牠所有的觸鬚都剪掉，並放得遠一點，離窩一步路的地
方。飛蝗泥蜂又出現了，牠發現獵物在窩的門檻處，便直直朝
獵物奔去。牠在獵物的頭部上下、旁邊尋找，卻完全找不到可
以抓住的東西。牠做了一個絕望的嘗試，把大顎張得大大的，
試圖咬住短翅螽斯的頭，可是張開的角度不夠，無法夾住這麼
大的東西，便從圓滾滾又光滑的頭顱上滑了下來。牠又重新進
行了多次，但沒有任何結果。現在牠相信自己是白費力氣，好
像已經洩了氣，走開了一點，似乎要放棄再做努力了，至少牠
用後腳擦擦翅膀，把前跗節放到嘴上舔舔，然後揉揉眼睛；這
在我看來就是膜翅目昆蟲放棄嘗試的表示。

　　不過除了觸角和觸鬚外，短翅螽斯還有別的部位可以輕易
抓住和拖走。牠有六隻腳，有產卵管，不過這些器官都相當
小，不方便整個咬住並做為拉動的繮繩。我相信，對於儲存獵
物的工作來說，拉著觸角把頭先拖進去，這樣使獵物處於最合
適的狀態；但是如果拉一隻腳，尤其是前腳，獵物同樣可以很
容易地拖進洞去，因為洞口寬，通道很短，甚至沒有通道。那
為什麼飛蝗泥蜂從來沒有試試去抓六個跗節中的某一個，或者
抓產卵管的端部，相反地，牠卻拚命嘗試做不可能的、荒謬的
事，用牠那非常短的大顎去咬獵物那巨大的腦殼呢？牠難道連

想也沒想過這樣的念頭嗎？那麼讓我們設法提醒牠吧。

　　我把短翅螽斯的一隻腳，或者腹部那把刀的末端，放到飛蝗泥蜂的大顎下。飛蝗泥蜂頑固地不肯去咬；我一再誘惑牠，但毫無結果。牠既抓不住獵物的觸角，又不知道可以抓住獵物的腳，一直束手無策。這個獵人也真是奇怪！也許我一直待在那裡，以及剛剛發生的不尋常事件，打亂了牠器官運作的功能吧。那麼我們讓飛蝗泥蜂獨自跟牠的獵物待在洞口；讓牠在沒有人打擾的安靜情況下，有時間慢慢思考，想出某種辦法來解決問題。於是我丟下飛蝗泥蜂，繼續走我的路。兩小時後，我回到原處，飛蝗泥蜂已經不在那裡了，窩一直打開著，而短翅螽斯仍然躺在我最初放置的地方。我們可以由此得出結論：膜翅目昆蟲根本連試都沒試過：牠走了，把住所和獵物這一切都扔掉了，而其實牠只要抓住獵物的一條腿，這一切就都歸牠所有了。這種本可與弗盧杭一較長短的昆蟲，剛才竟以牠的技能使我們瞠目結舌；牠既然會壓迫獵物的大腦使之昏昏沈沈，但面對最簡單但超出習慣的事實，竟愚蠢得令人無法想像。牠如此善於用螫針刺中獵物前胸的神經節，用大顎壓迫腦神經節，知道帶毒的螫刺會使神經的生命力永遠消失，而壓迫只是導致暫時昏沈，牠對此能夠分別得這麼清楚，卻不知道，如果在某個部位抓不住獵物，其實可以抓其他部位來代替。牠根本無法明白可以不抓觸鬚而抓腳。牠只知道要抓觸鬚或者頭上別的絲

狀物，例如觸角，若沒有這些繩子，牠的種族就要完蛋了，因
爲牠無法解決這小小的困難。

第二個實驗。窩裡食物已經儲存，卵已產好，膜翅目昆蟲
正忙著把窩封住。牠後退著用前跗節打掃門前，把一堆塵土拋
到住所的門口。由於掃地工的動作非常敏捷，塵土從牠肚子底
下穿過，射出拋物線般的沙霧，就像霧狀的水氣一樣連續不
斷。飛蝗泥蜂不時用大顎挑起幾粒沙子、小石子，將之插入土
塊中，用頭頂或用大顎壓，把它們疊到一起。砌了這道牆後，
洞口的門很快就不見了。我在牠工作過程中插手，把飛蝗泥蜂
拿開，小心地用刀掃清那短短的過道，取走封門的材料，使蜂
房與外部恢復暢通無阻。然後我在沒有破壞建築物的情況下，
用鑷子把短翅螽斯從蜂房裡取出來，當時短翅螽斯的頭放在窩
的盡頭，產卵管放在門口。膜翅目昆蟲的卵像往常一樣產在犧
牲品的胸部，即一隻後腳的基部；這種狀況顯示，膜翅目昆蟲
對牠的窩做了最後的加工，以後再也不回來了。

做了這些步驟，並把取出的獵物安全地放在盒子裡後，我
把地方讓給飛蝗泥蜂，而飛蝗泥蜂在牠的家被這樣洗劫時，一
直待在一旁注視著。牠發現門打開了，便走進去，在裡面待了
一會兒，然後退出來又繼續被我打斷的工作，也就是繼續認眞
地堵住蜂房口，重新在門口倒退著掃地、運沙粒，始終一絲不

苟地堆砌著，彷彿在做著有用的工作。門再次堵好了，昆蟲撢
撢身子，對完成的作品滿意地看一眼，最後飛走了。

　　飛蝗泥蜂應該知道窩裡已經一無所有，因爲牠剛剛進去
過，甚至還待了相當長的時間；可是牠對搶劫一空的住所察看
一番之後，卻仍把蜂房重新封起來，其細心工作的程度就好像
任何異常的情況根本沒有發生一樣。牠是不是打算以後再使用
這個窩，再帶另一隻獵物回來，再在那裡產卵呢？這樣的話，
牠把窩封住的目的，就是不讓不速之客在牠外出時闖入住所，
那麼這就是謹愼的措施。防止別的掘地蟲覬覦已經蓋好的房
子，這也許是預防室內受到破壞的明智手段。而且某些掠奪成
性的膜翅目昆蟲，當工程需要停頓一段時間時，的確是把門暫
時封起來，不讓別人進入。吃蜜蜂的泥蜂的窩是一個豎井，我
曾看到牠在動身去捕獵或者在太陽下山停工時，正是用一塊平
平的小石頭把蜂房的門封起來。不過那只是簡單的封住，只是
用一塊小石頭蓋住井口而已，昆蟲回來時只要搬開那塊小石
頭，入口就暢通無阻了，而這是頃刻就能辦成的事。相反的，
我們剛才看到飛蝗泥蜂所建造的則是牢固的柵欄，是堅實的砌
體，整個通道裡用塵土和礫石一層層交替相間。這是永久性的
建築物，而不是暫時的防禦工程，建築者對這建築物的細心就
是證明。何況根據飛蝗泥蜂的行爲方式，說牠還會回來利用已
經準備好的住所，是十分值得懷疑的。我認爲這一點已經得到

了充分的肯定：飛蝗泥蜂未來將在別的地方捕捉獵物，用來儲存短翅螽斯的倉庫也將在別的地方挖掘。不過這畢竟只是推理，讓我們看看實驗的結果吧，實驗比邏輯更有說服力。我把這件事擱下將近一個星期，好讓飛蝗泥蜂有時間回到牠那有條不紊地封閉起來的窩裡第二次產卵，如果這就是牠封閉窩的意圖。事實回答了邏輯的結論：窩一直封閉得好好的，但是裡面沒有食物，沒有卵，沒有幼蟲。這是決定性的證明，膜翅目昆蟲沒有再回來。

被搶劫的飛蝗泥蜂進入牠的窩，從容地察看了空空如也的房間；剛才還擠滿著蜂房的龐大獵物如今已經消失，但牠的行為就好像根本沒有發現這件事似的。牠是否真的不知道食物和卵已經不在了呢？牠在進行獵殺行動時，洞察力是那麼敏銳，難道牠的智慧如此愚鈍，居然看不出蜂房裡已經一無所有了嗎？我不敢說牠真的這麼笨。但如果牠已經發現了，為什麼又這麼愚蠢地、認真地去封住一個以後不打算再往裡面放食物的空窩呢？封門的工作是無用的，是極端荒謬的。怪哉，昆蟲以同樣的熱情完成這個工作，彷彿幼蟲未來的安全完全取決於這個工作似的。昆蟲的各種行為是命中安排要彼此聯繫在一起的，因為某件事剛剛做過，所以與之相關的另一件事就非做不可，以便補充前一件事或做準備。這兩個行為彼此相互依賴得那麼緊密，以至於做了第一件事就要做第二件，即使由於偶然

的情況，第二件事已經變得不合宜，甚至有時還有悖於自己的利益，牠仍繼續做下去。沒有了獵物和幼蟲，這個窩現在已經沒有用處，而且由於飛蝗泥蜂不會再來，將永遠沒有用處，那麼飛蝗泥蜂把這個窩堵住，究竟目的何在呢？對於這種不合邏輯的行為的解釋，只能視之為某些行為非做不可。在正常情況下，飛蝗泥蜂捕捉獵物，產卵，然後把窩封住。雖然獵物被我從蜂房裡抽了出來，但是反正捕獵行為做過了，卵產過了，現在該把窩封起來了。昆蟲就是這樣，內心沒有絲毫想法，絲毫不懷疑牠現在的工作是無用的。

第三個實驗。在正常條件下通曉一切，而在異常條件下一無所知，這便是昆蟲向我們展示的奇怪現象。例子也是我從觀察飛蝗泥蜂得來，可以證實這個想法。

白邊飛蝗泥蜂攻擊中等個子的蝗蟲，在牠的巢穴附近，各個種類的蝗蟲都有，牠無需特別做選擇。由於蝗蟲很多，捕獵工作不必長途跋涉。當豎井狀的窩準備好了之後，白邊飛蝗泥蜂只要在住所附近半徑不大的地方走動，很快就能找到在陽光下覓食的蝗蟲。牠撲向蝗蟲，不讓牠亂踢蹬，同時用螫針刺牠；這對於飛蝗泥蜂來說只是頃刻間的事。獵物那胭脂紅或者天藍色的翅膀撲騰幾下，腳亂踢幾下，然後就動也不動了。現在要把獵物運到窩裡去，而且要徒步運輸。為了進行這種艱辛

的工作，白邊飛蝗泥蜂採用了跟牠兩個同類昆蟲一樣的方法，也就是用大顎咬著獵物的一根觸角，兩腳抱著獵物，把牠拖回去。如果路上有草叢，白邊飛蝗泥蜂便從一根草莖跳躍或飛到另一根草莖上去，一刻也不鬆開牠的捕獲物。最後，當牠來到離巢幾步路的地方時，牠所做的事跟隆格多克飛蝗泥蜂做的一樣，不過沒有那麼慎重，有時還有點不屑：白邊飛蝗泥蜂把獵物扔在路上，雖然沒有任何明顯的危險威脅住所，但牠還是急忙奔向井口，把頭幾次伸進井裡，甚至走下去一點，然後回來，把蝗蟲拖得離目的地近一點，又扔下獵物，再看看豎井，如此反覆多次，而且每次總是急急忙忙的。

這樣的一再察看，有時會發生討厭的事故。被扔在斜坡上的獵物滾到斜坡底下去了，飛蝗泥蜂回來時在原地找不到獵物，不得不到處尋找，但有時一無所獲。要是牠找到了，就需要重新開始艱難的攀登。儘管這樣，牠還是要把戰利品扔在同樣糟糕的斜坡上。飛蝗泥蜂對井口做多次的察看，第一次可以合乎邏輯地加以解釋，想必昆蟲抱著沈重的獵物到達洞口之時，想看看住所的門口是不是通行無阻，會不會有什麼東西擋住運送獵物的路徑。但是第一次偵察過了之後，其餘幾次間隔時間很短、一次接著一次的偵察有什麼用呢？是不是飛蝗泥蜂思想變化不定，忘記了牠剛才的察看，所以過了一會兒又往住所跑去，然後又忘記已經再次做過檢查，因而重複進行呢？牠

的記憶力也許太過短暫，印象才剛剛產生就消失了。對於這個說不清原因的問題，我們不必過分深究吧。

飛蝗泥蜂終於把獵物拖到井邊，觸角垂在井裡。這時我們又看到白邊飛蝗泥蜂忠實地使用同樣的方法，與黃翅飛蝗泥蜂和隆格多克飛蝗泥蜂在相同或相似情況下所使用的方法相同。膜翅目昆蟲獨自入窩，察看內部，又回到門口，抓住觸角，把蝗蟲拖了進去。蝗蟲的捕獵者察看住所時，我把牠的獵物推得遠一點，結果跟蟋蟀的捕獵者完全相同。這兩種飛蝗泥蜂在把獵物運進去之前，都一樣固執地自己先走進地下室。在這裡我們回憶一下，把蟋蟀移得遠一點的把戲，不一定都能騙過黃翅飛蝗泥蜂。黃翅飛蝗泥蜂家族中有些十分精明，在幾次失敗之後，就可以明白實驗者玩的手段，並且會克服這些手段的干擾。但是像這些能夠進步的革新之士為數寥寥，固執於舊風俗的保守人士則占大多數。我不知道捕獵蝗蟲的飛蝗泥蜂是不是根據所在地的不同，有的詭計多些，有的少些。

下面是一個更引人注目的，也正是我最終希望得到的結果。在多次把白邊飛蝗泥蜂的獵物推得離地下室門口遠些，迫使牠再來抓之後，我利用牠下到井底的機會拿走牠的獵物，放在牠找不到的安全地方。飛蝗泥蜂又上來了，找了很長時間，當牠深信獵物真的已經丟失時，便又下到牠的窩裡去。飛蝗泥

蜂開始封閉牠的窩，牠不是用一塊平的小石頭遮住井口，做成臨時封閉的石板，而是永久性的封閉，牠把塵土和礫石掃到通道裡，直至把通道填平。白邊飛蝗泥蜂在牠的井裡只造了一個蜂房，而在蜂房裡只放一隻獵物。這唯一的蝗蟲已經被抓走了，但獵物沒有儲存起來可不是捕獵者的過錯，是我的過錯。昆蟲已經按照不變的規則進行了工作，牠同樣按照不變的規則把窩堵住以便把工程完成，儘管窩裡什麼也沒有。隆格多克飛蝗泥蜂對剛剛被搶劫的住宅進行毫無用處的照顧，白邊飛蝗泥蜂也一模一樣地重覆這樣的工作。

第四個實驗。黃翅飛蝗泥蜂在同一通道裡建造若干個蜂房，在每個蜂房裡堆放著若干隻蟋蟀。如果牠在工作過程中暫時受到打擾，會不會也做出同樣不合邏輯的事情，這我可沒有把握斷定，因為儘管蜂房裡空無一物，或者儲備的食物不完備，膜翅目昆蟲仍然會回到同一個窩來為其他蜂房作準備。不過我有理由認為，這種飛蝗泥蜂像牠那兩個同類一樣，也會犯同樣的過錯。當一切工作結束時，每個蜂房裡的蟋蟀數目通常是四隻；不過也常放了三隻，甚至有時只有兩隻。在我看來，四這個數目是正常的。因為，首先，這種情況最常見；其次，我在餵養從窩裡取出來的小幼蟲時發現，牠們第一次吃獵物時，會一路把我一隻隻餵的食物吃完，直到第四隻為止，不管是原來只準備兩、三隻獵物，還是準備四隻的蜂房都是如此，

超過第四隻，牠們就什麼也不吃了，或者頂多碰一碰第五份口糧而已。如果幼蟲需要四隻蟋蟀才能使身上的器官完全發育，為什麼有時只為牠準備三隻或兩隻獵物呢？為什麼在供應量上有相差一倍這麼大的區別呢？這並不是給幼蟲吃的獵物有什麼不同，因為所有的獵物顯然都是一樣大小，只可能是由於獵物在路上不見了。在飛蝗泥蜂築巢的斜坡上端，常會發現一些已成為獵物的蟋蟀，捕獵者出於某種動機把牠們扔下一會兒，由於地面傾斜而滾了下來。這些蟋蟀常變成螞蟻和蒼蠅的食物；飛蝗泥蜂遇到這些蟋蟀是不會要的，否則牠自己就要把敵人引入窩裡來了。

在我看來，這些事實顯示，如果黃翅飛蝗泥蜂的算術能力能夠正確估計要捕捉的獵物數目，牠的能力卻不會高到能夠完整清點運到目的地的獵物數目。昆蟲進行計算時，指引牠的只是一種不可抗拒的天啟，這促使牠以一定的次數去尋找獵物。當牠完成了應該的出征數，當牠盡可能把出征得來的捕獲物儲存好後，工作便結束了，蜂房便封閉起來，不管蜂房裡是否已經完全備好糧食。自然界只賦予牠在一般情況下為了餵養幼蟲所需要的本領；而這些盲目的本領不會因經驗而變動，因為這對於傳宗接代已經足夠了，昆蟲不可能有更發達的能力。

我以我開始時所說的話做為結束。在業已指明的道路上，

昆蟲的本能是無所不知的；而超出這條道路，牠便什麼也不會
了。視其在正常條件或是在偶然條件下行事而定，昆蟲的表現
可能會充滿傑出的本領，但也可能不合邏輯、蠢得驚人，而這
兩者都是牠的天賦。

第十三章

登上馮杜山

　　普羅旺斯的馮杜山①這不毛山峰遺世獨立，四面都可以受到各種大氣因素的影響；它高聳突兀，是阿爾卑斯和庇里牛斯山之間最高的山峰，生長各種依氣候分布的植物種類，讓人們可以十分清楚地進行研究。山底生長著茂密、怕冷的橄欖樹和各種灌木植物，如百里香，它那芳香的氣味需要南方地區太陽的照射；山頂至少半年覆蓋著白雪，生長著一些來自極地環境的北方花朵。順著山坡往上走半天，你就會接連看到主要的植物種類，同樣的這些植物，你得在同一條子午線上從南到北做長途旅行才能遇到。剛動身時，你腳踩著一簇簇有香脂氣味的百里香，這連綿不斷的地毯鋪滿了山脈低處圓形的山丘；過了幾個小時，你的腳就將踩在長著對生葉的虎耳草那暗色的小墊

① 馮杜山：位於上普羅旺斯地區，沃克呂茲省北部。——譯注

上，七月在斯匹次卑爾根群島[2]海邊登岸的植物學家，看到的第一種植物就是虎耳草。在低海拔處，你在籬笆下採擷了石榴樹猩紅色的花朵，石榴樹是非洲氣候的朋友；在高海拔處，你將採擷到一種小小的、毛茸茸的虞美人，它的花莖長在碎石堆下面，開著黃色闊瓣的花。這種虞美人既長在馮杜山頂的斜坡上，也開在格陵蘭和北海海峽遼闊的冰天雪地裡。

這樣對比鮮明的景物，令人每次到那裡都會有新鮮感。儘管我至今已經登山二十五次，卻還沒有滿足。一八六五年八月是我第二十三次登山。我們一行八人，三個人是為了植物學觀察，五個人是要到山上走走，看看高處的風光。我們那五個對植物研究一竅不通的同伴，後來沒有一個人願意再陪我去了，因為這場遠征十分艱苦，看日出的樂趣根本補償不了。

把馮杜山比作一堆砸碎後用來維修馬路的石頭，這比喻十分貼切。把這堆石頭一下子堆積兩千公尺高，給它一個成正比的底座，再讓那白色石灰岩上點綴著黑色的森林，這樣你對這整座山便有了一個清晰的概念。這個碎石堆，有時是小石塊，有時是大石片，聳立在原先沒有斜坡、沒有一級級臺階的平原上，把平原疊成一層層，因而攀登起來沒那麼困難。一走上碎

② 斯匹次卑爾根群島：挪威的群島名。——譯注

石嶙峋的山路就開始登山了，山路上狀況最好的路段也沒有新近鋪著石頭的那種路面，越來越難走，就這樣一直走到海拔一千九百一十二公尺的山頂。使其他山嶺魅力無窮的景色，例如清新的草地，歡樂的小溪，長著青苔的岩石，百年老樹的巨大樹蔭，這裡一點都沒有；有的只是綿延無盡的一片片剝落的石灰層，腳踩上去便會塌下來，發出金屬般乾乾的喀嚓聲。碎石流就是馮杜山的瀑布，岩石坍塌的聲音代替了潺潺水聲。

我們現在已經到達山下的貝端。跟嚮導交涉好，商定了出發的時間，討論並準備了食物。我們要設法睡一覺，明天我們在山上一定難以成眠。睡覺，這真是困難的事；我總是睡不著，弄得我疲憊不堪。讀者若有人打算登上馮杜山觀察植物，我建議，絕對不要在星期天的傍晚到達貝端，這樣就可以避免旅館裡人來人往的吵鬧聲，沒完沒了的高談闊論聲，彈子房裡彈子的碰撞聲，杯盞交錯的叮叮噹噹聲，酒後的低唱，路人的夜歌，旁邊酒吧銅管樂器的喧鬧，以及其他一些在這不必工作的歡樂日子裡免不了要遭受的折磨；否則，在接下來的那個星期中，他們能得到更好的休息嗎？但願他們能，但我不敢擔保。至於我，我可沒闔過眼。為了我們的腸胃，那生銹的烤肉架在我的房間下面整夜不停地轉動著，吱吱嘎嘎地響個不停。我跟那該死的機器只隔著一塊薄薄的木板。

　　天色已經泛白。一隻驢子在窗下叫，時候到了，起床吧，還不如不睡呢。把食糧和行李裝好後，嚮導大喊著，於是我們上路了。這是早上四點鐘，特里布勒這位馮杜山的嚮導牽著騾子和驢子走在隊伍的前面。我的植物學同事在黎明清新的微光下，用目光掃視路邊的植物，其他人則邊走邊聊。我隨著隊伍走著，肩膀上掛著晴雨計，手上拿著筆記本和鉛筆。

　　我的晴雨計本是用來記錄植物主要生長地的緯度，但很快便成為跟蘭姆酒葫蘆接吻的藉口。只要發現一種值得注意的植物，便有人喊道：「快，晴雨計來一下！」於是我們全都急急忙忙圍在酒葫蘆四周，然後才把物理儀器拿來。早晨的清涼和走路使我們十分喜歡來這麼幾下晴雨計，以至於葫蘆裡烈酒下降的速度比水銀柱還要快。結果為了以後之需，我不得不盡量不去看托里切利管[3]。

　　溫度變得越來越低，綠色的橄欖樹和橡樹首先逐步消失，然後是葡萄樹和杏樹，然後是桑樹、核桃樹、白櫟樹。黃楊到處都是，我們進入了一個單調的地區，這裡是山毛櫸生長地帶的下限，農作物不再生長，主要的植物是高山的風輪菜。風輪菜的細葉裡充滿香精油，味道苦澀，在當地俗稱「驢梨」。我

③ 托里切利：1608～1647年，義大利物理學家，發明晴雨計。——譯注

們的食物中有一些小乳酪就灑著這種味道襲人的香料。不只一個人心裡已經想吃這些乳酪了，不只一個人飢餓的目光已經老是往騾子背上放糧食的鞍囊上掃射。艱苦的晨行帶來了食慾，何止是食慾，簡直就是飢腸轆轆，賀拉斯④稱之為「胃的焦躁不安」。我教我的同事們怎樣應付胃的焦躁不安，直到下一個休息地。我教他們認識亂石中長著鐵矢狀葉子的小酸模，並且以身作則吃了一大口。大家先是嘲笑我的建議，我任他們嘲笑，不過很快就看到他們爭著採摘這珍貴的酸模了。

　　我們咀嚼著酸酸的葉子，來到了山毛櫸生長的地帶，最先見到的是一些藤蔓曳地的灌木，稀疏地散布在山坡上，很快又是一棵棵挨在一起的小矮樹，最後便是枝幹粗壯濃密而陰暗的森林，那裡的土壤是鈣質的土塊。這些山毛櫸樹冬天積雪壓枝，一年四季都受密斯特哈風的兇猛吹打，許多樹枝都斷了，樹身彎曲成奇形怪狀，甚至躺倒在地上。穿過樹林地帶要走一個多小時，從遠處望去，這林帶像一條黑帶子，圍在馮杜山的山腰上。然後山毛櫸又變成稀疏的灌木，我們到達了山毛櫸地帶的上限。嚼酸模葉畢竟不管用，當我們到達選定吃午飯的休息地時，大家都鬆了一口氣。

---

④ 賀拉斯：西元前65～前8年，是羅馬時代的傑出詩人。──譯注

　　我們來到葛哈夫泉，山毛櫸樹搭成的一連串長凹槽裡，引來了一股從地裡冒出來的涓涓泉水；山裡的牧人都把羊群趕到這裡來喝水。泉水的溫度是攝氏七度，對於我們這些來自平原盛夏火爐的人來說，真是清涼得不可想像。一泓泉水流在阿爾卑斯山植物鋪成的地毯上，長著歐百里香葉子的指甲草閃閃發光，它那寬大而細薄的花苞就像銀色的鱗片。食物從鞍囊裡拿了出來，酒瓶從稻草層中取出。不易破碎的器皿，塗著蒜汁的羊後腿和麵包堆擺一處；淡而無味的小雞肉放一邊，極端飢餓的肚子填飽了後，這小雞肉會讓臼齒高興一會兒的；在不遠的地方，在上座，擺著用山上的風輪菜做香料的馮杜乳酪，也就是驢梨小乳酪；阿爾勒紅香腸就放在乳酪旁，肥肉條和整塊的梨像大理石似地鑲在它那玫瑰紅的肉中；這邊，在這角落裡有還流著滷汁的綠橄欖和用油做佐料的橄欖；在那角落裡，放著卡瓦雍的香瓜，有的是白肉，有的是橘黃色肉，各人愛好不同均可各取所需；另一個角落裡擺著魚罐頭，好好品嚐小牛腿肉後可猛喝魚湯；最後，冰水槽裡冰鎮著酒瓶。我們沒忘掉什麼嗎？不，我們忘掉了主要的餐後點心，沾著鹽生吃的玉蔥。那兩個巴黎人（我們之中有兩個巴黎人，我的植物學同事）剛開始時對這麼豐盛的菜肴很驚訝；不過，過一會兒他們就會讚不絕口了。好啦，一切都準備好了，開始吃吧！

　　於是大家狼吞虎嚥地大吃起來，這真是一生中令人難以忘

懷的一頓飯。頭幾口有點飢不擇食，一塊塊後羊腿，一片片麵包，接連不斷地塞進嘴裡，速度快得驚人。每個人焦慮的目光都瞧著肚子，心裡想：「像這樣吃法，今天吃太多，那明天吃什麼？」心裡擔心卻沒有說出來。起先，我們一聲不吭地拚命往嘴裡塞，後來沒那麼餓了，大家邊吃邊聊天，怕明天沒得吃的擔憂也消除了。大家都認為美食總管安排得很對，他預料到這種狼吞虎嚥的吃法，所以準備得非常充分，好讓大家盡情享用。現在是內行的美食家評價食物的時候了。這一個用刀尖戳著一個個橄欖，誇獎不已；那一個一邊稱讚魚罐頭，一邊在麵包上把赭石色的小魚切開；第三個人熱情地談著紅香腸；最後所有的人都齊聲讚美那還沒有巴掌大的驢梨乳酪。吃過飯，大家點著煙斗和雪茄，躺在草上，肚皮曬著太陽。

休息了一小時，起來！時間很緊迫，必須繼續走。嚮導帶著行李一個人沿著樹林邊往西走，那裡有一條山路，牲畜可以通過。他在位於海拔大約一千五百五十公尺的地方，在山毛櫸生長上限處的羊棚（或稱大房子）那裡等我們。羊棚是用石頭砌成的大房子，頂上蓋的是草，可供牲畜和人過夜。我們則繼續爬山，來到山脊，然後不太費力地順著山脊上到山頂。太陽下山後，我們從山頂下來，來到嚮導早就等在那裡的羊棚裡。這便是嚮導提出來並得到我們同意的計畫。

到達山脊了。比較緩的斜坡向南伸展，一望無際，這是我們剛剛爬過的斜坡。北邊一片蒼茫，氣勢雄偉；山坡時而筆直削切，時而狀如梯級。梯級雖然高度幾乎只有一公尺半，卻陡峭驚人；隨便扔出一塊石頭都不會在半路停下來，而是一跳一跳地往下跌落至谷底。山下土魯宏克河的河床像一條帶子清晰可見。當我的同伴們搖晃岩石、推入深淵，看著岩石滾落發出可怕的轟響時，我卻發現了「毛刺砂泥蜂」這種老相識。牠藏在一塊扁平的大石頭下。過去我看到的這種砂泥蜂總是孤零零地出現在平原的道路路坡上，而這裡，幾乎在馮杜山頂，牠們卻是幾百隻擠在一個窩裡。

我正在尋找這麼多砂泥蜂住在一起的原因時，猛然颳起了南部地區特有的風，這風今早已經讓我們有點害怕，現在突然捲起烏雲下起雨來。我們還沒來得及躲避，鋪天蓋地的大雨便把我們蓋住，兩步路外什麼都看不見了。糟糕的是我們中的一人，我最要好的朋友德拉庫爾⑤去尋找山裡一種稀有植物「岩生大戟」而走丟了。我們用手掌做成話筒狀，一起扯著嗓子拼命喊，可是沒人回應。旋風翻滾，驟雨如盤，嘩嘩雨聲把喊聲都淹沒了。既然迷失者聽不到我們的喊聲，我們便去尋找他。在漆黑的雲遮霧障中，兩步路外，彼此都看不見，而我們七個

⑤ 德拉庫爾：1890～？年，美籍法裔鳥類飼養家。──譯注

人中，我是唯一認識這地方的人。為了不走失任何一個人，我們大家手牽著手，我自己走在最前面，就這樣我們還真是玩了幾分鐘捉迷藏的遊戲，但就是找不到。德拉庫爾熟悉馮杜山的氣候，可能當烏雲蓋頂的時候，他利用最後一刻晴朗的天氣，匆匆跑回羊棚去了。我們也盡快到羊棚去吧，大家渾身上下都濕答答的；斜紋布褲貼在腿上就像多了一張皮一樣。

這時，出現了一個嚴重的問題：我們來來回回、轉來轉去地尋找，把我弄得像個被蒙住雙眼繞著原地轉圈的人。我什麼方向都分不清了，我不知道，完全不知道哪一邊是右山脊。我問這個人，問那個人，每個人的意見都不同，都不確定。我們之中沒有一個人能夠肯定哪邊是北，哪邊是南。我真的從來沒有像那時那麼了解到東西南北方位的重要。四周是茫茫灰雲，在我們的腳下，只能辨認出哪裡有斜坡往下延伸。但是走哪個斜坡才對呢？必須選好然後才能往那條路走。要是我們不幸朝北面斜坡走，就要掉入深淵，粉身碎骨。那深淵，我們剛才只看一眼都膽戰心驚，掉下去誰都回不來了。我那時有幾分鐘不知如何是好，痛苦萬分。

「我們就待在這裡，」大部分人這麼說，「等到雨停了再說。」「這樣不好！」另一部分人反駁道，而我就是其中之一。雨會一直下，而像我們現在淋成這樣，只要夜裡一冷，大

家都會凍僵了。我的可敬的朋友貝爾納‧威爾羅是特地從巴黎植物園來跟我一道攀登馮杜山的，他表現得十分冷靜沈著，相信我會謹慎地帶領大家走出困境。為避免增加別人的恐慌，我把他拉到一旁，告訴他我心中可怕的恐懼。我們秘密地談話，企圖在思考的羅盤上加進所欠缺的磁鐵。「剛才黑雲真是從南面來的嗎？」「的的確確是從南面來的。」「雖然風向幾乎看不出來，但雨是稍微由南偏北向的，是嗎？」「的確，在我還能辨明東西南北時，我看是這樣。難道沒有什麼東西能夠指引我們嗎？我們應該從雨打來的方向下去。」「這我想過，不過我有點懷疑。風太弱了，無法確定風向。也許這是旋風，當雲把山頂罩住時，就會颳旋風的。而且我們根本不能確定，剛開始的風向後來一直保持著，而現在的風不會是從北邊颳來的。」「我同意你的懷疑。那怎麼辦？」「怎麼辦，怎麼辦，困難就在這裡。啊，我有一個想法：如果風向沒變，那麼我們應當主要是左邊身體淋濕，只要我們沒有迷失方向，雨就應該是從這邊打來的。如果風向轉了，那我們渾身應該差不多一樣濕。我們考慮考慮然後再決定。可以嗎？」「可以！」「要是我搞錯了呢？」「你不會搞錯的。」

　　只要幾句話，大家都明白怎麼回事了。大家都摸摸自己，不是摸外面的衣服，那不足以說明問題，而是摸最裡面的內衣。當我聽到大家異口同聲地說左邊濕得比右邊厲害時，心中

眞是大大的鬆了一口氣。我們又手拉手連成一條鏈，我走在最前面，威爾羅殿後，以免有人脫隊。在開始走之前，我再一次對我的朋友說，「哎，我們會不會是冒險啊？」「冒險就冒險，我跟著你走。」於是我們不管三七二十一，一頭鑽進了吉凶未卜的摸索中。

在陡坡上走不到二十步，我們害怕發生意外的憂慮全都消失了。我們腳下不是萬丈深淵，而是一心盼望的地面，是碎石地面，腳踩上去，後頭就塌下長長的一道石流。對於我們來說，這碎石的清脆聲是美妙的音樂，表示我們踩的是堅實的土地。走了幾分鐘，我們便走到了山毛櫸地帶的上限。這裡比山頂更黑更暗，人必須彎腰貼到地面才能看出要在什麼地方下腳。在這樣的漆黑一片中，怎麼能夠找到藏在樹林中的羊棚呢？人們經常走的地方都會長兩種植物，藜和雌雄異株的蕁麻，它們就成了我的嚮導。我一邊走著，一邊用空著的手在空中搜索，每當手被刺了一下，就是碰到了蕁麻，這便是一個指標。殿後的威爾羅也盡量揮動著雙手，用劇烈的刺痛來補充視力之不足。我們的同伴們不大相信這種尋路的辦法，他們提議繼續往下走，如果有必要就回到貝端去。但威爾羅更相信他對植物的嗅覺，跟我站在一起堅持我們這樣的尋找辦法。為了讓最沮喪的人樹立信心，我們反覆強調說明，儘管四周黑暗，仍有可能藉由摸草問路而回到營地去。大家被我們說服了，我們

一群人摸著一蔟蔟蕁麻，過了不久就到達羊棚。

　　德拉庫爾，還有我們的嚮導和行李，都及時趕到那裡躲雨了。我們點起熊熊烈火，換了衣服，大家又談笑風生了。一團從附近山谷裡帶來的雪，裝在袋子裡掛在爐子前，雪化成的水就盛在一個瓶子裡，這就是我們晚餐的泉水。最後我們躺在一層山毛櫸葉鋪成的床墊上過夜，在我們之前有許多人到過這裡，把樹葉壓得稀爛。誰知道這床墊有多少年沒有換過，如今變成一片鬆軟的沃土了！睡不著的人的任務是給爐子添火。除了屋頂部分有一處坍塌形成了一個大洞外，煙在棚子裡沒有別的出路，因此滿屋都是煙，簡直可以燻鯡魚了。要想吸幾口可以呼吸的空氣，必須趴到山毛櫸葉的最下層，鼻子幾乎碰到地上才能吸到。所有的人都在咳嗽、嘀咕，要想睡著簡直是妄想，因此起來撥火的人手多的是。凌晨兩點，所有的人都起來了，要爬上最高的山頂去看日出。這時雨已經停了，滿天星斗，今天一定是個好天氣。

　　在一般情況下，有的人上山時會感到有點噁心，原因，首先是因為疲勞，其次是空氣稀薄。氣壓下降了一百四十公釐，呼吸的空氣密度少了五分之一，因此氧氣的含量少了五分之一。空氣微不足道的變化，一般情況下人體幾乎是感覺不出來的，可是大家昨天很疲勞，又沒有睡覺，這點變化使得我們更

加不舒服。大家兩腿無力，氣喘吁吁，只能非常慢地爬山，不少人走一、二十步就不得不歇一下。終於走到山頂了，我們鑽進粗陋的聖十字禮拜堂休息，親吻酒葫蘆以抵禦清晨刺骨的寒冷，這次我們把它喝了個底朝天。很快的，太陽升起來了，馮杜山三角形的影子投射到天邊盡頭，在陽光的繞射下泛著紫紅色。南邊和西邊，平原在薄霧迷濛中伸延，當太陽升得高些時，我們看到隆河猶如一條銀線躺在那裡。北面和東面，在我們腳下鋪展著一片像白色棉絮般的無邊雲層，低處的黑色山峰就像爐渣堆成的小島似的，從雲海裡露出來。在阿爾卑斯山那邊，幾個山峰上掛著冰河閃閃發光。

但是我們要看的是植物，別因為這壯麗的景象而耽擱了。我們在八月上山，時間上已經晚了一點，許多植物的花季已經過去。如果你想採集植物，真正要滿載而歸，那麼你得在七月上旬到這裡來，尤其是要在羊群在山上出現以前，不然羊會把植物都吃掉，而你只能採到牠們吃剩的東西了。七月，羊群還沒有光顧過的馮杜山頂真是個花園，鮮花把碎石層點綴得五彩繽紛。一想到這些，我腦海裡就湧現那長著一根嫩紅色花蕊、幽雅可人的絨毛雄蕊白花；那開放在閃亮石灰岩上、有著藍色大花冠的塞尼山紫堇花；那花序的芳香和根部的糞味混在一起的纈草；那長著心狀花葉、成片成片地點綴著藍色頭狀花序、仿如厚密綠地毯的球花；那天藍的顏色可與藍天比美的阿爾卑

斯勿忘草；那細莖上托著小白花球、地下莖蜿蜒伸入碎石之間的康多爾屈曲花；那長著玫瑰色花冠的對生葉虎耳草和長著白裡透黃花冠的蘚苔虎耳草，像暗色小坐墊似地密密麻麻擠在一起；所有的花上全都閃爍著早晨的露珠。當陽光更強烈時，我們會看到一種深胭脂紅點、四周鑲著黑邊的白翅蝴蝶，懶洋洋地在花叢間飛來飛去，這便是阿波羅絹蝶，萬年積雪寂寥的阿爾卑斯山上優雅的客人。牠的毛毛蟲以虎耳草維生。在馮杜山頂等待著博物學家的美妙歡樂，我們就做這番概述好了。現在讓我們回到昨天傾盆大雨來臨前，濃密的烏雲把我們籠罩住時，成群蜷縮在石頭下的毛刺砂泥蜂身上吧。

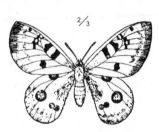

2/3

阿波羅絹蝶

第十四章

遷徙者

我曾經介紹過，在馮杜山頂海拔約一千九百公尺處，我有過這麼一次昆蟲學考察的好機會。這樣的機會如果經常出現，

毛刺砂泥蜂

並加以進行有系統的研究，就會結出豐碩的果實。不幸的是，我的觀察僅此一次而已，再也無法做進一步的研究，所以我對於這次觀察的結果尚存疑義，應當由未來的觀察者，用確定無疑的事實來代替我的揣測。

在一塊平板大石的掩護下，我發現了幾百隻毛刺砂泥蜂，幾乎像一個蜂窩裡的蜜蜂那麼密密麻麻地彼此堆在一起。一掀起石板，這一群毛茸茸的蟲子全都亂竄亂動起來，卻一點也沒打算逃跑飛走。我用兩手滿滿地捧起蟲堆，把牠們移到另一個

地方，不過沒有任何一隻顯出想拋棄夥伴的樣子。似乎有什麼共同的利益把牠們聯繫得牢不可分；如果不是大家都走，就沒有任何一隻走開。我盡可能細心地檢查牠們藏身的石板、石板下的土壤以及石板周圍的情況，但是我沒有發現任何東西可以說明，牠們這麼奇怪的團結一致究竟是什麼原因。我不知怎麼辦才好，便試圖數數這一堆裡有多少隻蟲子。就在這時候，烏雲遮住了天空，我無法再觀察下去，四周漆黑一片，那令人不安的情形，我剛才已經說過了。第一陣雨嘩啦啦地落下，在丟開砂泥蜂聚集的地方之前，我急忙把石板放回原位，把毛刺砂泥蜂再放到隱蔽所下面。我認為自己做得很對（我希望讀者也會肯定這一點），小心不讓這些被我的好奇心打擾的可憐昆蟲被傾盆大雨淋濕。

毛刺砂泥蜂在平原並不罕見，不過都是一隻隻的出現在山間小路邊或者沙坡上，有時從事挖掘豎井的工作，有時忙著搬運笨重的毛毛蟲。牠像隆格多克飛蝗泥蜂一樣獨來獨往，所以我在馮杜山接近山頂的地方，發現在同一塊石頭下聚集著如此眾多的這種膜翅目昆蟲，真是驚奇萬分。此刻展現在我眼前的，不是迄今我所知道的孤零零、一隻隻的，而是一個數目眾多的群落。現在讓我們探討一下這種聚居的可能原因。

對於膜翅目掘地蟲來說，這是十分罕見的例外。一開春，

毛刺砂泥蜂就在築巢；接近三月底，如果季節暖和，最遲至四月上旬，當蟋蟀已具成蟲形態，正在家門口痛苦地蛻掉幼蟲的皮時，當詩人們喜愛的水仙正盛開著最初的花朵，而鳥類從高高的柳樹梢發出綿長緩慢的樂聲時，毛刺砂泥蜂正忙著給牠的幼蟲挖住所，準備糧食。而其他的砂泥蜂和各種掠奪成性的膜翅目昆蟲，只在秋天進行這樣的工作，也就是在九、十月間進行。毛刺砂泥蜂的築巢日期比絕大多數膜翅目昆蟲提早六個月，這種情況立即引起了我的思考。

我尋思，這些在四月初就築巢的毛刺砂泥蜂是不是當年生的昆蟲；也就是說，這些春天的工作者，是不是在前面三個月中完成蛻變而離開了牠們的蛹室。根據一般的規則，所有掘地蟲變為成蟲、離開地下的住宅、為牠們的幼蟲籌備糧食，這一切都是在同一季節進行的。大多數擅長狩獵的膜翅目昆蟲都是在六、七月從牠們幼年時居住的地下拱廊中出來，而在以後的八、九、十月才發揮出礦工和獵人的本領。

類似的法則是不是也適用於毛刺砂泥蜂呢？牠是不是在同一季節最後變態並從事昆蟲的工作呢？這是十分可疑的，因為如果膜翅目昆蟲在三月底就忙於築巢，那牠就得在冬天，至遲二月底完成蛻變，並從蛹室中鑽出來。可是嚴寒的天氣使我們無法接受這樣的結論。當凜冽的密斯特哈風不停地呼嘯達半個

月之久，把大地凍得硬梆梆的時候，當紛飛的大雪隨著冰冷寒風而來的時候，蛹期不可能完成艱難的變態，而成蟲也不可能在這時候想到要離開蛹室這個隱蔽所。顯然必須在夏天太陽的照耀下，土地溫暖而又潤濕，成蟲才會拋棄巢窩生活。

　　如果我能夠知道毛刺砂泥蜂從牠出生的巢裡爬出來的時期，一定有很大的幫助；可是遺憾得很，我不知道。我日積月累的筆記（由於這類研究總是要取決於無法預料的機會，故不可避免有模糊混亂之處）對此沒有什麼說明，而今天看到了這問題的重要性，所以我要把各種材料湊在一起，做下面這些整理。我在筆記中找到，沙地砂泥蜂在六月五日羽化，銀色砂泥蜂在同月的二十日羽化，可是關於毛刺砂泥蜂的羽化期則完全沒有記錄。這個細節由於疏忽而沒有弄清楚。前兩種昆蟲的羽化期遵循一般的規律，成蟲是在炎熱時節出現。我根據類推的辦法，認為毛刺砂泥蜂也在同一時期破蛹而出。

　　那為什麼我們看到這種砂泥蜂，在三月底、四月初便開始築巢呢？結論是顯而易見的，這些膜翅目昆蟲並非當年的昆蟲，而是上一年羽化出來的。牠們在一般的時間從蛹室裡出來，即六、七月，過冬後，春天一到便立即築巢。總而言之，這些是過冬的昆蟲，而實驗也證實了這個結論。

各種探蜜的膜翅目昆蟲，年復一年在向陽的垂直土塊或沙塊上傳宗接代，在壁上鑿出一個個的洞，組成一個由走廊連成的迷宮，像個巨大的海綿似的。人們只要耐心尋找，在隆冬時節，差不多一定會發現毛刺砂泥蜂十分舒適地蜷縮在陽光照射的溫暖凹陷處，或者孤零零一隻，或者三、四隻一群，無所事事地等待晴朗日子的到來。在寒冷肅殺的嚴冬，當鳥和蟋蟀剛開始鳴唱時，便會見到這種優雅的膜翅目昆蟲，使山間小路的草地呈現一片生機盎然的景象。這種小小的樂趣，我只要願意，就可以盡情地享受。如果不颳風而陽光又稍微強烈些，這種怕冷的昆蟲便從隱蔽所出來，到入口處歡愉地沐浴著最溫暖的陽光；或者畏畏縮縮地冒險走到外面，一邊擦亮翅膀，同時一步步地走過海綿狀沙層的表面。灰色的小蜥蜴在太陽開始把牠的故居舊牆壁曬暖時也是如此。

但是在冬天，即使是在最保暖的隱蔽所，都完全找不到節腹泥蜂、飛蝗泥蜂、大頭泥蜂、泥蜂和其他幼蟲喜歡吃肉的膜翅目昆蟲。牠們在秋天辛勤工作之後全都死了，而在那寒冷的季節裡，牠們的種族只剩下在地穴深處冬眠的幼蟲。因此，身為極其罕有的例外，毛刺砂泥蜂是在炎熱的季節羽化，然後躲在某個溫暖的隱蔽所過冬，於是牠在一開春就出現了。

根據這些資料，且讓我們試著解釋，馮杜山頂的毛刺砂泥

蜂為何會成群聚居。這許許多多成堆的砂泥蜂隱蔽在石塊下，究竟可能做些什麼呢？牠們是打算把這裡當作過冬的大本營，蜷縮在石板下，等待適宜牠們工作的季節來臨嗎？一切跡象都顯示這是不可能的。動物並不會在八月這酷熱時分冬眠，缺乏花朵裡可吸吮的蜜汁也不能當作理由。九月的陣雨很快就要降臨，夏天暫時停止生長的植物就要再度茁壯，把田野鋪得幾乎跟春天一樣繁花似錦。對於大多數膜翅目昆蟲來說，這個時期是十分快樂的，毛刺砂泥蜂也不會在這一時期睡眠。

另外，馮杜山陡峭高聳，密斯特哈風呼嘯狂掃，有時把山毛櫸和冷杉連根拔起。山頂有六個月的時間都一直颳著凜冽的北風，把雪花吹得上下翻滾，而山峰上一年大部分時間都籠罩著寒冷雲霧。難道能夠設想，這麼熱愛陽光的昆蟲，會把這地方選作過冬的藏身地嗎？這簡直就像是要牠在北海海角的冰上過冬一樣。不，毛刺砂泥蜂過冬的地方不會是在那裡。我們看到的蜂群只不過是路過而已。稍有一點下雨的跡象（這些跡象我們看不出來，而對於大氣變化十分敏感的昆蟲卻能感覺得到），蜂群就躲到石頭下面等待雨停後再飛。牠們從哪裡來，到哪裡去呢？

主要是在八、九月這段時間裡，遷徙的鳥類從牠們原先喜愛的地方，從比我們這裡涼爽些、樹木多些、更寧靜一點的地

方，從牠們產卵的地方，一站一站地往南飛到我們這個盛產橄欖樹的炎熱地方。牠們到達的日子幾乎是固定的，先後次序一點都不會變，彷彿是由只有牠們知道的黃道吉日所指引似的。牠們在我們的平原上待那麼幾天，這是豐饒的一站，有許多昆蟲是牠們專門要吃的食物。這些鳥在我們的田裡，在犁耙耕出來的土堆裡，一塊田一塊田地搜尋著飛露出來的小蟲，這是牠們的盛宴；照這樣的吃法，牠們很快便屁股長得肥嘟嘟的，成了豐富的糧倉，身體裡面裝滿營養的儲藏品，以供未來疲乏時所需。最後，在備好旅途食物之後，牠們繼續南下，前往沒有多天、任何時候都有昆蟲的地方：西班牙和義大利南部，地中海上的島嶼，非洲。這是阿爾及利亞人進行狩獵、品嚐美味肉串的歡樂時期。

　　首先來到的是長翅百靈，我們這裡稱其為「克雷鳥」。八月剛開始，就會看到這種鳥在田裡搜索，尋找狼尾草的種子，這是對作物有害的禾本科植物。一有驚動，牠就飛走了，喉嚨裡發出刺耳的咕嚕聲，牠的普羅旺斯名字就是這種聲音的極佳模擬。過後不久來到的是黑喉石鵖，牠在原先的苜蓿地安靜地採集象鼻蟲、蝗蟲和螞蟻。隨著牠而來的，先是枝頭的貴賓，阿爾及利亞的名鳥；接著到了九月，飛來了一種鵐鳥，俗稱白尾雀，所有曾經品嚐過牠優質口感的人都讚不絕口。在馬提雅爾[1]的銘辭中受到謳歌，也是羅馬饕餮之徒所喜歡的燕雀，也

比不上白尾雀那麼美味的脂肪球；不過這白尾雀因為吃得太多，已經太肥了。這種鳥吃各種昆蟲，我收集的博物學資料中記載了牠胃裡裝的東西，其中可以找到各種幼蟲和象鼻蟲、蝗蟲、砂潛金龜、龜葉蟲、金花蟲、蟋蟀、蠼螋、螞蟻、蜘蛛、鼠婦、蝸牛、赤馬陸以及其他許許多多昆蟲。為了配合消化這些美味的食物，牠還要吃葡萄、樹莓以及血紅色的歐亞山茱萸漿果。白尾雀飛起來時那張開的白色尾羽，使牠彷彿像隻飛逸的蝴蝶。牠從一塊土地飛到另一塊土地，不停地吃著美味的食物，所以我們就知道牠為什麼長得這麼肥了。

在增肥術方面唯一超過白尾雀的，是跟牠同時遷徙，另一種愛吃昆蟲、生活在灌木叢中的鶲科鳥類。書本上的命名並不恰當，而牧人們都把這種鳥稱為「肥腿」，意指特別肥的鳥。單單這個名稱就可以徹底說明牠的基本特點了，其他任何鳥類都不像牠養得這麼肥。到了一定時候，這鳥渾身從翅膀、脖子、頭部底部全都長滿肥油，就像一小塊奶油似的。牠太愛吃象鼻蟲了，使得牠渾身長著脂肪，好不容易才從一株桑樹飛到另一株桑樹，因為太肥，牠幾乎要窒息了，便氣喘吁吁地停在濃密的樹叢中。

---

① 馬提雅爾：西元38或41～104年左右，為羅馬著名銘辭作家。——譯注

十月裡飛來了半灰半白的灰鶺鴒，胸前長著黑絨毛，大頸項，身材細長。這種體態優美的鳥擺動著尾巴，碎步蹦跳地跟著農夫，幾乎就在馬的腳下，在新開出來的田犁溝裡啄食害蟲。雲雀在接近同一時期來到，開始是一小批先遣部隊，做為偵察兵，然後無數雲雀成群結隊占有了麥田和新開墾的土地。那裡有許多狼尾草種子，是牠們平日的食物。此時在平原上，朝陽的光輝照射著，懸掛在草莖上亮晶晶的白霜和露珠，像鏡子似地放射出閃閃光芒。此時，獵人手中放出的貓頭鷹，飛了短短的距離便撲下來，又轉動那令人驚恐的眼睛，猛然往上飛起。俯衝下來的雲雀，在近距離看到那閃閃發光的犁耙或者巨大的飛鳥，十分好奇。雲雀就在那裡，在你面前十幾步遠的地方，兩爪下垂，翅膀撐開，就像聖靈的圖像那樣。就是這個時候，瞄準牠開槍吧！我祝福讀者們在這場快意的狩獵中心情舒暢愉快。

與雲雀一起來的是草地鷚，俗稱「西西」，這又是一個模仿鳥類低聲鳴叫的擬聲詞。草地鷚往往夾在雲雀群中一道飛來，沒有任何鳥會比牠更讓貓頭鷹狂熱的了，牠們會不斷擺動著翅膀，繞著貓頭鷹飛翔。別想能夠再看到這些遷徙者，牠們之中大多數只在這兒歇歇腳：這裡食物豐富，特別是昆蟲多，牠們便在這裡待上幾個星期，吃得身強力壯，渾身溜圓，然後便繼續往南飛去。另外一些鳥把我們的平原選為過冬的大本

營，因為這裡雪很罕見，甚至在嚴冬，地上也可以找到許許多多小種子。雲雀就是這樣，牠在麥田和新開墾的土地搜尋食物；草地鷚也是這樣，不過牠更喜歡苜蓿田和草地。

雲雀幾乎在整個法國都十分常見，卻不在沃克呂茲平原築巢；在這裡生活的是鳳頭百靈，也叫羽冠雲雀，牠們是馬路和養路工人的好朋友。要尋找牠所喜愛的孵卵地，用不著北上去很遠的地方，在毗鄰的德侯姆地區就有許多這種鳥的窩。所以在整個秋冬季節占領我們平原的雲雀中，很可能有許多就是從德侯姆南下的，而不是從更遠的地方飛來。牠們只要從鄰區遷徙，就可以找到沒有雪的平原，也有把握找到小種子可吃了。

在我看來，接近馮杜山頂處之所以會發現砂泥蜂群，就是由於與此相似的短距離遷徙。我已經確定，這種膜翅目昆蟲是以成蟲的形態，躲在某個隱蔽所中過冬，等待四月到來便開始築巢。牠們跟雲雀一樣，也要預防寒霜季節。牠們不怕缺乏食物，因為牠不吃東西也可以堅持到鮮花開放的時節，但牠是那麼怕冷，至少需要防備致命的嚴寒，所以必須逃離土地冰凍三尺、漫天大雪的地方。牠們像鳥類一樣，成群結隊遷徙，翻山越嶺，到古老的城牆和被南方太陽曬熱的沙灘上尋找住所。冬天過後，這群昆蟲全部或者部分又回到牠們來的地方，而這就是為什麼在馮杜山見到砂泥蜂群的緣故。這是一群遷徙的部

落，牠們來自於寒冷的侯姆地區，為了往南飛到生長橄欖樹的炎熱平原去，他們越過了土魯宏克深深的大峽谷，可是突然遇到大雨，便在山頂暫時歇腳。由此看來，毛刺砂泥蜂為了避寒，不得不進行遷徙。當小鳥旅行的時候，毛刺砂泥蜂的隊伍也開始行走，牠也將從比較冷的地方旅行到比較熱的地方去。穿過幾道峽谷，越過幾道山嶺，便會飛到牠要去的地區了。

七星瓢蟲

關於昆蟲異乎尋常地聚居在高地，我曾收集到另外兩個例子。我在十月發現，馮杜山頂的小教堂上蓋滿了俗稱為「慈悲蟲」的七星瓢蟲。小教堂屋頂有多少塊石板，這些昆蟲在石頭上便堆積成多少面牆壁，牠們彼此間這麼緊密地擠在一起，使得那粗陋的建築物在幾步路外看起來就像個珊瑚球。我不敢估計在那裡聚會、如恆河沙數般的七星瓢蟲有多少。這些吃蚜蟲的昆蟲被吸引到海拔幾乎達到兩千公尺的馮杜山頂上來，絕不是因為食物的緣故。這裡的植物太貧乏了，而蚜蟲是絕不會冒險到這麼高的地方來的。

另一次在六月，在馮杜山附近海拔七百三十四公尺的聖達蒙高原上，我看到了類似的集結，不過數目少得多。在高原最高處，在懸崖的陡壁邊上，豎立一個以砌石為底座的十字架。正是在這底座的各面和基石上，跟馮杜山上相同的七星瓢蟲成

群聚集在一起。這些蟲子大部分一動也不動，但只要是陽光強烈的地方，新來的昆蟲和原先占有位置的蟲子，在那臨時的聖壇上總是在不斷地交換位置，原先的占有者如果被擠走，過一會兒會再回來。

聖達蒙高原跟馮杜山一樣，沒有任何現象能夠告訴我，在這乾旱的土地上，既沒有蚜蟲又沒有任何東西吸引七星瓢蟲，為什麼昆蟲會這麼奇怪地聚集在一起？也沒有任何現象能夠告訴我，在高山的砌石工程上，眾多昆蟲的這種聚會，究竟秘密何在？還有沒有別的昆蟲遷徙的例子呢？有沒有昆蟲像燕子一樣，在出發之前，大家聚集在一起呢？這裡是不是會合點，成群結隊的七星瓢蟲要從這裡前往食物更豐富的地方呢？這是很可能的，不過也相當奇特。

七星瓢蟲向來就以不喜旅行而著稱。當我們看到牠殘殺薔薇花上的綠色小蟲和蠶豆上的黑色小蟲時，我們絕對會認為牠是喜歡家居、不愛外出的；可是牠們卻以短短的翅膀，成千上萬地飛到馮杜山頂開個全體大會，而甚至雨燕也只是在極端狂熱的情況下才會飛到那裡去。牠們為什麼在這麼高的地方聚會呢？為什麼這麼喜歡棲息在堆砌起來的石頭上呢？

第十五章

砂泥蜂

　　身材纖細，體態輕盈，腹部末端非常細窄，像一根細線似地繫在身上，身穿黑色服裝，肚子上飾有紅色披巾，這便是砂泥蜂①簡要的體貌特徵。牠們的形狀和顏色接近飛蝗泥蜂，而習性卻大不相同。飛蝗泥蜂捕捉直翅目昆蟲，包括蝗蟲、短翅螽斯、蟋蟀，而砂泥蜂則以毛毛蟲為野味。只因為獵物變了，便使牠們在本能的捕殺戰術上採取了不同的新手段。

　　砂泥蜂這個詞聽起來不太順耳，所以我想來挑剔挑剔。牠名字的原意是「沙之友」，不過這個術語太過狹義，而且通常不太正確。沙的真正朋友，乾燥的、粉狀的、流動的沙的真正朋友，是捕捉蒼蠅的泥蜂，而我在這裡打算介紹的毛毛蟲捕捉

---

① 砂泥蜂：或稱長腰穴蜂。——編注

柔絲砂泥蜂

者，根本就不喜歡流動的純沙；牠們甚至要逃避這種流沙，因為只要稍微一碰，這樣的沙就會坍塌。把食物和卵放到蜂房裡以前，牠們的豎井應該一直暢通無阻，所以挖掘豎井的地方必須比較堅實，免得時候未到，井就被堵住了。牠們需要一塊容易挖掘的鬆土，這種地方的沙子用一點黏土和石灰就能黏牢。山間小路邊，長著稀疏草皮的向陽斜坡，這才是牠們喜愛的地方。在這些地方，春天，一到四月初，就有毛刺砂泥蜂了；而當九、十月來到時，則會找到沙地砂泥蜂、銀色砂泥蜂和柔絲砂泥蜂。我把這四種砂泥蜂所提供的資料加以綜述。

這四種砂泥蜂所築的地穴都是鑽出一個垂直的洞，像井似的，內徑至多有一根粗鵝毛管粗，深約五公分。底部是蜂房，蜂房向來只有一間，只比進入蜂房的豎井稍大一點而已。總之，這是一個完全不起眼的住宅，不需費多少力氣就能一次挖好，而幼蟲只是靠牠那像飛蝗泥蜂一樣有四層殼的蛹室，在裡面禦寒、過冬。砂泥蜂獨自進行挖掘工程，安安靜靜，不慌不忙，也沒有熱烈的幹勁。牠用前跗節當作耙，而用大顎當作挖掘的工具。如果某顆沙粒很難拔出來，昆蟲的翅膀和整個身體就開始振動，我們便會聽到從井底響起尖銳的沙沙聲，彷彿牠

在使勁吶喊。每每間隔不長的時間，牠就出現在地面上，牙齒咬著挖出來的一粒沙礫，飛起來，把它扔到遠一點的地方，免得阻塞現場。由於形狀和體積的關係，有些挖出來的沙礫似乎特別值得注意，至少砂泥蜂沒有把它們扔到遠離工地的地方，而是用腳來搬運，放到井的旁邊。這些是優質的材料，是現成的礫石，以後要用它們來封閉住所。

外部工程進行得審慎而且非常認真。砂泥蜂身子翹得高高的，腹部掛在一條長長的肉莖末端，牠翻轉身子時，要整個掉頭轉過來，簡直就像線的一頭釘住、另一頭轉過來那樣精確。如果牠必須把牠認為礙事的碎屑扔到遠處，便一聲不吭地一小塊一小塊地扔，而且往往是倒退著扔。砂泥蜂的頭總是最後從豎井裡出來，牠這麼做，大概是為了避免翻轉身體以節省時間。這種像自動裝置的呆板動作，腹部長了肉莖的砂地砂泥蜂和柔絲砂泥蜂做起來最一絲不苟。由於腹部鼓得像梨子一樣大，又像吊在一根帶子末端一樣，因此這種翻轉動作很難控制，動作猛了一點就會把細細的肉莖弄斷。所以，這些砂泥蜂走起路來動作十分精確，如果牠們需要飛，便倒退著飛，以免老是要整個掉頭翻身。相反的，毛刺砂泥蜂的腹部肉莖短，因此在挖地穴時像大部分掘地蟲一樣，動作瀟灑敏捷，行動很自由，因為沒有肚子這個障礙。

住宅挖好了。到了晚上，甚至只要陽光一離開剛挖好洞的地方，砂泥蜂一定會到挖掘過程中儲存下來的小礫石堆巡視一番，選一塊中意的石子；如果找不到滿意的石子，就到附近去找，總是很快就能找到。牠會找一塊平坦的小石頭，直徑比井口略大一點。牠用大顎把石板搬運回來，暫時蓋在洞口上。這扇實心的門使牠的住所不會受到侵犯。明天，當陽光普照著附近的斜坡，四處溫暖便於捕獵時，昆蟲一定能夠找回到牠的巢來；牠會咬著一條被麻痺的毛毛蟲，咬著牠頸子上的皮，用腳把毛毛蟲拖回這裡來。然後牠掀開石板（這石板跟周圍的小石子完全一樣，不過只有牠知道究竟區別在哪裡），把獵物放進井底，把卵產下，再把留在附近的殘屑掃進豎井裡，最後才把住所永遠封閉起來。

我好幾次看到，當太陽下山或者時間太晚，不得不將儲備糧食的工作延到第二天進行時，沙地砂泥蜂和銀色砂泥蜂便暫時把地穴封閉起來。牠們把住所封住，我也只好把觀察延到第二天。不過我先把這地方畫了個圖，選好標線和基準點，插幾根樹枝做爲標竿，以便在豎井填滿後能夠找得到。因爲，如果我第二天沒有一大早就來，膜翅目昆蟲得以好好利用大白天的時間，那麼找到的地穴總是已經封好且儲備好糧食了。

昆蟲的記憶力眞令人嘆爲觀止。牠工作得晚了，把剩下的

工作放到明天做，可是牠不會在剛剛挖的屋子裡過夜；相反的，牠離開這個新家，用一塊小石頭蓋住井口，然後走開了。牠對這地方並不熟悉，甚至也不了解其他任何地方，因為砂泥蜂跟隆格多克飛蝗泥蜂一樣隨意走著，把卵產在各處。牠偶然走到一個地方，如果喜歡這裡的土壤，便在該處挖出洞來。然而昆蟲走到哪裡去？誰知道呢，也許到附近的花朵上去。在那裡，在暮靄沈沈中，牠將在花冠裡舔一滴蜜汁；就像我們的礦工一樣，在黑暗的坑道裡辛勤工作之後，晚上總要喝一瓶酒來恢復體力。昆蟲離開了，走得或遠或近，一站站地走到花窖裡去。度過了傍晚、夜間、清晨之後，牠必須回到地穴去完成工程；牠昨夜從一朵花飛到另一朵花暢飲，早晨又來回走動進行捕獵，現在牠必須回到地穴去。胡蜂能夠回到自己的窩，蜜蜂回到自己的蜂箱，這一點都不會令我感到驚訝。這些窩和蜂箱是永久性的住宅，由於長期往返，路都已熟悉了；可是砂泥蜂對巢穴一點也不熟悉，卻在離開那麼久之後還要回到地穴去。牠挖的豎井位於昨天才經過的、也許是第一次經過的地方，而牠今天必須再到那裡去，不過牠現在根本已經分不清方向了，何況還有獵物的沈重累贅。然而，牠對於地形卻記得清清楚楚，有時甚至精確得令我讚嘆不已。昆蟲向牠的地穴直奔而去，彷彿附近的小路已經走過千百次似的。

有的時候，牠猶豫很久，尋找了許多次。如果困難重重，

獵物的重擔會妨礙匆匆忙忙的搜索，牠便把獵物放在高處，放在一叢百里香上，或放在一束草莖上，過一會兒再來找時可以看得很清楚。於是，砂泥蜂可以輕鬆地繼續積極尋找。我隨著昆蟲走過的地方，用鉛筆畫出牠走的路線的草圖。從畫出來的圖可以看出，這是一條非常凌亂的線，有弧線和銳角，有凹曲的支線和輻射的支線，反反覆覆地打結、畫圈、交叉，總之是個真正的迷宮。這路線是那麼複雜，說明了迷路的昆蟲心中困惑不安，不知所措。找到豎井之後，石板也掀了起來，再回到毛毛蟲那裡去；可是如果昆蟲迷路了，來來去去走太多次，要回到毛毛蟲那裡得要大費周章。雖然砂泥蜂把獵物放在可以方便看到的地方，但是，牠似乎可以預見，當牠要把獵物拖到住所去時，要再找到這獵物會有麻煩。所以，如果尋找住所的時間拖得太久，牠會突然中斷探索，回到毛毛蟲那裡去，摸一摸、咬一咬，好像是為了證實牠的獵物、牠的財產還在，然後又急急忙忙奔到搜索的地點，搜尋一會兒，再次放棄搜索，又去看看獵物，再第三次去搜索。我認為牠這樣一再回到毛毛蟲那裡去，是使自己記住存放地點的一個辦法。

如果路線十分複雜，牠就必須這樣行事；但是在一般情況下，昆蟲可以輕而易舉地回到牠昨天挖的豎井。不過，牠先前沒有到過這個地點，而是隨心所欲，走到哪裡便挖到哪裡。牠把這地點記在腦海裡，指引自己的行動，我下面將要敘述牠那

記憶力發揮了多麼令人嘆為觀止的作用。至於我自己，要想第二天再找到用小石片遮蓋住的豎井，可不敢只靠我的記憶力。我必須用筆記下來，畫個草圖，標明走向，豎立標樁，總之需要一整套詳細的地理學資訊。

　　沙地砂泥蜂和銀色砂泥蜂用石板把地穴暫時封起來的辦法，其他兩種砂泥蜂似乎不會。至少我從未見到牠們的住所用蓋子加以保護。而毛刺砂泥蜂根本就不要這種暫時封閉物，據我所見，毛刺砂泥蜂是先捕獵食物，然後在捕獵地點不遠處挖洞，這樣大概就可以立即把食物儲存起來，不需費力蓋上蓋子了。至於柔絲砂泥蜂不會使用暫時封閉物，我猜想是出於另一種原因。其他三種泥蜂在每個地穴裡只放一隻毛毛蟲，而柔絲砂泥蜂放的毛毛蟲多達五隻，不過體積小得多。就像我們忘記要把經常開的門關上一樣，柔絲砂泥蜂或許也忘記要把石板蓋在豎井上，因為在短短的時間內，牠至少要下降到井裡五次。

尺蠖

　　這四種砂泥蜂為牠們的幼蟲準備的口糧都是夜蛾的幼蟲。柔絲砂泥蜂通常選擇體型長而細，靠身體的弓縮和伸直來走路的幼蟲，不過當然不見得非此不可。這種幼蟲走路時像圓規似的一開一合，人們稱之為「尺蠖」。同一個巢裡會存放顏色非常

不一樣的食物，這證明不管哪種尺蠖，只要個子小，柔絲砂泥蜂就看得上，因爲獵人本身就小，儘管準備了五條毛毛蟲作爲食物，牠的幼蟲大概也不會吃得非常多。如果沒有尺蠖，柔絲砂泥蜂就捕捉其他種類的小不點毛毛蟲。被麻醉針螫刺的尺蠖蜷成一團，這五條蟲便被疊放在蜂房裡。所需的食物準備好了，卵便產在最後一條蟲上。

其他三種砂泥蜂只給每隻幼蟲一條毛毛蟲。不過這些毛毛蟲以其體積彌補了數量上的不足。獵物肥胖豐滿，可以充分滿足幼蟲的食慾。我曾經從沙地砂泥蜂的嘴裡拿走一隻比獵人重十五倍的毛毛蟲；十五倍呢，獵手咬著這種獵物的頸部皮膚，要克服地面上的萬般困難把獵物拖回去，不知要花多大的力氣，光用想像就會知道，「十五倍」眞是個了不起的數字。任何其他膜翅目昆蟲跟獵物一起放到磅秤上，掠奪者和戰利品之間沒有這麼不成比例的。從地穴裡挖出來的食物，或者從砂泥蜂腳下看到的食物，顏色千變萬化，這證明了三種掠奪者對獵物並沒有任何特別的偏愛，見到什麼毛毛蟲便逮住，只要毛毛蟲身材適合，不太大也不太小，而且屬於夜蛾一類就行了。最常見到的獵物是身著灰色衣服、在淺淺的土下面吃著植物根莖的毛毛蟲。

3/4

夜蛾幼蟲

　　在砂泥蜂的故事占據主要地位、特別引起我的興趣的是，為了幼蟲的安全，牠到底採取什麼方式制伏獵物，使之處於無法傷人的狀態。就身體構造來說，牠所捕捉的獵物的確與我們迄今所見到的犧牲品如吉丁蟲、象鼻蟲、蝗蟲、短翅螽斯都十分不同。毛毛蟲由一連串類似的環或體節組成，其中前三個環都有真正的腳，這些腳在未來便是夜蛾的腳；其他的環上有膜狀的腳，或可說是假腳，這些腳只有毛毛蟲才有，夜蛾沒有；另外一些環則沒有腳。每個環都有神經核或稱神經節，是產生感覺和發出動作的中樞；於是，不包括頭顱裡類似大腦的神經圈，神經系統就有十二個彼此隔開、不同的中心。

　　這跟象鼻蟲和吉丁蟲的神經集中，只要刺一下就可以全身麻醉的情況大不相同，而飛蝗泥蜂只刺傷蟋蟀的胸部神經節便可以使牠無法活動的情況，也與此大不相同。夜蛾的毛毛蟲不是只有一個神經集中點，也不是只有三個神經中樞，而是有十二個因體節相隔而彼此分隔開來的神經節，這些神經節在腹部那一面，在身體的中線上，像念珠似的排列著。另外，在低等生物中，同一器官大量重複，因太過散亂而失去了力量，這已成為普遍的法則；這些各式各樣的神經核彼此具有相當大的獨立性，每個神經核會控制受其影響的那個體節，其相鄰節段功能的紊亂只是緩慢地影響到這一節段。即使毛毛蟲的一個體節

失去了活動和敏感性，其他的體節仍能保持完好無損，長時間仍然活動自如，也有感覺。這些情況足以說明，這種膜翅目昆蟲面對獵物所採取的獵殺手段，具有高度的研究價值。

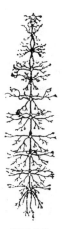

毛毛蟲的
神經系統

雖然研究價值大，但是觀察的困難度卻不小。砂泥蜂鬱鬱寡歡的習性，使牠們每一隻散居在廣闊的地方，而且幾乎總是偶然間遇到。這一切使我們不太可能像對隆格多克飛蝗泥蜂那樣，進行預先籌劃好的實驗。我們必須長時間窺伺時機，要有不折不撓的耐心持續等待，而當你根本不再想它，卻有機會來臨時，必須善於即時利用此時機。這個機會，我年復一年地等待著；然後，有一天機會出現在我眼前，觀察起來十分容易，看到的細節十分清楚，這對我的長時間等待真是一個補償。

我剛開始研究時，曾經兩次目睹殘害毛毛蟲的情形，雖然動作迅速，我卻看到砂泥蜂的螫針刺在獵物的第五或者第六體節上，而且一螫便大功告成了。為了證實這個觀察結果，我產生了這種想法：掠奪者正忙於把毛毛蟲拖到地穴去，我沒有親眼看到螫刺過程，應從掠奪者那裡把毛毛蟲偷來，看看究竟刺在哪個節段上；可是我不應求助於放大鏡，因為不管用哪一種

放大鏡，在犧牲品身上都找不到任何一點受傷的痕跡。我使用的辦法是這樣的，毛毛蟲非常安靜，我用一根細針尖探測每一個體節，於是可以從昆蟲所顯示的疼痛跡象來測量敏感程度。針尖刺進第五或者第六體節，甚至整個戳穿，毛毛蟲一動也不動，而如果刺到這個無感覺節段的前面或者後面，只要輕輕地刺一秒鐘，牠便扭曲著身子不斷掙扎；刺的節段離第五、六節越遠，掙扎得越用力。特別是靠近後部末端處，只要稍微碰一碰，毛毛蟲就會亂動亂扭。可見，砂泥蜂只螫刺一次，受到螫刺的是第五或者第六體節。

現在，為了使毛毛蟲無法逃走，為了使牠一動也不動，砂泥蜂是否把螫針刺到全部八個具有運動器官的每個體節呢？對於非常柔弱的小不點獵物，牠要不要特別採取這種過當的預防措施呢？當然不需要，螫針只要刺一下就夠了；不過螫針要刺在中心點上，毒液所導致的麻痺會在最短時間內，從該處逐步擴散到有腳的體節。所以為了進行這唯一一次的注射，毋庸置疑，應該螫刺在兩組運動體節分開來的第五或第六節段處。合理推斷所指出的螫刺點，也就是昆蟲所採用的螫刺點。

最後我要指出，砂泥蜂的卵一定產在失去感覺的那個體節上。在這個部位，而且只有在這個部位，小幼蟲可以啃咬獵物，而不會引起獵物扭曲身子，也就不會傷害到自己；在那

裡，毒針的螫刺不會使獵物產生任何反應，幼蟲的啃咬也不會使牠產生進一步的反應。獵物就這樣一動也不動，最後，嬰兒有力氣了，可以往前進攻而不會發生危險。

在我後來的研究中，多次的觀察使我產生疑問，不是針對我得到的觀察結果，而是這些觀察結果的普遍延伸。一些弱小的尺蠖或體型小的毛毛蟲，只要刺一下就變得沒有傷害能力，尤其當螫針刺在先前所確定的部位時更是如此，這是自然而然、非常可能的事，而且不管是直接的觀察還是用針來探測牠的敏感性，都已經證明了這一點。可是，沙地砂泥蜂甚至毛刺砂泥蜂所捕捉的獵物，身體十分巨大，其重量，我曾說過，達到掠奪者的十五倍。處理這種龐大獵物的方式，跟處理纖弱的尺蠖的方式是否一樣呢？為了制伏龐然大物，使牠無法傷害幼蟲，只刺一針夠嗎？這可怕的灰毛蟲如果用牠那強有力的臀部衝撞蜂房的牆壁，難道不會使卵或者小幼蟲有危險嗎？剛剛孵化出來的小生命，跟這隻還可以自如地捲起、伸直牠那彎彎曲曲身子的巨龍，兩者面對面地待在地穴狹窄的房間裡，真不敢想像會發生什麼事。

而檢查過毛毛蟲的敏感性後，我對此更加懷疑。當膜翅目昆蟲的螫針刺到不是平常所刺的體節時，柔絲砂泥蜂和銀色砂泥蜂的小獵物便激烈地掙扎著；而沙地砂泥蜂，尤其是毛刺砂

泥蜂的肥大毛毛蟲，不管被刺到哪裡，刺在中間、前面、後面、隨便什麼地方，都一動也不動。牠們身體沒有扭曲，尾部沒有突然往上捲，鋼針只是引起皮膚輕微的顫動，表示毛毛蟲還有一點感覺。用這種龐大的獵物來餵養幼蟲，為了保護幼蟲的安全，就必須使獵物完全不能動彈，沒有感覺能力。在把獵物送進地穴之前，砂泥蜂已使這團東西失去活力，但牠並沒有死去。

我曾經有機會看到砂泥蜂用牠的手術刀給粗壯的毛毛蟲動手術。我跟我的一個朋友（唉，可惜他不久後就去世了）一起從翁格勒高原下來，設置捕捉聖甲蟲的陷阱，來考驗牠們的智慧。這時，一隻毛刺砂泥蜂突然出現在我們眼前，牠在一叢百里香下非常忙碌地工作。我們倆立即在工作中的膜翅目昆蟲附近趴下來。昆蟲並沒有因我們的出現而被嚇到，牠到我的袖子上歇了一會兒，看到牠這兩個鄰居一動也不動，認為對自己不會有害，便回到百里香下面。我們是老相識了，我知道這樣大膽的親密關係意味著什麼：膜翅目昆蟲正忙著某種重要的事情。讓我們等著瞧吧，馬上就會看到究竟是怎麼回事了。

砂泥蜂扒著百里香根莖處的土，拔出植物細細的側莖，把頭鑽到掀起來的小土塊下面。牠匆匆忙忙地環繞在百里香周圍，一會兒跑到這裡，一會兒跑到那裡，檢查所有能夠使牠鑽

進灌木下面的裂縫。牠並不是在挖掘住宅，而是在捕獵某種住在地下的獵物；看到牠那樣的動作，我們就會想起一條正把兔子趕出窩的狗。果然，一條肥大的灰毛蟲不知道頭頂上發生什麼事，心裡焦慮不安，而砂泥蜂又追捕得越來越近，便決心離開地下室爬到地上來。這下牠完蛋了，獵人立即撲上來，抓住牠後頸的皮，不管牠怎麼掙扎都牢牢地抓住。砂泥蜂騎在這龐然大物的背上，翹起腹部，就像一個對患者的解剖學結構瞭如指掌的外科醫師一樣，有條不紊、不慌不忙地拿著手術刀，在受害者的腹部那一面，從第一個體節到最後一個體節都刺了一下。每一個體節都刺到；不管這體節上有沒有腳都要刺，而且按照順序，從前到後地依序刺下來。

這便是我所看到的情況，而且是在安閒自在、十分方便的情形下看到的，觀察要做到無可批評就要有這樣的條件。膜翅目昆蟲的動作精確得連科學家也會豔羨不已，牠知道人類大概永遠都不會知道的事情。牠對獵物的神經器官有完整的了解，毛毛蟲有多少個神經節，牠便刺多少下。我剛才說，牠知道並了解；我應該說，牠行事就好像牠知道並了解一樣。牠的行為完全受到天啟，昆蟲根本不知道牠自己在做什麼，而是服從推動著牠的本能。但是這種至高無上的天啟是從哪裡來的呢？遺傳論、行為選擇、生存競爭，這些理論能夠對此做出合理的解釋嗎？在我和我的朋友看來，不管是過去還是現在，要解釋難

第十六章

泥蜂

　　離亞維農不遠處，在隆河右岸，面對著杜宏斯河口，有我喜歡的一個觀察點，這就是伊薩爾森林。千萬不要誤解了這個詞的意義，森林這個詞通常讓人想到鋪著一層清涼青苔地毯的土壤，想到覆蓋著一、兩百年樹齡的喬木林，朦朦朧朧的陽光從樹葉縫間透射進來。然而，在熾熱的平原上，只能聽見蟬在稀疏的橄欖樹上聒噪，根本找不到樹影婆娑、涼氣襲人的宜人隱蔽所。伊薩爾森林有的只是一人高的綠色矮橡樹林，樹叢稀疏，樹蔭幾乎無法消減太陽的暑氣。在七、八月的盛夏裡，我好幾個下午坐在矮林中便於觀察的地方時，只能躲在一把大傘下，這把傘以後居然還在別的方面給了我非常寶貴的幫助，適當的時候我會在故事裡提及。如果我沒有帶這把走遠路很累贅的傘，那麼抵禦太陽的唯一辦法就是直挺挺地躺在某個沙丘後面，而當太陽穴被曬得血管都脹鼓起來的時候，就只好把頭躲

在兔子窩的入口處。這就是在伊薩爾森林的納涼辦法。

　　地面長不出木質植物叢，幾乎是寸草不生，覆蓋著流動性非常大、乾乾的細沙，在有綠色橡樹樹根和樹椿擋住的地方，風把沙堆成了小沙丘。由於沙的流動性很大，稍有下陷便塌落下來，表面自動恢復勻稱，沙丘的斜面通常很平整。只要把手指插進沙裡再拔出來，沙就立即坍塌，填平凹處，沙面就恢復到原先的樣子而沒有任何痕跡。不過在一定的深度，根據最近下雨時間的遠近，沙還有點潮濕，還黏在一起，有一定的黏稠度，可以挖個小洞而洞壁和洞頂不會塌下來。陽光灼熱，晴空萬里，膜翅目昆蟲的耙子一耙，沙坡就輕易地塌下來，加上此地野味豐富可做幼蟲的食物，而且幾乎從來沒有行人的腳步打亂這地方的安靜。泥蜂在這塊樂土上真是萬事俱備了。讓我們看看這種靈巧昆蟲的作品吧。

鐵爪泥蜂

　　如果讀者願意跟我一道坐在傘下或者利用我的兔子窩，那麼他就會看到七月末的這種場面。一隻鐵爪泥蜂不知從什麼地方突然飛來，事先不加探索，便毫不猶豫地落在一個地方；在我看來，那裡與沙地的其他地方沒有任何不同。牠用那長著一排排強有力的纖毛，像掃把、像毛刷、又像釘耙的前腳，

挖掘牠的地下室。昆蟲靠後面的四隻腳支撐著,最後那兩隻腳
稍微叉開些;前腳交替耙著、掃著流動的沙。即使跗節的關節
靠彈簧來帶動,動作也沒有這麼精確而迅速。沙從肚子下往後
甩,從拱形的後腳下穿過,噴射出的沙柱像連續不斷的涓涓細
流,劃了一道拋物線,落到兩公尺遠的地方。在長達五到十分
鐘內,拋射出來的沙一直非常密集,充分說明工作速度快得驚
人。我無法舉出其他動作如此敏捷的例子,而這種敏捷卻完全
不影響昆蟲動作的輕鬆優美、進退自如,牠往這邊進進退退,
然後又往那邊進進退退,沙柱的拋物線始終不斷。

　　挖掘的地方非常疏鬆。膜翅目昆蟲一邊挖,旁邊的沙一邊
塌下來把洞填滿。在塌落的沙中還有細木屑、爛葉根、比沙稍
微大些的石粒。泥蜂後退著用大顎把這些東西搬到遠一點的地
方,然後回來把洞掃乾淨,不過總是挖得不深,而且牠也不想
深入到地底去。牠完全在地面工作的目的何在呢?剛開始只是
看這麼一眼是不可能找到答案的,但是我跟這些親愛的膜翅目
昆蟲在一起度過了幾天的時間,我把觀察到的零散記錄集中起
來之後,我認為我已經依稀看到牠做這些工作的動機。

　　這種膜翅目昆蟲的巢一定在那裡,在地下幾法寸深處,挖
在新鮮且固定的沙堆中。小窩裡有一個卵,也許有一隻幼蟲,
母親每天餵蠅類給牠吃。蠅類是泥蜂幼年時期永遠不變的食

物，而母親應當能夠隨時用腳抱著幼兒的口糧飛進這個窩，就像猛禽爪上抓著麑鹿、野豬這些美味進入牠的巢穴給幼禽吃一樣。但是猛禽要返回建在某個無法進入的突岩上的巢，除了捕獲的獵物太重或搬動不便外，沒有別的困難；但是泥蜂要進牠的窩，卻必須每次都進行如礦工般的艱苦工作，重新開關坑道，因爲隨著昆蟲的往前進入，沙就會塌下來，於是坑道就自動堵塞住了。在這地下住所裡，有一個房間的洞壁不會塌落，那就是幼蟲居住的寬敞蜂房，這蜂房正位於牠享受半個月盛宴所排出來的排泄物中間。母親要走進位於盡頭的房間或者出去打獵，都得走過狹窄的前廳，而前廳每一次都會坍塌下來；牠至少得挖開乾燥沙子裡的坑道，這部分由於一再進進出出會變得更加鬆軟。因此，膜翅目昆蟲每次進去和出來，都得在坍塌物中爲自己開闢一條通道。

爬出來沒什麼困難，即使是第一次破沙而出也是如此。沙子起初可能稍微堅固些，昆蟲還可以活動自如，因此在遮蔽物下是安全的，牠可以從從容容、不慌不忙地使用牠的跗節和大顎。爬回去就完全不是那麼一回事了，泥蜂前腳抱著獵物緊貼在肚子上很不方便，礦工無法自由使用牠的工具；更嚴重的情況是，一些無恥的寄生蟲是眞正的強盜，牠們埋伏躲在窩的四周，等待母親千辛萬苦返回巢穴時，就在牠即將消失於坑道裡的那一刻，寄生蟲匆忙把卵產在獵物身上。如果強盜得逞了，

那麼，膜翅目昆蟲的幼兒，這一家的子女，就會因這些貪食的共棲者而餓死。泥蜂似乎了解這種危險，所以採取了一些預防措施，以便在沒有嚴重障礙的時機迅速回到窩裡去。只要頭一拱，加上前腳迅速一掃，就可以扒開堵住門口的沙。為此，泥蜂對用於住所四周的材料做了篩選。空閒時，在陽光適宜、幼蟲有充裕食物，無需牠照料的情況下，母親便耙耙門的前面；由於牠進家門時危機四伏，於是事先把可能橫在通道上堵塞通路的細木屑、過大的礫石、樹葉剔除掉。我們剛才看到牠如此熱情地工作，就是在做這樣的篩選工作。為了能夠更方便地進入地穴中，牠把前廳的材料都搜索一遍，把一切妨礙走路的東西挑出來清除掉。昆蟲正是透過牠那敏捷的動作和愉快的活動，以自己的方式來表達牠身為母親的滿足感，來表示牠因為能夠照顧牠那個珍藏著卵的家而感到幸福。

既然這種膜翅目昆蟲只是整頓家門的外部，不打算進到大廳裡去，而且屋裡一切都井然有序，那就沒有什麼好著急的。我們一無所獲地等待著，這時候昆蟲可能不會再告訴我們其他的事情了。那麼讓我們察看察看地下的住所吧。我們在泥蜂喜歡待的地方用刀輕輕刮著沙丘，很快便會發現入口處的前廳全被堵住了，不過裡頭有一段通道，從材料翻攪過的特別樣子，仍然可以辨認出來。這通道的內徑有指頭那麼粗，根據土壤的性質和地形的起伏，或筆直或彎曲，或長或短，有二、三十公

分長，通到那在清涼的沙中挖出來的唯一房間，房間四壁並沒
有塗上砂漿，用以預防坍塌或使粗糙表面變得光滑。只要在飼
養幼蟲期間，屋頂不塌下來就足夠了；當幼蟲已經裝到像保險
箱似的、結實的蛹室裡以後，管他將來會不會坍塌呢。我們稍
後會看到幼蟲如何製作蛹室。蜂房的工程再簡陋不過了，全部
工程只是馬馬虎虎地挖一下，沒有一定的形狀，天花板很低，
大約是能夠放下兩、三顆核桃的容量。

叉葉麗蠅

泥蜂在隱蔽所裡只放著一隻獵物，只
有一隻，非常小，根本不夠貪吃的幼蟲食
用。這是一隻金綠色的蠅類，吃腐爛肉類
的叉葉麗蠅。這種用來當作飼料的雙翅目
昆蟲，動也不動地躺在那裡，牠是完全死
了嗎？牠只是被麻醉嗎？這個問題以後會
搞清楚的，眼前我們看到獵物的側面，這裡有一個稍微彎曲的
白色圓柱形的卵，兩公釐長。這是泥蜂的卵。正如我們根據母
親的行為能夠預見的情形，住所裡的確沒有什麼緊迫的事。卵
已經產下，幼蟲將在二十四小時後孵化出來，而母親已經根據
柔弱幼蟲的需要，按比例準備好糧食。在一段時間內，母親都
不會再回到窩裡去，牠只是在周圍守護著，或者去挖另一個窩
以繼續產卵。牠產下一個卵後再產另一個卵，每個卵都產在單
獨的蜂房裡。

　　這種最初只以一隻小小的獵物當作糧食的特點，並不是帶口器的泥蜂所特有的，其他各類泥蜂都一樣。我們打開任意一種剛產卵不久的泥蜂的窩，總會看到卵緊緊黏在一隻雙翅目昆蟲的肋部，這麼一隻就足夠了；另外，這種初生兒的口糧總是個子小小的，看來母親為牠嬌弱的嬰兒儘是找些柔嫩的食物。不過，牠這麼選擇也許是出於另一種動機：提供新鮮的食物。這一點以後將詳細討論。上桌的第一道菜總是不太豐盛，而且菜的性質還根據蜂巢附近獵物常不常見而改變。有時是隻叉葉麗蠅，有時是廄蠅或者某種鼠尾蛆，有時是只穿著黑毛絨布衣、嬌弱的蜂虻；但最常見的是細肚子的斐洛福尼蠅。

　　只為卵準備一隻雙翅目昆蟲做為糧食，對於食慾貪婪的幼蟲來說絕對是不夠的。這樣常見的事實已經使我們看到了泥蜂最突出的習性。膜翅目昆蟲把幼蟲賴以維生的食物堆放在每個蜂房裡，其數目足夠整個幼蟲時期之所需；牠們把卵產在一隻獵物上，把住所封閉起來，然後就再也不回來了。之後，幼蟲孵化出來了，孤零零地獨自發育著，牠一眼就能看到面前那一堆為牠準備好的食物。但這個程序卻不適合泥蜂。蜂房裡剛開始放著一隻野味，永遠只有一隻，體積很小，卵就產在那上面。這件事完成後，母親便離開地穴，而地穴會自動封閉；不過在走開之前，母親總是細心地把洞外的地面耙得平平整整的，以便除了牠之外，任何人都看不出洞口在哪裡。

　　兩、三天過去，孵化的小幼蟲吃著已經準備好的優質食物。在這期間母親就待在附近，我們看到牠時而舔著瘦姬蜂頭上滲出的甜汁，時而愉快地躺在熾熱的沙上，無疑正擔負著住所周圍的警戒任務。有時牠回來篩選洞口的沙，然後飛走了；也許牠忙著去挖另外一些蜂房，並以同樣的方式儲備食糧。但是不管飛走多久，牠都不會忘記小幼蟲，因為牠為幼蟲準備的食物是非常精打細算的。母親的本能告訴牠，嬰兒什麼時候口糧吃完了，需要新的食物，於是牠便回到窩裡。牠知道如何找到看不出來的洞口，這實在令人非常佩服。這一次牠抱著大一點的獵物進入地下，把獵物放下後又離開住所，在屋外等待第三次供應食物。這個時刻很快就來到了，因為幼蟲狼吞虎嚥地進食。母親又一次來到，帶著新的食物。

　　在大約兩個星期的幼蟲發育期間，食品就這樣隨著需要，一趟趟地相繼送來，幼兒長得越大，送飯間隔的時間越短。半個月後，母親要忙個不停才能滿足貪食者的食慾，而幼蟲不斷褪下腳部、腹部的角質，並在這些環狀殘骸中笨重地拖動牠的肚子。母親不斷把新捕獵的東西帶回來，又不斷出去捕獵。總而言之，泥蜂並沒有事先囤積許多糧食，而是一天一天地餵養牠的幼蟲，就像鳥類一樣，為還在窩裡的雛鳥帶來一口口的食物。有許多證據清楚顯示，對於以獵物做為幼兒糧食的膜翅目

昆蟲來說，這種餵養方式是相當奇怪的。我曾經說過，卵產在
蜂房裡，而蜂房裡準備的食物只有一隻小小的雙翅目昆蟲，總
是只有一隻，從來沒有更多的情形。要證實這一點並不難，不
需要等待什麼特殊時機，下面是另一個證據。

　　現在讓我們搜查一個為幼蟲事先準備好食物的膜翅目昆蟲
的窩。如果我們所選擇的時刻正好是昆蟲帶著獵物進窩的時
刻，那麼我們會在蜂房裡找到一定數量的獵物。食物的儲備已
經開始了，但這時還沒有幼蟲，也沒有卵，因為牠要到食物完
全準備好之後才產卵。產卵後，蜂房便封了起來，而母親再也
不會回到那裡去了。所以，只有在母親不再需要巡視的窩裡，
才可能在食物旁邊找到幼蟲。反之，如果我們在一隻泥蜂帶著
獵物回窩時參觀牠的住所，一定可以在蜂房裡找到一隻或大或
小的幼蟲，躺在已經吃過的食物殘屑中間。因此，母親現在帶
來的這份口糧，是用來延續吃飯的時間，而這頓飯已經延續多
日，而且還將因以後狩獵得到的食物繼續下去。如果我們在幼
蟲發育的最後階段進行搜尋（我往往能夠如願以償），那我們
在一大堆殘屑上面會找到一隻大腹便便、胖嘟嘟的幼蟲，而母
親還要為牠帶來新鮮的食物。母親不斷供應糧食。只有當幼蟲
身上擠滿葡萄酒似的肉粥，脹得渾身圓鼓鼓的拒絕進食，而且
躺在吃剩獵物的殘翅斷腳上時，母親才會永遠離開蜂房。

　　母親每次狩獵歸來進窩時，只帶一隻雙翅目昆蟲。如果根據幼蟲已經結束發育階段的蜂房裡留下的殘屑，應該可以數出供給幼蟲食用的獵物有多少隻，那麼我們就會知道，自從產卵以來，這隻膜翅目昆蟲探視牠的窩至少有多少次。不幸的是，餐桌上的殘羹剩菜在肚子餓的時候被嚼了又嚼，大部分已經不可辨認了。但是如果我們打開幼兒還不太大的蜂房，那麼食物的數量還可以數得出來，因為有些獵物還是完整的或者近乎完整，更常見的情況是，食物被咬成一段段，但保存得很好而得以辨認。在這樣條件下得出的統計數字儘管不完全，卻令人驚訝不已。那母親要多麼積極奔走，才能夠滿足這樣的糧食供應量啊！下面是我觀察到的一份菜單。

　　九月末，朱爾泥蜂的幼蟲已經長到約成蟲的三分之一大小，我在這幼蟲身旁找到了如下獵物：六隻紅色彌寄蠅，其中兩隻完整，四隻為斷肢殘骸；四隻彩色食蚜蠅，其中兩隻完整，另外兩隻殘碎；三隻黑服彌寄蠅，全都完好無損，其中有一隻是母親剛剛運回來的，正是這次送食行為使我發現了地穴；兩隻紅粉虻，一隻完好，一隻被咬過；一隻壓得稀爛的蜂虻；兩隻成為碎片的中帶彌寄蠅；最後是兩隻也是碎成片的花虻。總計為二十隻昆蟲。這的確是一份

中帶彌寄蠅

豐富多樣的菜單；可是幼蟲現在還不到成蟲的三分之一大，所以在完整的盛宴菜單上，昆蟲很可能高達六十隻。

我們可以輕易地核對這筆龐大的數字：泥蜂母親的關懷，我可以替牠做，提供食物給幼蟲，讓牠吃得飽飽的。我把蜂房搬到一個小紙盒裡，紙盒裡面鋪著一層沙，然後把幼蟲放到這張床上。幼蟲的表皮很嬌嫩，我放的時候十分小心。母親原先已經爲牠準備好的食物，我連一點殘屑也沒漏掉，全都擺在幼蟲的四周。最後我用手捧著紙盒，返回我的家，盡量小心不產生一點點震動，以免在好幾公里的路途中把蜂房弄得亂七八糟，危及我飼養的幼蟲。如果有人看到我在尼姆①的馬路上疲憊不堪地走著，手上小心翼翼捧著我長途艱苦跋涉的唯一成果，竟是一隻肚子鼓鼓塞滿蒼蠅的骯髒小蟲，一定會嘲笑我沒事找事做的。

一路平安無事，我到家時，幼蟲好像什麼事也沒發生似的，繼續安靜地吃著牠的雙翅目昆蟲。囚居的第三天，放在窩裡的食物吃完了；幼蟲用牠尖尖的口器在殘骸堆裡搜尋，卻找不到任何合牠胃口的東西。勉強咬住的那一點點東西太硬了，是角質的碎片，幼蟲便厭惡地把它扔掉了。由我繼續供應食物

---

① 尼姆：位於法國西南部，爲噶赫區首府。——譯注

的時刻終於來到。我手邊能夠找到的雙翅目昆蟲，將是我的囚犯的食物。我把這些蟲子用手指捏死，但沒有完全捏碎。第一份食物有三隻黏性鼠尾蛆和一隻肉蠅。經過二十四小時，全都吃完了。第二天，我放了兩隻鼠尾蛆和四隻家蠅，這足夠當天食用了，但還是沒有剩下任何東西。我繼續像這樣每天給幼蟲更豐盛的食物，到了第九天，幼蟲拒絕吃任何東西，開始織造蛹室了。這八天盛宴裡吃的食物有六十二隻蟲，主要是鼠尾蛆和家蠅；這數字再加上原先在蜂房裡找到的二十隻完整或殘缺的獵物，總共為八十二隻。

我在飼養幼蟲時，很可能不像牠的母親那樣注意衛生，並要求審慎地節制飲食；每天的食物我都一次供應完畢，完全由幼蟲自由支配，這也許有點浪費。在某些情況下，我得承認，在母親照顧的蜂房裡，事情不是這樣的。我的筆記記載了如下的事實。在杜宏斯河沖積層的沙中，我扒開一個窩，大眼泥蜂剛剛帶著一隻肉蠅進入。在窩的盡頭，我找到一隻幼蟲、許多殘屑和七隻完整的雙翅目昆蟲，泥蜂當著我的面帶進去的那隻也算在內。不過應當注意到，這些獵物中的半數，即肉蠅，放在蜂房的盡頭，就在幼蟲的嘴邊；而另外一半還在通道裡，在蜂房的入口處，這樣就不會被還不能走動的幼蟲吃掉。因此我認為，當狩獵收穫豐富時，母親暫時把獵物放在蜂房的門口，做成一個儲存倉庫，一旦母親需要時，尤其是在下雨天無法工

作時，便到那裡去取。

這樣節省地分配食物可以防止浪費，不過我對待我的幼蟲就無法做到了，也許我讓幼蟲吃得太豐盛。於是我降低捕獵的數目，減到六十隻中等個子的昆蟲，包括家蠅和黏性鼠尾蛆。這大約就是母親給幼蟲吃的雙翅目昆蟲量，如果昆蟲的體積不大的話。我這地區所有的泥蜂都是這樣，只有鐵爪泥蜂和帶齒泥蜂除外，牠們特別喜歡吃虻，數量一到十二隻不等，根據雙翅目昆蟲的體積而定，因為各種虻的大小相差很遠。

下面列舉我這次研究中，在六種泥蜂窩裡觀察到的雙翅目昆蟲，以結束對食物種類的介紹。

1.橄欖樹泥蜂。這種泥蜂我只在卡瓦雍見過一次，其食物為叉葉麗蠅。下面五種泥蜂在亞維農均常見。

2.大眼泥蜂。牠的卵通常產在雙翅目昆蟲身上，像隱喙虻。之後的食物包括廄蠅、紅粉虻、粉虻、彩色食蚜蠅、圓形麗蠅、中帶彌寄蠅、肉蠅、家蠅。最常見的食物為廄蠅，我曾在一個窩裡發現了五十至六十隻。

3.跗節泥蜂。這種泥蜂也把卵產在雙翅目的隱喙虻身上。

　　牠也捕獵帶黃卵蜂虻、蜂虻、厄奈斯鼠尾蛆、墓地鼠尾蛆、擬蜂蠅、彩色食蚜蠅。牠最喜歡的食物為蜂虻和卵蜂虻。

　　4.朱爾泥蜂（九、十月）。卵產在隱喙虻或花虻身上。食用彩色食蚜蠅、紅色彌寄蠅、中帶彌寄蠅、黑服彌寄蠅、花虻、紅粉虻、葡萄樹蠹蛾、叉葉麗蠅、長足彌寄生蠅、蜂虻。

　　5.鐵爪泥蜂。這種泥蜂特別愛吃虻，牠把卵產在彩色食蚜蠅、叉葉麗蠅身上，並專為幼蟲提供各種肥大的虻屬獵物。

　　6.帶齒泥蜂。也愛捕獵虻，我沒見到牠吃其他獵物，不知道牠還把卵產在其他哪種雙翅目昆蟲身上。

　　食物的多樣化說明泥蜂並不一定喜歡吃什麼蟲，在捕獵時碰巧遇到任何雙翅目昆蟲都抓來。不過牠似乎也有某些特別喜歡的，第一種泥蜂尤其愛吃蜂虻，第二種愛吃廐蠅，第三、第四種愛吃虻。

第十七章
捕捉雙翅目昆蟲

　　在記錄了泥蜂幼蟲的食物之後，應該探尋一下，這些膜翅目昆蟲為什麼採取這樣的食物供應方式？這種方式在所有掘地蟲之中是如此異乎尋常。為什麼不事先儲存足夠數量的食物，然後把卵產在上面呢？這樣隨後就可以立即把蜂房封住而不再回來了。為什麼這種膜翅目昆蟲要拼命做這樣艱苦的差事，在半個月中，從窩裡到田間，從田間到窩裡，不斷地來回奔波，每一次不管是為了到附近捕獵，還是把剛捉到的獵物帶回來，都要使勁地在塌陷的沙裡開闢道路呢？最重要的應是食物的新鮮問題，這是問題的關鍵，因為幼蟲完全拒絕食用任何因腐爛而變味的食物；就像其他掘地蟲的幼蟲一樣，必須供應新鮮的肉，永遠是新鮮的肉。

　　我們前面介紹節腹泥蜂、飛蝗泥蜂、砂泥蜂時看到，母親

為解決食物保存的難題，會事先在蜂房裡儲存好必要數量的獵物，並使獵物在整整幾個星期中保持著完全新鮮的狀態，我說得不對，是保持在幾乎活著的狀態；雖然為了保證以牠們為食糧的幼蟲安全，獵物是一動也不動的。最靈巧的生理學本領實現了這一奇蹟。根據神經分布的結構，帶毒的螫針刺入神經中樞一次或者多次；這樣動了手術之後，獵物仍保持生命的特性，只是不能活動而已。

讓我們研究一下泥蜂是否使用這種深奧的屠殺方法。從進窩的掠奪者腳下取出來的雙翅目昆蟲，大部分都像死了一樣，一動也不動；一些蟲的腳偶爾還有輕微的痙攣，這是正在熄滅的生命所殘存的最後活力。在那些實際上不是被殺死而是被節腹泥蜂巧妙地毒刺、麻醉的昆蟲身上，通常也能找到這種彷彿完全死亡的樣子。因此，是生是死的問題，只能根據獵物保存生命的方式來論定。

飛蝗泥蜂捕捉的直翅目昆蟲，砂泥蜂捕捉的毛毛蟲，節腹泥蜂捕捉的鞘翅目昆蟲，放置在小紙杯或者玻璃管中，在整整幾個星期乃至幾個月裡，肢體還能彎曲，顏色還保持鮮豔，內臟還處於正常狀態。這些並不是死屍，而是身體已經麻痺，再也不會甦醒過來了。泥蜂捉回的雙翅目昆蟲，表現就完全不一樣了。鼠尾蛆、食蚜蠅，還有其他雙翅目昆蟲，起先外表還有

一點鮮豔的顏色，過了一會兒，華麗的服飾就失去光彩了。某些虻的眼圈裡那三條亮麗的紫紅色金邊，很快就褪了色，就像垂死的人，目光逐漸暗淡下來一樣。所有這些大大小小的雙翅目昆蟲，如果堆放在通風的紙袋裡，兩、三天就乾了，一捏就碎；如果為了避免水分蒸發而放在空氣不流通的玻璃管裡，就會發黴腐爛。所以，當膜翅目昆蟲把牠們搬運到窩裡來時，牠們已經死亡，完完全全死了。即使有的蟲還一息尚存，但是過不了幾天，或者幾小時，這種垂死狀態就結束了。可見由於使用螫針的本領不高明，或者由於別的什麼原因，兇手把牠的獵物徹底殺死了。

如果我們知道獵物被抓住時已經完全死亡，那麼對於泥蜂手法的邏輯性，任誰都會讚賞不已吧！膜翅目昆蟲的行為就是這樣，一切都按部就班，一步接著一步，一環套著一環！撫養幼蟲的時間至少要半個月，而食物儲存超過兩、三天就要腐爛，所以不應該一開始就把全部食物都堆放在窩裡；於是牠們必須不斷捕獵，並隨著幼蟲長大，一天天不斷分配糧食。第一份為卵準備的糧食，吃的時間比以後的食物久些，因為初生的幼兒要花好幾天才能把食物吃完，因此獵物的個子要小，否則還沒吃完肉就腐爛了，所以這隻獵物不能是龐大的牛虻、肥胖的蜂虻，而應該是小不點的隱喙虻或者類似的東西。嬌弱的幼蟲需要柔軟的飯菜，然後才是逐步加大的獵物。

　　母親不在時，窩必須封閉住，以免幼蟲受到後果嚴重的侵襲；不過厚顏無恥的寄生蟲在一旁窺伺，當膜翅目昆蟲帶著獵物回來的時候，最好很容易就能急忙打開入口。然而，膜翅目掘地蟲通常選擇土壤比較硬實的地方築巢，因此不需要能夠方便打開的門口。開得大大的門，不管是要用卵石和泥土堵塞起來，還是要打開，每次都要花費長時間辛苦工作，所以，地穴必須挖在表面非常鬆軟的土地上，挖在乾細沙中，只要稍稍用力就能立即挖開，而在坍塌下來時又自動把門封住，就像浮動的地毯，用手將之捲起便形成通道，然後又恢復原狀。這具有邏輯性的行為，是由泥蜂的智慧付諸實行，人們根據理性推斷出來的。

　　為什麼掠奪者要殺死抓到的獵物，而不是僅僅把牠麻痺呢？是因為牠使用螫針不靈活嗎？是由於雙翅目昆蟲本身的條件，或者由於所使用的捕獵手段而帶來的困難嗎？首先，我應當承認，我曾希望使一隻雙翅目昆蟲完全不動，卻不將牠殺死，但我的企圖失敗了。用一根針尖把一小滴氨水注入吉丁蟲、象鼻蟲、金龜子的神經節區域，使昆蟲動彈不得，這原本是十分容易的。費了千辛萬苦進行實驗的昆蟲變得動也不動，可是當牠再也不動時，就已經真正死掉了；牠不久就腐爛或者乾化證明了這一點。但是我非常信任本能所能產生的辦法，我曾目睹許多問題被巧妙地解決，所以我不相信一個對於實驗者

257

來說無法解決的困難會使昆蟲裏足不前。因此我並不懷疑泥蜂的謀害本能，我願意相信牠是出於另一種動機。

也許雙翅目昆蟲的外殼薄弱，身體不胖，更準確地說，牠們如此消瘦，一旦用螫針麻痺了，無法抵禦長時間水分蒸發，便會在兩、三星期的儲存中乾化了。讓我們看看纖細的隱喙虻吧。在牠那身體內有足夠的液體可供蒸發嗎？只有一丁點，根本沒有什麼液體。牠的肚子是一根細帶子，前胸貼後背，體內的汁液如果沒有營養來補充，幾個小時就蒸發乾了。能夠以這樣的獵物做為糧食儲存嗎？至少這一點是有疑問的。

現在我們來談談捕獵方式，讀者就可以完全明白了。從泥蜂的腳下取出來的獵物，在牠們身上往往會看到混亂搏鬥、毫不留情、匆忙捕獵的痕跡。雙翅目昆蟲有時整個頭朝後轉了過來，就像是掠奪者扭斷牠的脖子似的；牠的翅膀被撕破了，毛（如果有毛的話）散亂翹起。我曾看到有的蟲被大顎啄得開膛破肚，腳在戰鬥中被打斷了。不過通常身體是完好無損的。

不管怎樣，由於獵物長著翅膀可以迅速逃跑，要想捕獲牠，必須突然間襲擊，因此，我認為實在不太可能只把獵物麻痺而不把牠殺死。一隻面對著笨重象鼻蟲的節腹泥蜂，一隻與肥胖的蟋蟀或者大腹便便的短翅螽斯搏鬥的飛蝗泥蜂，抓住毛

毛蟲頸子的砂泥蜂，這三者對於動作十分緩慢而無法逃避攻擊
的獵物都具有優勢。牠們可以不慌不忙、從從容容地選擇螫針
應該刺入的精確部位，最後像醫生用解剖刀探測著躺在手術床
上的病人那樣，小心翼翼地動手術。可是對於泥蜂來說，就完
全不是這麼一回事了：只要稍有驚動，獵物就飛快地溜走了，
而且通常飛得比掠奪者還要快。膜翅目昆蟲必須出其不意地撲
向獵物，不惜採用一切進攻方法，採取任何打擊手段，就像蒼
鷹在休耕的田裡狩獵那樣。大顎、利爪、螫針，所有的武器在
緊張的混戰中全都同時用上，以便盡快結束戰鬥，稍有遲疑，
挨打者就有時間逃跑。如果這些推測符合事實，泥蜂的捕獲物
就只能是一具死屍，或者至少受到致命傷。

　　不錯，這些推測是正確的。泥蜂進攻時的那種兇猛勁道，
連獵鷹都會佩服。要想看到牠捕獵這種膜翅目昆蟲的過程，可
不是件容易的事；儘管我十分有耐心地在窩的附近窺伺掠奪
者，不過也是白費心機，因為沒有遇上好機會，昆蟲都飛到遠
處去了，牠們飛得那麼快，根本就追不上。要不是一件物品的
幫助，我一定沒辦法知道牠是怎麼做到的，而我原先從來沒料
想到這玩意還可以派上用場。我指的就是我在伊薩爾森林沙丘
上用來遮太陽的傘。

　　並不是只有我一個人知道利用傘的陰影，通常有許多夥伴

跟我在一起。各種虻都會躲在絲質傘蓋下面，在撐開的絲布上，牠們安安靜靜的，有的待在這裡，有的待在那裡。在悶熱的天氣裡，沒有虻跟我作伴的情況很少見。我沒事可做時，為了消磨時間，我喜歡看著牠們金色的大眼睛像紅寶石似的，在傘下閃閃發光；牠們因為傘頂太熱而不得不挪動位置時，我喜歡注視牠們笨重的步伐。

³/₄

虻

一天，「砰」的一聲，撐開的絲綢像鼓皮似的發出了響聲。也許是橡實正好從橡樹上掉到傘上來了。過不久，又是一下一下「砰」、「砰」的聲音。是哪個人惡作劇不讓我安靜，把橡栗或者小石塊扔到我的傘上呢？我從傘下走出來，四周查看了一番，但什麼也沒看到。猛烈的撞擊又開始了，我眼睛朝傘頂上看，這下可找到這神秘之事的原因了。附近專門吃虻的泥蜂發現這些豐富的食物正跟我待在一起，便厚顏無恥地闖進傘裡，到傘頂去搶劫雙翅目昆蟲。天從人願！我只要聽其自然，看著就行了。

不時有一隻泥蜂突然閃電般地飛了進來，撲向絲質傘頂，便發出一聲猛烈的撞擊聲。那上面正發生著亂哄哄的事情，可是混戰是那麼激烈，眼睛根本分不清哪個是進攻者，哪個是被

攻擊者。戰鬥的時間並不長，膜翅目昆蟲立即用腳抱著獵物飛走了。驚呆的虻群看到這突如其來的攻擊者把牠們一隻接著一隻地殺死，便全都朝四周後退了一些，可是並沒有放棄這害人的遮蔽所。外面那麼熱，慌張什麼呢？

泥蜂這樣突然的進攻和這樣匆忙地把獵物搶走，根本不可能巧妙地使用牠的匕首。螫針無疑發揮了作用，但只是在戰鬥中遇到哪裡便刺到哪裡，並沒有刺在準確的部位。虻已經成為被掠奪者俘虜，但還在其腳下掙扎，此時泥蜂為了給虻致命的一擊，我曾看到泥蜂咀嚼著獵物的頭和胸。僅從這一點便可以看出，這種膜翅目昆蟲只要真正的屍體就行了，不需要被麻痺的獵物，因為牠是這樣毫不留情地結束了垂死的雙翅目昆蟲的性命。據此，我認為，獵物很快就會乾掉，加上如此迅速的攻擊有其困難度，這兩點顯示，泥蜂為幼蟲提供的食物是死的，因此必須不斷供給。

膜翅目昆蟲在肚子下用兩腳抱著捕獲物進窩時，讓我們來做一番觀察吧。現在有一隻跗節泥蜂抱著蜂虻進來了。窩建在一個底部是沙土的垂直邊坡腳下，捕獵者向窩飛來，發出尖尖的、有點像是哀鳴似的嗡叫聲，只要牠沒找到落腳處，這聲音便一直響個不停。泥蜂在沙坡上頭飛來飛去，然後一面發出尖尖的嗡叫聲，一面順著垂直面，小心謹慎、非常緩慢地爬下

來。如果牠那敏銳的目光發現有什麼異常的情況，就會緩緩降下，盤旋一會兒，又往高飛，再降下來，最後忽然逃走了。過了一會兒，牠又回來了，在一定高度處盤旋，彷彿像在觀察站的高處察看地面上的情形。牠又開始垂直地朝下飛，飛得更謹慎、更慢；最後，膜翅目昆蟲毫不猶豫地落下來，停在一個表面鋪著沙的地方，在我看來，這裡跟其他地方實在沒什麼不同。哀怨的鳴叫聲立即停止了。

昆蟲選擇落地的位置也許有點隨意，因為最訓練有素的眼睛，也無法在沙層上把這個地方跟另一個地方區別開來。牠落在住所附近，現在開始尋找住所的入口處。由於牠上一次離開時，這入口處不僅被自然坍塌下的流沙掩蓋，也因膜翅目昆蟲曾經認真清掃，現在完全掩蓋起來了。然而，泥蜂沒有一點猶豫，牠不需要摸索，也不需要尋找。人們一致認為，觸角就是引導昆蟲進行搜尋的器官，然而在牠回到窩裡時，我從牠運用觸角的方法，卻沒有看到絲毫特殊的現象。泥蜂一刻也沒有放下牠的獵物，就在離落腳點面前不遠處扒著，用前額拱，然後立刻抱著肚子底下的雙翅目昆蟲一道進去了。沙塌了下來，門又閉上了。就這樣，膜翅目昆蟲進入自己的家。

我曾經無數次想幫助泥蜂回家，但都沒幫上任何忙。我每一次都很驚訝，目光敏銳的昆蟲毫不猶豫地找到沒有任何痕跡

的門。這扇門是十分細心地遮蓋起來的，不過這一次並不是在昆蟲入窩之後；由於沙已經流洩得差不多，無法靠自身的滑落而把地鋪平，結果有時留下了塌陷，有時留下沒有完全堵住的門廳，不過這一切都是在膜翅目昆蟲出去很久以後發生的。牠出發遠征時，一定會對自然坍塌的狀況進行一番修補。我們等牠離開吧，那麼我們將看到牠在走開前總要掃掃門前，並十分小心地把門前弄平。那母親走後，我敢說，即使最敏銳的目光也無法找到這扇門。在沙層的面積相當大的情況下，要想找到門，就需要求助於類似三角測量的辦法。可是在離開現場幾小時之後，我的三角法和記憶力都無濟於事了！我只能靠著插在洞門前的稻草桿當作標竿來辨認，不過這辦法不一定有效，因為昆蟲不斷地在窩外修修整整，經常會把稻草桿弄到不知哪裡去了。

第十八章

寄生蟲與蛹室

　　我曾說過，泥蜂抱著捕獲的獵物在窩的上空盤旋，然後非常慢地飛下來，邊發出哀鳴般的叫聲。這樣的小心翼翼、猶豫不決，也許會令人以為，昆蟲是要從高處檢查地形以便找到巢穴，所以在落腳前把這地方回憶一下。其實，牠這樣做是另有原因的，我將在下面說明。在一般的狀況下，如果沒有任何危險情況引起牠的注意，膜翅目昆蟲不會一邊盤旋一邊哀鳴，而是猛然直衝下來，毫不猶豫地落到非常靠近家門口的地方。牠的記憶非常清楚，根本用不著尋找。那麼現在讓我們看看，我向讀者描述的那種遲疑不決，究竟是什麼原因。

　　昆蟲盤旋著，慢慢降落，逃走，然後又回來，這是因為有一個非常嚴重的危險威脅著牠的窩。牠那哀鳴的叫聲是焦慮不安的表示，如果沒有危險，牠絕不會發出這樣的叫聲。那麼，

敵人究竟是誰？我坐著觀察，敵人是我嗎？不是的，我對牠來說是微不足道的，我只是一堆或一塊東西，根本不值得牠注意。可怕的敵人，恐怖的敵人，牠無論如何要避免的敵人就在那裡，一動也不動地待在住宅附近的沙地上。那是隻小小的雙翅目昆蟲，外表非常難看，似乎不會傷人，但這種一點也不起眼的小蠅正是泥蜂所恐懼的。泥蜂可以大膽地屠殺雙翅目昆蟲，敏捷地把叮在牛背上吸血的虻扭斷脖子，卻因為在洞口有另一種雙翅目昆蟲正等待著牠，而不敢進入自己的窩。其實這種蟲卻是真正的小不點，還不夠牠的幼蟲吃一口呢。

牠為什麼不向這蟲子撲去，把牠解決掉呢？膜翅目昆蟲飛得很快，可以抓住牠的；而且儘管這種捕獲物再小，幼蟲也不會不屑一顧，因為任何一種雙翅目昆蟲在牠們看來都是美食。可是泥蜂不這樣做，面對一隻牠用大顎一咬就能咬得粉碎的敵人，牠卻狼狽逃竄了。這彷彿是一隻貓在老鼠面前嚇得逃跑似的。這屠殺雙翅目昆蟲的狂熱屠夫，卻被另一種雙翅目昆蟲、最小的一種給趕走了。我自愧無知，不敢企望能夠了解角色為什麼會這樣顛倒過來。敵人就在那裡，在你的附近窺伺著你，向你挑戰，而你能夠毫不困難地了結掉這麼一個處心積慮要毀滅你的家庭、不共戴天的敵人，把牠變成你的幼蟲的美食，你能夠這麼做卻不這麼做，這在動物世界實在太反常了。說反常，其實用詞不當，不如說這符合生物界的和諧之道，既然這

種微不足道的雙翅目昆蟲在芸芸眾生中要發揮牠的微小作用，那麼泥蜂就必須尊敬牠，在牠面前怯懦地逃跑，否則，世上早就不再有這種雙翅目昆蟲了。

下面我們來談談這種寄生蟲的故事。在泥蜂的窩中，有一些窩由膜翅目昆蟲的幼蟲和其他幼蟲同時占有，這是很常見的現象，但後者卻貪婪地吃著前者的食物。這些不速之客比泥蜂的幼蟲小，形如一小滴淚水，身體透明，可以隱約看出由於食物為糊狀而呈現的酒紅色。牠們數目不等，通常有六隻，有時十隻或者更多。這些蟲子屬於雙翅目昆蟲，從牠們的形狀以及所變成的蛹可以得到證實，如果飼養這些幼蟲可以進一步證明這一點。我把牠們放在盒子裡飼養，下面鋪一層沙，再放一些蒼蠅，每天更換，幼蟲就變成了蛹，第二年，從蛹裡跑出一隻小雙翅目昆蟲，一隻彌寄生蠅。

就是這種雙翅目昆蟲埋伏在窩附近，使泥蜂非常害怕。事實上你看看窩裡發生的事就會明白，膜翅目昆蟲的恐懼實在太有道理了。母親不辭辛勞、竭盡全力保持窩裡有足夠的食物，但就在食物堆四周，跟合法的嬰兒一起，竟有六至十個飢腸轆轆的客人，用牠們尖尖的口器啄著這堆共同的食物，毫無顧忌地就像在牠們自己家裡似的。餐桌上顯得十分和諧。我從沒有看到合法的幼蟲因為異族幼蟲的肆無忌憚而發怒，也沒看到後

者做出要擾亂前者宴席的模樣。大家全都亂糟糟地在食物堆上用餐，安安靜靜地吃著，沒有人去找鄰居的碴。

如果沒有突然發生嚴重的麻煩，直至這時，一切都再好不過。但顯然，不管哺育幼蟲的母親如何勤奮，牠也無法滿足這樣的消耗。僅僅是養活一隻幼蟲，牠自己的幼蟲，就必須不斷遠征狩獵。如果牠同時要供應十五隻貪吃的食客，那會是什麼情況？家庭人口遽增的結果只能是食物不足，甚至發生飢荒，不過可不是雙翅目昆蟲發生飢荒，因為牠們長得比泥蜂快，這樣牠們在東道主還十分年幼時，便趁還可能取得豐富食物的時機大吃一頓。而東道主則是真正鬧飢荒了，牠到了要變態的時候還無法彌補失去的時間。何況即使第一批客人變成蛹，給牠留下寬敞的飯桌，母親進窩時也還有其他的寄生蟲會竄進來，使牠餓死。

有許多寄生蟲侵入的窩裡，泥蜂幼蟲的身材，比人們根據吃掉的食物堆和塞滿蜂房的殘渣所想像的要小得多。牠軟弱無力，消瘦不堪，身材只有正常的一半或三分之一，牠試圖織造蛹室，可是吐不出絲料，結果織不成；牠在小屋的角落裡，在比牠幸運的客人的蛹中間死掉了。牠的結局也許會更加悲慘，如果在缺乏糧食時，帶著食物來飼養牠的母親回來得太晚，那麼雙翅目昆蟲就要把泥蜂的幼蟲吃掉。我在親自飼養一窩幼蟲

時，證實了這種殘酷的行爲。只要糧食充足，一切都沒問題；但是如果忘記了或者有意不補充每天的糧食，我一定會發現雙翅目昆蟲的幼蟲正在貪婪地瓜分著泥蜂的幼蟲。因此，如果巢穴被寄生蟲侵入，合法居住的幼蟲必然餓死，或者被殺死，這便是爲什麼泥蜂看到彌寄生蠅在牠隱廬四周徘徊時，會感到那麼討厭的原因了。

並不是只有泥蜂成爲這些寄生蟲的犧牲品，所有膜翅目掘地蟲，不管哪一種，牠們的窩都受到彌寄生蠅的搶劫。一些觀察者，特別是拉普勒蒂埃·德·聖法古，曾談到這些厚顏無恥的雙翅目昆蟲的詭計。但是，據我所知，沒有一個人曾看到寄生蟲以如此奇怪的方式侵犯泥蜂。我之所以說如此奇怪，是因爲不同對象的育兒條件完全不同。其他掘地蟲的窩是事先備好糧食的，在獵物送進窩時，寄生蟲便把卵產在獵物上面。膜翅目昆蟲備好糧，產好卵，便把蜂房封閉起來，從此屋主的幼蟲和外族的幼蟲一起在裡面孵化和生活，牠們孤零零地與世隔絕，外人從來沒有見過。母親根本不知道寄生蟲的搶劫行爲，這種行爲既然沒人知道，也就不會受到懲罰了。

泥蜂的情況就完全不同了。在哺育期的兩個星期中，母親時時刻刻回到牠的窩；牠知道牠的幼兒跟許多不速之客在一起，這些入侵者吃掉了大部分食物。每當牠給自己的幼蟲餵食

時，牠接觸到，牠感覺到，在窩的盡頭，這些飢餓的共食者根本不滿足於殘羹剩菜，而是撲向最好的食物。牠計數的能力再弱，也應該會看得出來，十二大於一，何況食物的消耗量跟牠的捕獵數目不成比例，這也會提醒牠。然而牠並沒有抓住這些膽大包天的外來者的肚皮，把牠們扔到門外去，而是和和平平地寬待牠們。

寬待牠們？何止如此！牠餵養這些外來者，也許對牠們跟對自己的幼蟲一樣充滿著母愛呢。這讓我們看到了布穀鳥故事的又一個版本，不過情況更加奇怪。布穀鳥的身子幾乎跟鷹一般大，但牠習慣於把卵產在弱小的鶯科鳥類的窩裡，卻不會受到懲罰；而鶯則也許被那面孔像蟾蜍的幼兒嚇住了，便收養了牠，照顧牠。必要時我們似乎可以用這種說法做為解釋。可是若鶯成了寄生蟲，居然極端大膽到把卵產在猛禽的窩裡，產在專門吃鶯的兇猛猛禽的窩裡，這又怎麼解釋呢？猛禽居然收養鶯產下的卵，並溫柔地養育著雛鳥，這要怎麼解釋呢？泥蜂的行為正是如此。牠吃某些雙翅目昆蟲，卻又餵養另一些雙翅目昆蟲，牠是獵人，卻把食物分給獵物吃，而這獵物的最後一頓盛宴卻正是獵人自己產下的幼蟲、被獵物開膛破肚了。我把這種奇怪的關係留給比我能幹的人去解釋吧。

現在讓我們看看，彌寄生蠅採取什麼策略把卵產在掘地蟲

窩裡。這小蠅即使發現窩的門大開著，而且窩主人不在，牠也絕不進入窩裡，這是絕對不變的法則。這種狡詐的寄生蟲根本不會鑽進通道裡去，因為那裡無法方便地逃走，就可能為自己這種魯莽的大膽付出慘痛的代價。對於牠來說，實現企圖的唯一有利時機，牠極有耐心窺伺的時機，就是膜翅目昆蟲把獵物抱在肚子下面走進窩的時候。在泥蜂或者其他任何一種掘地蟲身體的一半已經進入窩裡，而另一半即將消失在地下時，這一瞬間即使再短暫，彌寄生蠅也會飛奔過去，抓住掠奪者後部稍微露出一點的獵物，就在掠奪者因為難以進入而放慢腳步時，寄生蟲以無可比擬的敏捷度，把一顆、兩顆甚至三顆卵一個接著一個產在獵物身上。

膜翅目昆蟲身負重擔而行動不便，即使這只是一眨眼的工夫，小蠅已經足以做完壞事，而又不會被帶進門裡去。身體的功能必須多麼靈活，才能夠這麼快地產下卵啊！泥蜂自己把敵人帶到家裡來之後走掉了，而彌寄生蠅則在窩外曬太陽，策劃另一次的卑劣行動。如果你想檢查雙翅目昆蟲的卵，看看在這麼迅速的動作中是不是真的產下來了，你只要打開窩，隨著泥蜂走到屋子的盡頭就可以了。在那獵物肚子上有一個點，上面至少有一個卵，有時更多，根據入窩時耽擱時間的長短而有不同。這些卵非常小，只可能是寄生蟲的卵；如果還有疑問，你可以把這些卵放在盒子裡單獨飼養，結果會看到一些雙翅目昆

蟲的幼蟲，然後成了蛹，最後變成彌寄生蠅。

　　小蠅所選的時刻非常精確；只有這個時刻，牠可以實現牠的企圖而沒有危險，不會徒勞無功地奔波。膜翅目昆蟲身子有一半已經進入前廳，無法看到敵人是那麼厚顏無恥地趴在獵物的下半身；即使牠懷疑有強盜在後頭，也無法把強盜趕走，因為通道狹窄，牠無法自由行動。最後，儘管為了方便進入，牠已經採取了一切措施，不過還是不能快速地消失於地下，而且寄生蟲的速度實在太快了。事實上，這正是最有利的時刻，而且是唯一的時刻。雙翅目昆蟲出於謹慎不能進到窩裡去，在那窩裡，比牠更強壯的雙翅目昆蟲還做為幼蟲的食物呢。而在窩的外面，在光天化日下，困難也是難以克服，因為泥蜂的警惕性非常高。現在讓我們花一點時間，看看母親抵達一個被彌寄生蠅所監視的窩的情況吧。

　　這些小蠅，數目時多時少，通常三、四隻停在沙上，動也不動，眼睛全都朝著窩張望，窩的入口掩蔽得再巧妙，牠們也都能分辨得出來。這些暗棕色的小蠅張著血紅大眼，在任何情況下都動也不動。這令我多次想到那些身穿棕色粗呢服裝、頭裹紅巾、埋伏著等待做壞事的強盜。膜翅目昆蟲抱著獵物來了。如果沒有任何令牠擔憂的事，那麼牠馬上會走到門前，可是牠在一定高度處盤旋著，謹慎地慢慢飛下來。牠猶豫不決，

由於翅膀特殊的顫動而發出哀鳴般的叫聲，表明牠心中的害怕，可見牠看到壞傢伙了。這些壞傢伙同樣也看到泥蜂，牠們的眼睛一直跟隨著泥蜂，這從牠們紅色的頭不斷轉動可以看得出來；牠們的目光都聚焦在那令人垂涎的獵物上。就這樣從前進、退後、回轉的動作中，可以看出詭計和謹慎在較量著。

泥蜂以垂直的方式飛下來，翅膀就像撐著降落傘似的，毫不費力地滑下來。現在牠在一小塊地上飛翔。時刻到了。小蠅飛了起來，全都跟在膜翅目昆蟲的後面；牠們緊跟著泥蜂飛行，有的近些，有的遠些，全都呈直線狀。如果泥蜂想挫敗牠們的計謀，拐個彎飛，那牠們也拐彎，而且精確得在後面一直保持原先的直線；泥蜂是牠們的領頭人，牠前進，牠們也前進；牠後退，牠們也後退；牠飛得慢，牠們也慢；牠停，牠們也停。小蠅根本不想撲到牠們所垂涎的東西身上去，牠們的戰術只是以後衛的架勢緊跟在後面，到了最後採取迅速行動時，飛行動作就不會有什麼閃失了。

有時泥蜂被這樣的緊追不捨弄得不耐煩了，便飛落在地上；那些小蠅立即也停在沙地上動也不動，但仍然跟在牠身後。膜翅目昆蟲發出更尖厲的哀鳴聲又飛了起來，這聲音無疑表明牠越來越憤怒了，但小蠅仍跟在牠後面飛起來。要擺脫糾纏不休的雙翅目昆蟲還有最後一個辦法：泥蜂奮身一躍，飛到

遠處，也許是希望在廣闊田野裡迅速飛行，把寄生蟲弄得暈頭轉向，迷路不知返回。可是這些狡詐的小蠅不中計，牠們讓膜翅目昆蟲飛走，而自己重新待在窩周圍的沙上。當泥蜂回來時，同樣的追逐又開始了，直到最後寄生蟲這種死皮賴臉的糾纏使泥蜂母親心煩意亂，變得不那麼謹慎了。在牠失去警惕的這一刻，小蠅立刻就一擁而上。位置最有利的那一隻立即撲到即將進入地面的獵物身上，大功告成，卵產下來了。

在這種情況下，泥蜂顯然意識到有危險。膜翅目昆蟲知道這討厭的小蠅會使自己的窩發生可怕的事情。牠長時間企圖擺脫彌寄生蠅，牠那樣猶豫不決，而且牠的逃跑使我們對此點也不懷疑。於是我再一次尋思，牠們捕捉雙翅目昆蟲，為什麼會聽任另一種雙翅目昆蟲騷擾自己呢？如果牠願意，只要一躍就會抓到這種無法做絲毫抵抗的小不點強盜。為什麼牠不把累贅的獵物放下一會兒，撲向這些壞蛋呢？牠要怎樣才能把窩邊這些為非作歹的傢伙消滅掉呢？進行一次搜捕，對牠來說只是舉手之勞。然而使生物保持和諧的法則卻使牠不肯這樣做，因此泥蜂總是任憑自己受到騷擾；為生存而鬥爭這個著名的法則，從來也沒有教會牠如何徹底消滅敵人。我曾看到有的泥蜂被彌寄生蠅緊逼得扔掉獵物，倉皇而逃，卻沒有流露出絲毫的敵意，即使重物掉下來使牠完全得以自由地行動。剛才彌寄生蠅還那麼垂涎三尺的獵物，如今掉了下來任人擺布，可是每個人

都對牠不理不睬。擺在露天的這個獵物，對於彌寄生蠅來說是沒有價值的，因爲牠們要求幼蟲要藏在窩裡；對於多疑的泥蜂來說也同樣沒有價值，牠飛回來，摸了一會兒，然後輕蔑地把這個獵物拋棄掉。雖然只是片刻沒有看守，但牠認爲這獵物已經靠不住了。

現在我們以泥蜂幼蟲的故事來結束這一節吧。在兩個星期中，除了吃飯和生長外，牠那單調的生活沒有什麼值得注意的。然後織造蛹室的時候來到了。幼蟲吐絲結網的器官發育得不夠強壯，無法建造像砂泥蜂和飛蝗泥蜂那樣的蛹室。純絲的蛹室由好幾層隔牆組成，隔牆彼此重疊著，那麼在秋天下雨和冬天下雪時，幼蟲和以後的蛹在挖得不深和保護得不好的窩裡，就不會受到潮濕的侵襲。可是泥蜂的窩比飛蝗泥蜂的窩條件更差，窩就建在最容易進水的幾法寸深土裡。因此，爲了給自己創造一個足以防潮的隱蔽所，幼蟲以牠的技巧來彌補絲線的不足。牠把沙礫巧妙地聚攏在一起，用絲質材料把沙礫黏合起來，建成了最牢固的、防潮的蛹室。

爲了以後在裡面蛻殼變態，膜翅目掘地蟲建造住宅的方法通常有三種。有的在很深的地下，在隱蔽物下面築窩，所以牠們的蛹室只有一堵牆壁，薄得看起來透明；大頭泥蜂和節腹泥蜂的蛹室就是這樣。有的窩不深，挖在敞露的土地下面，但這

麼一來，牠們就要有足夠的絲把蛹室包上許多層，如飛蝗泥蜂、砂泥蜂、土蜂的蛹室；如果因絲線不夠，就要採用黏結的沙，泥蜂、巨唇泥蜂、孔夜蜂就是這樣做的。人們可能會把泥蜂屬昆蟲的蛹室當作某種種子粗壯的核，因為它是那麼的密實和堅固。蛹室呈圓柱狀，一端為球形圓罩，另一端則呈尖形，長有兩公釐，外表有點粗糙，樣子粗劣，但裡面的牆壁則塗上了一層細膩的生漆，光滑得很。

在家裡飼養幼蟲，使我能夠從頭到尾看到這種奇怪的建築物是怎麼建造起來的。這真可說是個保險箱，在裡面可以安全地抵禦各種惡劣的天氣。幼蟲先把食物的渣滓排到身體四周，然後把這些渣滓推到蜂房或者單間包房的一個角落去，這包房是我用紙做的牆壁，在紙盒裡為牠隔開的。把場所打掃乾淨後，幼蟲在房子的隔牆上釘上一些漂亮的白絲線，構成了蜘蛛網似的緯紗，這緯紗把壅塞的食物渣滓堆隔開來，並做為下一步工作的鷹架。

第二步工作是在從一扇牆壁拉到另一扇牆壁的那些絲線中心處，做一個任何髒東西都碰不到的吊床。只有那極細的白絲線穿過懸床。床的形狀像是一端開了大圓口，另一端封閉成尖狀的口袋，很像漁夫的捕魚簍。圓口邊始終用許多絲線撐開，絲線從圓口處引出來，拉到旁邊的牆壁上去。這個袋子是用極

細的材料編織而成，非常透明，可以看到幼蟲的一切動作。

從前一天以來，這種情況一直保持著，突然我聽到幼蟲扒搔紙盒的聲音。我把紙盒打開，看到我的俘虜正忙著用大顎尖刮扒著紙盒的壁板，身子有一半已鑽出了袋子。紙盒已經被咬得亂七八糟了，一堆細小的碎屑堆在吊床的開口前面準備以後使用。由於沒有別的材料，幼蟲無疑是要用這些刮下來的東西來建築牠的住所。我認為根據牠的愛好，給牠送上沙會更合適些。泥蜂的幼蟲從來都沒有用過這麼豪奢的材料來蓋房子。我給囚犯倒上摻雜著金色雲母片的藍色吸水沙。

食物放在袋口前，袋子水平放置，這樣便於以後的工作。幼蟲半欠著身子伸出吊床外，用大顎在沙堆裡幾乎是一粒一粒地挑選著沙粒。如果遇著太大的沙粒，牠便拿起來扔到遠處。經過這樣的篩選後，牠用口器把一部分沙子掃到絲袋裡去。做完後牠回到捕魚簍裡，開始把絲拉出來，在袋底鋪上均勻的一層，然後黏上各式各樣的沙粒，用絲做水泥把沙粒嵌到建築物中去。袋頂建造得比較慢，沙粒一顆顆地搬到上面，然後立即用絲質膠著劑固定住。

第一批沙只夠建築蛹室的前半部，其末端是袋口。在轉身建造後半段之前，幼蟲又準備了材料，並採取預防措施，以便

在砌造時不會受到影響，因為外面門口的沙堆會塌落到袋裡來，妨礙建設者在這麼狹窄的空間工作。幼蟲見到這個事故，把幾顆沙粒黏結起來，做成一扇厚沙簾把袋口遮住，雖然並不完善，卻足以阻止坍塌。採取這些預防措施後，幼蟲進行蛹室後半部分建築工作。牠不時返身到外面備料，把防止外部細沙侵入的門簾撕開一角，透過這一裂縫叼著所需的材料。

蛹室還沒有完全造好，較粗的一端還大開著，缺少封住蛹室的球形罩。為了最後這項工程，幼蟲準備了大量的沙，這是所有儲存物中最重要的部分；然後牠把這堆沙推到門前，在袋口編織絲罩，這絲罩跟原來捕魚簍的口連在一起。最後把儲存在袋裡的沙粒一個個放在絲質材料上，然後用絲液把沙黏結起來。這一作業結束後，幼蟲只需要對內部做最後的加工，用一種生漆把內壁塗好，免得粗糙的沙粒擦傷牠那嬌嫩的皮膚。

我們可以看到，純絲的口袋和以後把口袋封起來的球形罩只是一個支撐鷹架。泥蜂以此作為支撐進行砌沙工作，並使口袋弧度均勻。這好比建築者為了建造一個門拱或拱頂使用鷹架一樣，工作結束後，把鷹架去掉，拱頂就靠自己平衡支撐。同樣，蛹室做好後，絲質的鷹架便消失了，一部分埋到砌體中，一部分則被粗糙的泥沙磨掉；沒有任何痕跡可以看出牠使用了多麼巧妙的辦法，用沙這樣流動的材料，建造出一座非常勻整

的建築物。

　　用來堵住最初的捕魚簍的球形罩，是單獨進行編織的，然後再接到蛹室的主體上。雖然連接和焊接這兩個構件的工作進行得非常細心，不過卻不如幼蟲一氣呵成所砌造的蛹室牢固，所以圍繞著罩子有一條不太堅固的環形線。但是這並不是建築物的缺點，相反正是它的另一個傑出的優點。昆蟲以後從保險箱裡出來時將會遇到嚴重的困難，因爲牆壁太堅硬了；而比其他地方脆弱的連接線，大概可以使牠省下許多力氣，因爲當泥蜂完全蛻變成形出土時，罩子就是順著這條線裂開的。

　　我前面把這蛹室稱爲保險箱。它確實非常堅固，既是由於它的外形使然，也跟材料的性質有關。地面的坍塌和下陷都不會使之變形，因爲手指用最大的勁來壓它也不會壓碎。所以，儘管泥蜂的窩是挖在不結實的土壤裡，天花板遲早會塌下來，這對於幼蟲來說都沒有什麼關係，甚至上面覆蓋著薄薄的沙，過路人腳踩到也不要緊；牠藏在結實的隱蔽屋裡，完全用不著害怕。潮濕也不會危害到牠。我曾把泥蜂的蛹室浸在水裡兩個星期，裡面竟然沒有絲毫潮濕的跡象。我們的住宅怎麼沒有這麼好的防水材料呢！另外，這卵形的蛹室很漂亮，與其說是幼蟲的產物，不如說是一件精雕細刻的藝術品。對於不了解這個秘密的人來說，我讓幼蟲用吸水的沙建造的這些蛹室，彷彿是

以前所未聞的妙法做成的首飾，撒在天青色底布上，準備給玻
里尼西亞①的美女當做項鍊上泛著金色光點的大珍珠呢。

---

① 玻里尼西亞：大洋洲太平洋上的群島。——譯注

第十九章

回窩

　　砂泥蜂在白天較晚的時候挖掘牠的井，用一塊石頭當作蓋子把井口封住，然後便扔下牠的建築物，在花間徜徉而去，離開那地方。可是，第二天牠卻知道要帶著毛毛蟲返回牠昨天挖的窩，儘管牠不見得知道這窩的地點，而且窩往往有好幾個。泥蜂也會抱著獵物，極其精確地停落在牠那被沙堵住、跟滾滾黃沙渾然一體的家門口。我的眼睛根本看不到，我的記憶也根本想不起來窩在哪裡；可是昆蟲的眼力和記憶卻萬無一失。看來昆蟲身上有某種比簡單的記憶更敏銳的東西，一種我們無法比擬的、對地點的直覺，總之，一種無以名狀的能力，我無以名之，姑且稱之為「記性」。不知道的東西不可能有名字的啊。為了盡可能稍微了解昆蟲的心理，我進行了一系列實驗，下面予以說明。

　　第一個實驗的對象是捕捉方喙象鼻蟲的櫟棘節腹泥蜂。上午將近十點鐘，我在同一個斜坡上、同一個蜂群裡，抓了十二隻雌節腹泥蜂，有的正在挖掘巢穴，有的正在給窩裡供應糧食。每隻俘虜單獨封閉在一個紙袋裡，然後全都放在一個盒子中。我走到離蟲窩約三公里的地方，把櫟棘節腹泥蜂放走，不過為了以後容易辨認，我用麥桿沾著一種不會褪去的顏色，在牠們胸部中間點了一個白點。

　　這些膜翅目昆蟲飛往各個方向，有的到這裡，有的到那裡；不過只飛了幾步便在草莖上歇著，用前腳揉揉眼睛，彷彿因為驟然重見天日，被陽光迷昏了眼。接著，牠們先後又飛了起來，可是全都毫不猶豫地向南，也就是向牠們家的方向飛去。五個鐘頭後，我回到了巢穴，這些巢全都建在同一地點。我剛走到那裡，便看到有兩隻我做了白色記號的節腹泥蜂正在窩裡工作；不一會兒，第三隻從田野裡突然來到，腳上抱著一隻象鼻蟲，第四隻很快也隨之而來。我待在那裡不到一刻鐘時間，就目睹了十二隻中有四隻回到原來的窩，這已經足以說明問題，我不需要再等了。這四隻知道如何做，其他的蜂也會做，也許牠們正這麼做呢；因此可以設想，其他那八隻正在路上捕獵，或者已經躲到窩的深處。就這樣，我的節腹泥蜂被帶到兩公里之外，方向和路途是牠們在紙牢裡不可能知道的，可是牠們卻能夠飛回來，至少有幾隻回到了牠們的家。

　　我不知道節腹泥蜂的狩獵範圍有多大，可能在方圓兩公里內比較熟悉些。也許我把牠們送去的地方還不夠遠，牠們可能是靠著對這些地方習慣性的了解而返回。必須再做實驗，要離得更遠，而且出發的地方是牠們根本不會知道的。

　　我從上午曾經取過實驗品的同一窩蜂群中，又取了九隻雌節腹泥蜂，其中三隻接受過上一次實驗。我還是用黑漆漆的盒子來運輸，每隻昆蟲都關在紙袋裡。出發地選在離窩約三公里的鄰近城市卡爾龐特哈。這一次，我不是像上回那樣在田野裡釋放昆蟲，而是在人口稠密的市中心大路上釋放牠們。節腹泥蜂的習性是在鄉下生活，這地方牠們從來都沒來過。由於天色已晚，我延後進行實驗，囚犯們便在囚牢裡過了一夜。

　　第二天早上將近八點鐘，我在這些節腹泥蜂的胸部做了兩個白點的記號，以便跟昨天那些只有一個白色記號的區別開來，然後我在路上把牠們一隻隻釋放了。放走的每一隻節腹泥蜂，先是從一排排樓房間垂直往高處飛，彷彿要盡快從連綿不斷的街道中擺脫出來，上升到視野遼闊的高處，飛到屋頂便立即奮力一躍，振翅往南飛去。我是從南邊把牠們帶到城裡來的，牠們的窩就在南邊。我有九隻俘虜，依次一隻隻釋放，可是九次我都驚奇地看到，完全改變了生活環境的昆蟲，竟然毫不猶豫地選擇了正確的飛行方向，以便返回牠們的窩。幾小時

後，我到了窩那裡，看到好幾隻昨天釋放的節腹泥蜂，從胸部只有一個白點可以辨認得出來，可是剛才釋放的卻一隻也沒見到。牠們找不到住所嗎？牠們是去捕獵嗎？還是正躲在坑道裡，讓這場實驗所引起的緊張心情平靜下來呢？我不知道。第二天，我又去觀察，這一次我滿意地發現，有五隻胸部有兩個白點的節腹泥蜂正在積極地工作，好像沒有發生任何不平常的事情似的。三公里的距離，人口稠密的城市，鱗次櫛比的房屋，炊煙繚繞的煙囪，這一切對於這些純粹的鄉巴佬來說是如此的新奇，但都沒有阻撓牠們返回自己的窩。

鴿子從窩裡取出來，運到很遠的地方，能夠迅速飛回到鴿棚來。節腹泥蜂運到三公里遠的地方也能返回窩，如果就動物的體積與飛行路程的長度相比，牠比鴿子要強多少啊！昆蟲的體積只有一立方公分，而鴿子的體積絕對應該有一千立方公分，甚至還不止呢。鴿子比這種膜翅目昆蟲大一千倍，所以為了與昆蟲比賽，牠應該從三千公里處，也就是從法國由北到南距離最長處三倍遠的地方返回鴿棚。我不知道有沒有信鴿曾經完成過這樣的壯舉，但是強有力的翅膀不見得可以用公尺來衡量其品質，動物的本能更是如此。這裡討論的事情也不能用體積的比例來考慮，所以我們只能認為，這種昆蟲要跟鴿子比賽絕對當之無愧，還不能確定究竟誰擁有優勢呢。

　　當鴿子和節腹泥蜂被人帶著背井離鄉，運到牠們沒有到過也不知道方向的遠方時，牠們是否靠著記性的指引而返回鴿棚和蜂窩呢？牠們是否有記性做為指南針，這樣牠們飛到一定的高度時，從那裡以某種方式測定出方位，於是向牠們的窩所在的天際展翅奮力飛去呢？牠們第一次到這個地區，是否有這種記性，能夠在天空中為牠們指明回家的路呢？顯然不是，對於不認識的東西是不可能有記憶的。膜翅目昆蟲和鳥類不知道牠們位在何方，沒有任何東西可以指引牠們飛行的方向，牠們是放在黑漆漆的密閉紙盒或者箱子裡被運走的。牠們完全不知道身處的地點和方向，可是牠們都飛回來了。因此，指引牠們方向的是比單純的記性還要有用的東西，牠們有一種專門的本領，一種「地形感」。我們對於這種地形感是不可能有什麼概念的，人類身上沒有相類似的東西。

　　我打算透過實驗來證明，這種本領在其有限的能力之中是多麼敏銳和精確，然而只要超出了一般的條件，牠又是多麼的局限和遲鈍。這便是本能所特有的、千篇一律的對比現象。

　　一隻為供應幼蟲食物而奔波不息的泥蜂離開了窩，過一會兒帶著獵物回來了。昆蟲在動身前，後退著把沙扒到洞口，仔細堵住入口，於是在漫漫沙地上根本看不出這入口跟其他地方有什麼不同，不過對於這種膜翅目昆蟲來說，這完全沒有困

直直撲向牠那被我第四次更換了裝飾物的洞口。現在，窩的那塊地方已經用核桃大的卵石當作馬賽克蓋住了。對於泥蜂來說，我的工程雖然遠遠超過了布列塔尼[1]的拱形建築物，超過了卡禾納克在史前時期遺留下來的巨石群[2]，卻騙不了這傷殘的昆蟲。在我的迷魂陣中，被截斷觸角的膜翅目昆蟲，就跟有完整器官的昆蟲在其他條件下一樣，輕而易舉地找到入口。這一次，我讓這位忠實的母親平平安安地回到牠的窩。

接連四次把現場改頭換面，住宅前面換了顏色、氣味、材料，以及雙重傷害所帶來的疼痛，這一切都無法考倒膜翅目昆蟲，甚至都沒能讓牠對自己家門的位置產生一點猶豫。我無計可施，完全不明白，如果昆蟲在我們所不知道的官能中沒有某種特殊的指引手段，那麼當牠的視覺和味覺由於我前面所說的詭計而發生差錯時，牠又怎麼能夠回到家呢？

過了幾天，一次實驗得到成功，使我得以用一種新的觀點來重新考慮這個問題。我把泥蜂的窩整個揭開來，但並未太過破壞原來的樣貌。這窩埋得不深，幾乎是水平放置著，而且就

① 布列塔尼：位於法國西北部，是一個半島，至今仍保持著西元五、六世紀塞爾特人的文化。——譯注
② 卡禾納克的巨石群有多達三千根巨石柱，是人類舊石器時代和青銅器時代的遺跡。——譯注

挖在不太堅硬的土中，這樣我操作起來就很容易。我用刀刃把
沙一點一點地刮掉，於是屋頂整個都沒了，地下房屋就成了一
條或直或彎的小溝，一條像渠道一樣的東西，有二十公分長，
位於洞口的一端可自由進出，另一端則是封閉的窪陷，幼蟲就
藏在那裡，躺在牠的食物中。

現在隱廬暴露在光天化日之下，沐浴於陽光之中。當母親
回來時，牠會採取什麼行動呢？讓我們按科學的辦法把問題一
個個分開來吧。要進行觀察可能相當麻煩，我已經看到的情況
使我可以輕易地猜到這一點。母親回來的目的是為了提供食物
給幼蟲，可是要走到幼蟲那裡，首先就要找到門。幼蟲和門，
在我看來，這兩個問題值得單獨分開來研究。於是我把幼蟲和
牠的食物拿走了，走道的盡頭空無一物。做了這些準備工作之
後，只要有耐心就行了。

膜翅目昆蟲終於回來了，逕自朝著已經不存在、只剩下門
檻的門口奔去。我看到牠花很長時間在表面上挖掘、打掃，把
沙掀得飛舞起來。牠這樣不屈不撓地挖掘，並不是要挖一條新
的坑道，而是在尋找這扇活動的圍牆。昆蟲只要頭一拱，這圍
牆就會塌下來讓牠進去的，可是牠遇到的不是活動的材料，而
是還沒有翻動過的堅實土地。土地的堅硬使牠警覺起來，於是
牠只在地面上探索著，不過並沒有走遠，始終在應該有洞口的

地方附近尋找，頂多就是偏離幾寸而已。不久，牠又回到原先已經探測、打掃了不下二十次的那地點，再進行探測、打掃，不過就是不能下決心走出牠那狹窄的半徑，因為牠是那麼執拗地深信，門口應該就在那裡而不是在別處。我好幾次用草根輕輕地把牠撥到另一個地方，昆蟲並不上當，牠立即又回到門口所在的地點。過了許久，坑道變成了渠道，這種情況似乎引起了牠的注意，不過只是稍稍有點注意而已。泥蜂向那裡走了幾步，一直不斷扒著土，然後又回到入口處。我看見牠有兩、三次一直走到那條溝的盡頭，到達幼蟲住的窪陷處，漫不經心地扒幾下，然後又急忙返回入口處繼續尋找。牠的那種固執，連我都不耐煩了。一個多小時過去了，堅忍不拔的膜翅目昆蟲始終在那已不存在的大門口所在地四處尋找。

當牠見到幼蟲時會是什麼情況呢？這是第二個問題。繼續用同一隻泥蜂做實驗，也許得不到所要求的萬無一失的效果：昆蟲由於徒勞無功的尋找變得更加固執，我覺得牠現在被一種固定的想法糾纏著，這一定就是牠困惑不解的原因，而這是我很想弄明白的。我需要一隻新的、未受到過分刺激、完全受最初的衝動所驅使的實驗對象。機會很快就出現了。

我前面已經說過，窩已經完全掀開了，但我沒有碰窩裡的東西，幼蟲仍然留在原來的地方，食物也沒動，屋裡一切井然

有序，少的只是屋頂而已。好了，面對這露天小屋，觸目所
及，一切細節一覽無遺：前廳、坑道、盡頭的臥室、幼蟲以及
那成堆的雙翅目昆蟲食物；房屋成了小溝，小溝盡頭，幼蟲在
炎熱的陽光下焦躁不安地亂動。可是母親絲毫沒有改變前面已
經描述過的動作，牠停在原來的大門所在地，就在那裡挖掘、
掃沙；牠在半徑幾寸遠的周圍試了試之後，總是回到原地。牠
根本不到坑道裡探索，根本不擔心受煎熬的幼蟲，那表皮嬌嫩
的幼蟲，剛剛從溫暖潮濕的地下驟然來到酷熱的陽光下，正在
已咀嚼過的雙翅目昆蟲堆上扭動著身子，可是牠的母親卻不管
牠。對於母親來說，這就跟散亂在地上的小礫石、土塊、乾泥
巴等隨便碰到的東西一樣，沒有什麼特別的，不值得注意。這
位費盡力氣要去嬰兒房的母親，這位溫情而忠實的母親，目前
需要的是入口的門，牠已經習以為常的門，而不是別的任何東
西。這母親的全部心思都放在找尋牠所認識的通道上。事實
上，這條路根本就是通行無阻的，沒有什麼東西阻擋住這位母
親；在牠眼前，幼蟲正極端痛苦地掙扎著，而這幼蟲正是母親
忐忑不安的最終目標啊。牠只要一躍就會來到這不幸者的跟
前，而那不幸者正在求援呢。為什麼牠不跑到牠疼愛的嬰兒身
旁呢？牠如果趕緊為幼兒挖一個新窩，那麼很快就可以把嬰兒
隱蔽在地底下了，可是牠沒有這麼做，孩子就在牠眼前受著太
陽的炙烤，而母親卻固執地尋找一條已不存在的通道。在動物
所具有的感情中，母愛是最強烈、最能激發才智的，看到做母

起，所以觀察者不應惹出這種事端來。觀察者常常可能看到膜翅目昆蟲對子女極度的漠不關心，以及對待幼蟲這個礙手礙腳的東西那種粗暴的蔑視。一旦用耙對坑道盡頭探索一番之後（這只不過是一會兒的事），泥蜂又回到家門口這心愛的地點去，重新進行徒勞無功的尋找。至於幼蟲，牠被母親摔在哪裡，就在那裡掙扎、扭動著。於是牠會這樣死去，而不會得到母親的任何救助。母親因為沒有找到習慣走的通道，已經不認得牠了。我們如果第二天再到那裡去，便會看到牠在溝的盡頭，被太陽烤又乾又焦，並已成為小蠅的食物，而牠自己原先則是把蠅類當作食物的。

　　這便是本能行為之間的聯繫，哪怕面臨最嚴重的情況，這些行為還是按照無法打亂的順序互相呼應。泥蜂追根究底要找的是什麼呢？顯然是幼蟲。但是要走到幼蟲跟前，就要進窩，而要進窩，首先就要找到門。雖然在母親的面前，坑道已經敞開，暢通無阻，牠儲備的食物、牠的幼蟲就擺在那裡，可是牠仍然執拗地尋找入口的那扇門。在這時刻，成為廢墟的房屋、處於危難中的幼蟲，牠都視若無睹；對牠來說，至關重要的是找到熟悉的通道，穿過流沙的通道；如果這通道找不到，住屋和居住者全都完蛋也無所謂！牠的行為就像一系列按照固定的順序互相引起的回聲，只有前一個聲音響起之後，後一個回聲才會響起來。這並不是由於障礙物的緣故，因為房屋是敞開

在季節允許的時候門敞開著，牆上有一扇狹窄的監獄式鐵條窗，菱形的玻璃鑲在鉛網格上。四周牆上釘著木板做為板凳，屋子中間放一張沒了草墊的椅子、黑板和粉筆。

早上和傍晚，聽到鐘聲，五十多個頑皮的小孩就被送到這裡來了。這些孩子因為還讀不懂《羅馬史簡編》[2]和《歷史簡編》，所以像當時人們所說的，要專心地「好好學幾年法語」。羅莎[3]筆下的「廢物玫瑰花」到我這裡來學寫字，兒童和大孩子們亂糟糟地集中在這裡，他們的知識程度參差不一，但全都一心一意要捉弄這個老師，這個跟他們其中某些人年齡一般大，甚至沒有他們大的老師。

我教年紀小的唸音節，教大一點的孩子以正確的方法拿筆，並在膝蓋上聽寫幾個字；對於大孩子，我向他們揭開分數的秘密，甚至直角三角形弦的奧秘。而為了讓這群不安分的學生敬服，為了根據每個人的能力出些作業給他們做，為了使他們集中注意力，最後，為了使他們在這陰森森的大廳裡（大廳牆壁濕漉漉的不說，更可怕的是令人覺得抑鬱愁悶）不感到厭煩，我唯一的辦法就是說話，唯一的工具就是粉筆。

---

② 《羅馬史簡編》：用簡單的拉丁文撰寫，用於教學的書。——譯注
③ 羅莎：1615～1673年，為義大利畫家、詩人，著有《諷歌集》，曾以玫瑰諷喻無知識的人。——譯注

　　在所有班級裡，孩子們對一切不是用拉丁文或者希臘文寫的東西全都不屑一顧。今天的物理學已有了長足的發展，而在當時，這門學科是怎麼教的呢，我舉一個例子就足以說明。這所中學的主要教師是位傑出的神父，他不想親自負責綠豌豆和肥肉之類的事，所以就把準備食物的工作全部交給他的一個親戚，而自己則全心全意教授物理。

　　我們來聽聽他的一堂課吧。這是關於晴雨計的課，正巧學校裡有一支晴雨計。這支舊玩意滿是灰塵，掛在牆上，一般人的手都摑不著。晴雨計的板子上刻著粗大的字母，寫著「風暴」、「下雨」、「晴天」。

　　「晴雨計嘛，」這位教學經驗豐富的神父對他的學生說道，很奇怪，他用「你」來稱呼學生，「晴雨計用來告訴我們天氣是晴天或雨天，你看板子上寫著的晴、雨這些字，巴斯蒂安，你看到了嗎？」

　　「看到了。」最調皮的孩子巴斯蒂安答道。他已經瀏覽了一遍課本，對於晴雨計比神父了解得更清楚。

　　「晴雨計是由拱起來的玻璃管構成，管裡裝著水銀，水銀柱根據天氣的情況上升或者下降。這個小支管是開著的，另一

個，另一個……哎，我們去看看就得了。你，巴斯蒂安，你個子高，你爬到椅子上看看，那長的管子是開著的還是閉著的，我記不清了。」

巴斯蒂安爬上椅子，盡量踮著腳尖，用手指拍拍長管柱的頂部，然後，他剛長出小鬍子的下巴露出喜不自禁的微笑。

「是的，」巴斯蒂安說道，「是的，就是這樣。長管的上部是開著的。我能摸到凹陷的地方。」

接著，巴斯蒂安為了把他騙人的話說得活靈活現，繼續用食指在管的上部搗弄著。跟他一道搗鬼的那些同學拼命按捺住，不讓自己笑出來。

神父面無表情地說：「行了，下來吧，巴斯蒂安。先生們，在你們的筆記本寫上『晴雨計的長管是開著的』。否則，你們會忘掉的，我自己就忘記了。」

物理課就是這樣教的。不過，事情不斷有改善，他們有了一個老師，一個無論如何還知道晴雨計的長管是閉著的老師。我自己去弄來了幾張桌子，這樣我的學生就可以在桌子上寫字，而不是趴在膝蓋上塗鴉了。我這個班的人數每天都在增

加，最後不得不分成兩個班。後來我有了一個助手，由他來照顧最小的學生，混亂的狀況才有所改變。

　　教學內容方面，在田野裡教幾何，是老師和學生都特別高興的課程。學校裡沒有任何必要的教具，可是既然我的薪水那麼高，請注意有七百法郎，所以這筆開銷我可不能猶豫。測量用的帶子和標竿、卡片和水平儀、直角器和指南針，我全都掏腰包買來了。一台還沒有巴掌大卻價值一百個蘇的小型量角器是由學校提供的。沒有三腳架，我託人做出來。總之，我現在配備著各種工具了。

　　五月一到，我們每週一次離開陰暗的教室，到田野裡去。這真是歡樂的日子。學生們爭著扛起三支一束三支一束的標竿，他們感到光榮得很，因為在穿過城市時，所有的人都會看到他們肩上扛著這些標誌著博學多聞的幾何竿。不瞞大家說，我自己小心翼翼地扛著最精密、最寶貴的儀器，就是那價值一百個蘇的著名量角器時，也不是沒有某種自我滿足感的。進行測量的地方是一處沒種田、遍地卵石、當地人稱為「禿地」的平原。那裡沒有任何綠籬或者灌木叢會妨礙我監視學生，另外還具有一個不可少的條件，就是我用不著擔心有綠色的杏子會引誘我的學生。平原又長又寬，只有開著鮮花的百里香和圓圓的石蛋子。那裡場地空曠，可以設置各種各樣的多邊形，梯形

和三角形可以用任何方式結合在一起，而且平常無法走到的距離，在這裡就像是跨出半公尺那麼容易；甚至一座破舊的房子、從前的鴿子棚，都可以用垂直線讓量角器大顯身手。

第一次活動時，就有某些可疑的東西引起了我的注意。一個學生被派到遠處去插一根標竿，我看到他一路上停下來好多次，彎下身子，直立起來，尋找著，又彎下，忘記了他手上的對齊標竿和記號。另一個負責收起測竿的學生忘記了鐵叉，卻撿起一塊卵石；還有一個學生不去測量角，而是在手掌上搓一塊泥土。我發現大部分的學生都舔著一根麥桿。多邊形被擱在一邊，對角線沒有畫出來。這究竟是怎麼回事呢？

我走過去看個究竟，一切都明白了。學生們從小就喜歡到處搜索，認真觀察，許多老師不知道的東西他們早就知道了。在禿地的石子上，一種大黑蜂在築土窩，由於窩裡有蜜，我的測量員們打開蜂窩，用麥桿把蜂房掏空。這樣的做法讓我了解，蜂蜜雖然比較濃稠，卻是絕對可以吃的。我自己也吃出滋味來了，便跟著他們一道找蜂窩去。過一會兒再量多邊形吧，就這樣，我第一次看到了雷沃米爾的築巢蜂，但是我對牠的生活史一無所知，也不知道為牠寫下生活史的人。

這種漂亮的膜翅目昆蟲長著深紫色翅膀，穿著黑絨服裝，

在陽光普照下的百里香叢中，在卵石上建造簡陋的窩。牠的蜜爲擺弄指南針和直角器這枯燥乏味的生活帶來了樂趣，這一切在我腦海裡留下了深刻的印象，於是我想多了解一點牠們的情況。我的學生們教我的，只是用一根麥桿把蜜從蜂房裡掏出來。正巧書店裡有一本關於昆蟲的出色書籍：德・卡斯特諾、布朗夏、呂卡合寫的《節肢動物博物學》。書中圖文並茂，令人目不暇給。可是，唉，價錢實在太貴了！啊！價錢眞貴！管他呢，精神食糧和物質食糧，我那七百法郎的豐厚收入是根本無法面面俱到的，我在某一方面多花了一些，就要在另一方面扣下來。無論是誰，凡是靠科學來謀生的人，都只好用這方法使收支平衡。這一天，我的薪水大大失血，我把一個月的薪金都拿來買了這本書。這一大筆透支，以後要千方百計地精打細算才能彌補得過來。

我一口氣把書讀完，就像俗語說的狼吞虎嚥。從書裡，我知道了這種黑蜂的名字，我第一次讀到關於高牆石蜂[4]的習性細節，我在書中發現了雷沃米爾、于貝爾[5]、杜福這些在我看來閃著光環的、令人尊敬的名字。而當我第一百遍翻閱這本書時，我內心有一個聲音隱隱約約地對我輕聲說道：「你也會成

④ 高牆石蜂：又名塗壁花蜂。──編注
⑤ 于貝爾：瑞士博物學家。──編注

翅目昆蟲的選擇,可能跟這裡有很多這樣的卵石有關係;所有不太高的高原,所有長著百里香植物的乾旱土地上,全都堆滿被紅土黏結起來的卵石。在河谷中,石蜂還可以利用急流沖刷下來的石子。例如在歐宏桔附近,石蜂特別喜歡的地方是艾格河沖積地,河水已經退去,地面鋪著一層圓石頭。最後,如果沒有卵石,築巢蜂就把窩砌在隨便一塊石頭、田邊或者砌在一堵圍牆上。

西西里石蜂選擇的範圍更廣。這種田間小昆蟲特別喜愛在屋頂飛簷的瓦片下面築窩。每年春天,牠們一群一群地在那裡築窩,砌好的窩一代一代傳下來,而且逐年擴大,終於占了大片地方。我曾看見一個窩蓋在一個大棚的瓦片下面,有五、六平方公尺。正在築窩的一群群蜂亂飛,一邊工作一邊嗡嗡叫,那聲音簡直震耳欲聾。高牆石蜂也喜歡在陽臺下面、在廢棄的窗洞裡築窩,如果窗戶是百葉窗就更好,這樣牠們可以自由出入。這是群英薈萃的地方,數百、數千個工人在同一個地方工作。如果只有一隻(這也算常見)西西里石蜂,便在任意一個角落裡築窩,只要那裡地基牢固、暖和就行,至於地基的性質則完全無所謂。我曾看到有的窩建在光禿禿的石頭上,有的建在護窗板上,有的甚至建在棚子的方格玻璃上。唯一對牠們不適合的是我們房屋的灰泥。西西里石蜂跟高牆石蜂一樣謹慎,在牠們看來,把窩建在有可能掉落的基座上面是可怕的事,蜂

房會有坍塌的危險。

　　西西里石蜂經常徹底改變建築物的基礎，牠爲什麼要這樣做，我還無法做出充分的解釋。牠那用泥漿建造的沈重房屋，看上去得以岩石做爲牢靠的基座，但牠卻把房屋建在空中，掛在一根樹枝上；籬笆的小灌木，不管是什麼灌木，英國山楂花、石榴樹、銅錢樹，都可以作爲牠的基座，這基座通常在一人高處。如果窩建在綠色橡樹或者榆樹上，那就更高一些。在濃密的灌木叢裡，牠們選擇麥桿那麼粗的樹枝，然後就在這狹窄的基礎上，用泥漿建造房屋，這泥漿跟牠們在陽臺下面或者屋頂飛簷處建造房屋用的泥漿一樣。造好的窩是一團泥，樹枝就從泥中橫穿過。一隻蜂造的窩有杏子那麼大，而如果有幾隻蜂一起築窩，就大約有拳頭大小；但後一種情況很少見。

　　這兩種石蜂使用同樣的材料：石灰質黏土。泥水匠會在土中加一點沙，用口水黏住。石蜂不願在潮濕的地方造窩，雖然潮濕的地方方便操作，而且可以減少用來拌泥漿的唾液；牠也不用新鮮的泥土來造房子，就像我們的建築工人不使用裂開的石膏和受潮很久的熟石灰一樣，因爲這種吸飽水分的材料凝固得不夠好；牠們需要的是乾的土粉，這種土粉可以充分吸收吐出來的唾液，唾液含有蛋白質，於是這土粉就變得像某種快乾水泥，某種我們用生石灰和蛋白做出來的油灰了。

在人來人往的路上，石灰質卵石被腳踩、被輪子輾，這路面變得像是鋪了一整塊石板似的那麼平整，這就是西西里石蜂最喜歡的採石場。不管是在籬笆中的一根樹枝上定居，還是在農家屋頂的飛簷下築窩，石蜂總是到附近的小徑、路邊、公路上去找建造房屋的材料，從不會因為行人或者牲口不斷走過而丟下工作。路面在炎熱的陽光照射下泛著白光，不過石蜂仍然積極地工作著。在作為建築工地的農場和做為砂漿攪拌場的馬路之間，石蜂發出嗡嗡叫聲，熙來攘往，接連不斷，不停地來來去去。工人們彷彿一陣風似地在空中快速地飛來飛去，飛走的石蜂帶著像射兔子的鉛砂那麼大的沙粒離開，飛來的蜂則立即停到最硬最乾的地方。牠們全身顫動，大顎刨啄，前腳扒拉，把採來的泥沙放在牙齒間翻動，用唾液攪和成一團勻稱的沙漿。石蜂的工作熱情是那麼高，寧願被行人踩死也不願放棄牠的工作。

與西西里石蜂相反，高牆石蜂喜歡孤獨，遠離人們的住屋，很少出現在人來人往的路上，也許是因為這些地方離牠們築窩的地方太遠的緣故。只要在附近能找到適合把窩建在上面的卵石，找到含有許多礫石的乾土，這就夠了。石蜂可以在一塊還沒有築過窩的地方蓋一個完全新的窩，或者把舊窩修補一下，利用原有的蜂房。我們先看看前一種情況。

選好卵石後，高牆石蜂口銜一團沙
漿，把沙漿放在卵石上做成一個圓墊子。
牠用前腳，尤其是當作泥水匠首要工具的
大顎，對材料進行加工處理，一點點吐出
來的唾液使材料保持塑性。為了鞏固黏土
建築物，石蜂把扁豆大帶稜角的礫石一粒

高牆石蜂

粒地鑲上去，不過只是鑲在外面，鑲在軟
土塊上。接著以這第一層石子為基礎，一層層疊上去，直至蜂
房達到牠所要求的二至三公分的高度。

　　此處的砌石工程是把石頭疊起來，再用石灰黏住。石蜂的
作品可與人們的建築物媲美。為了節省力氣和砂漿，膜翅目昆
蟲的確使用大型材料，體積龐大的卵石，這對牠來說真是待琢
的石頭呢，牠仔細地一一挑選。這些石頭相當硬，幾乎都有稜
角，彼此咬合、互相支撐，從而使整個建築十分牢固。一層層
沙漿精打細算地澆在上面，使得卵石十分平整，於是蜂窩的外
觀像是粗糙的建築工程，天然凹凸不平的石頭突出來；可是內
部要求表面精細以免傷害幼蟲的嬌嫩皮膚，所以塗上一層純粹
的灰泥。另外，由於這內部塗層是漫不經心地塗上去的，用抹
刀隨隨便便塗一塗，所以當蜜漿吃完時，幼蟲必須織造蛹室，
在自己住所粗糙的內壁掛上絲質壁毯。相反的，條蜂和隧蜂因
為幼蟲不織蛹室，所以母親得在牠們的蜂窩內面仔細塗抹，像

是經過加工的象牙那樣光滑。

　　窩的形狀根據基座的情況而有不同，但軸線總是近乎垂直，洞口朝天，因此液體狀的蜜就不會流出來。窩如果建在橫的平面上，形狀就像個圓形小塔；如果是建在垂直或者傾斜的平面上，它就像半個從中切開的頂針，而那個做為基座的卵石，就把窩的牆壁堵得非常嚴密。

　　蜂房建好後，石蜂立即忙著儲備食物。蜂窩附近的各種花，尤其是在五月間把沖積平原點綴得一片金黃色的金雀花，為牠提供了蜜汁和花粉。牠來到窩裡，嗉囊裡裝滿了蜜，黃色的腹部下面沾滿花粉。牠先是把頭伸進去，過了一會兒身子一抖，表示牠把蜜漿吐出來了。嗉囊空了之後，牠從蜂房出來，馬上又鑽進去，不過這次牠倒退著進去，現在牠用兩隻後腳刷著肚子下部，把身上的花粉刷下來。接著再走出窩來，又一次頭先進入蜂房。這次牠是要用大顎這把勺子把蜜漿攪拌均勻。這種攪拌工作並不是每一次飛回窩都要進行，而是間隔越來越遠，當材料積累到相當數量時才進行。

　　蜂房裝得半滿後，糧食的儲備就足夠了，剩下的事就是在蜜漿的表面產卵，並把窩封閉起來。石蜂說做就做。圍牆是一個純蜜漿製的蓋子，從周邊到中心逐步建造起來。我發現，所

有的工作至多兩天就做完了，除非這期間天氣不好，下雨或者
僅是因爲多雲便會打斷牠的工作。然後，背靠著第一個蜂房，
石蜂又建造第二個蜂房，並以同樣的方式儲備糧食。第三個蜂
房、第四個……一個接著一個地備好食物，產下卵，把蜂房封
住，然後再蓋下一個蜂房。工作只要開始了就會進行下去，直
至完全做好爲止。石蜂總是在前一個蜂房的建築、備糧、產卵
和封閉等四項作業全都結束之後，才蓋新的蜂房。

　　高牆石蜂總是獨自在牠選好的卵石上築窩，而且甚至很不
喜歡牠的蜂窩旁邊有別的石蜂來築窩，所以在同一塊石頭上毗
鄰而居的蜂房數目不多，最常見的是六個到十個。那麼一隻石
蜂的整個家是不是就只有大約八隻幼蟲呢？或者這隻石蜂以後
會在別的卵石上爲更多的子女築窩呢？如果牠要產卵，這塊石
頭有足夠大的面積給再蓋的蜂房當作基座，牠在這裡絕對有充
裕的地方蓋房子，用不著去尋找另一塊基地，用不著離開牠常
常來往、已經習以爲常的這塊卵石。因此我認爲，石蜂的家庭
人口不多，在同一塊石頭上就可以全都安置好，至少當牠新蓋
一座蜂窩時是這樣想的。

　　由八至十個蜂房組成的蜂窩群覆蓋著卵石外層，十分牢
固；但是蜂窩的牆壁和外蓋厚度至多只有兩公釐，當氣候惡劣
時，要保護幼蟲似乎不夠堅固。蜂窩蓋在露天石頭上，毫無遮

擋。在炎熱的夏日，蜂窩的每個蜂房成了悶熱的烘箱，接著秋天的雨水又會使蜂窩慢慢腐爛；然後冬天的冰凍將使秋雨沒有侵蝕的部分一塊塊掉下來。水泥再硬，能夠承受所有這些破壞因素嗎？即使承受得住，幼蟲躲在這麼薄的牆裡，難道牠夏天不怕酷熱、冬天不怕嚴寒嗎？

石蜂並沒有經過這些推理，不過牠做事是十分明智的。蓋好所有的蜂房後，牠在整個蜂窩上用一種水浸不進、熱透不過的材料砌了一層厚厚的罩子，既防潮、防熱又防寒。這材料就是用唾液拌和泥土做成的灰漿；但這一次，灰漿裡面沒有小石子混和其中。石蜂把灰漿一小團一小團、一抹刀一抹刀地，在成堆的蜂房上面鋪了厚一公釐的塗層，蜂房被這礦物蓋子埋住，完全看不見了。塗了罩子之後，窩就像一個粗糙的圓穹形建築物，有半個橘子那麼大。人們會以為這是一團泥，如果把它摔在一塊石頭上，蜂窩會半裂開，立刻變乾，從外表完全看不出裡面有什麼東西，絲毫沒有蜂房的樣子，也看不出任何努力工作的痕跡。在沒有經過訓練的眼睛看來，這只不過是一塊隨意碰到的土塊而已。

這整個蓋子就跟快乾水泥一樣，很快就乾燥了，於是蜂窩就硬得像一塊石頭，如果沒有堅固的刀，根本無法破壞。最後必須指出，看看最終的形狀，蜂窩完全不像原先的樣子，以至

於我們會把那開始時用石子鋪面、像標緻小塔般的蜂房，和結束時表面上看似一團泥的圓穹物，當成兩個不同類型的作品呢。但是如果把這水泥層刮掉就會發現，裡面的蜂房和蜂房的細石層，絕對可以辨認出來。

高牆石蜂更喜歡使用沒有受到嚴重損壞的舊窩，不想在光溜溜的卵石上建造新窩。圓穹狀的窩砌造得非常牢固，所以多少還保留著最初的樣子；不過裡面鑿了一些圓洞，是上一代幼蟲居住的房間。這就是石蜂所要的住所，牠只要稍加修復就可以用了，以便節省大量的時間，少費許多力氣，因此高牆石蜂就尋找這樣的舊窩。只有在找不到舊窩時，才決心建造新的。

從同一個圓穹形的窩裡出來了好些居民，兄弟和姐妹，紅棕色的雄蜂和黑色的雌蜂，全都是同一隻石蜂的後代。雄蜂過著無憂無慮的生活，什麼工作都不會做，牠回到土房子裡來，只是為了向女士們獻殷勤，根本不關心被拋棄的房子是什麼樣子。牠們所需要的是花蕊中的花蜜，而不是在大顎中咀嚼的灰漿。家庭的未來只有身為母親的雌蜂會操心。這所房屋，這個舊窩的遺跡，將歸後代之中誰所有呢？牠們是姐妹，對於遺跡應擁有平等的權利。人們的司法制度擺脫上古時代的影響，產生巨大的進步，除去長子的唯一繼承權。可是石蜂對於所有權的概念一直處於最原始的狀態：權利屬於第一個占有者。

　　所以當產卵的時刻來到時，石蜂遇到一個適合牠的窩就把它強占下來，在那裡定居；而後來的石蜂，不管是鄰居還是姐妹，要想跟牠搶奪，那就自認倒楣吧。一陣窮追猛打，牠很快就會被趕跑。圓穹上的那些蜂房像一口口井似的半張著嘴，牠目前只要一間房就足夠了，不過石蜂早已計算得非常清楚，剩下的蜂房以後可以用來裝其餘的卵；所以牠小心翼翼地監視著所有的蜂房，把前來造訪的石蜂從窩裡趕走。因此，我從來沒有看到兩隻築巢蜂同時在一塊卵石上工作。

　　現在石蜂的工程非常簡單。膜翅目昆蟲檢查舊蜂窩內部，找出需要修補的地方。牠把掛在牆壁上的破碎蛹室扯下來，把以前的居民戳破穹頂穿出蜂窩時扒拉下來的土屑清除出去，把破損的地方塗上灰泥，洞口修補一下，全部工程就只有這些。接下來就是儲備糧食、產卵和把房間封閉起來。當所有的蜂房像這樣一個接著一個裝好糧食和卵後，如果有必要，對整個蜂窩的灰漿圓罩子稍加修理，就大功告成了。

　　西西里石蜂不喜歡孤獨的生活，常跟許多同伴在一起。牠們往往幾百隻、幾千隻一道在草棚的瓦片或者屋頂的飛簷下定居。這可不是出於共同利益、所有成員有著共同目標的真正群居方式，牠們只不過是聚在一起而已。大家各做各的事，從來不管別人；總之這是一堆亂哄哄的工作者，只是由於數目總量

多和工作熱情高，才顯得像是一窩蜂的樣子。牠們所使用的灰
漿跟高牆石蜂的石漿相同，一樣堅固，一樣不透水，不過更細
膩而且沒有石子。牠們最初先使用舊窩，把所有的房間都修繕
一新，備好糧食然後密封起來。但是舊窩實在不夠住，西西里
石蜂的數目逐年迅速增長，灰漿圓罩下的住房日漸短缺，於是
根據產卵的需要，便在舊居表面上建造新的蜂房。這些新蜂房
為水平方向，或者大致水平地橫臥排列，彼此毫無秩序地緊挨
著。每個建築者可以完全自由地選擇蓋在哪裡就蓋在哪裡，只
要不妨礙鄰居的工作就行，否則受影響的石蜂就會大聲吆喝要
牠注意秩序。因此蜂房是在工地上隨意堆起來的，工地的布局
完全沒有整體性。蜂房的形狀像個沿軸線切開一半的頂針，一
部分圍牆由相鄰的蜂房或者舊窩的表面構成。蜂房外表粗糙，
露出彼此重疊、有許多結節的砌縫，這就是一層層的灰漿。蜂
房內部的牆壁抹平了但不光滑，幼蟲以後要用蛹室來彌補牆面
不光滑這個缺點。

　　就像前面說到的高牆石蜂那樣，西西里石蜂每建好一個蜂
房，立即儲備糧食並把蜂窩封閉起來。五月的大部分時間都用
來做這樣的工作。最後，所有的卵都產下來了，石蜂不管這些
卵是牠的還是別人的，大家一起為整個蜂房群做個遮蓋物。這
個厚厚的灰漿層填滿了所有的間隙，把所有蜂房都蓋住。最後
這共同的窩外型像塊乾土板，很有規則地隆起，中間部分是蜂

第二十一章

實驗

　　高牆石蜂的窩蓋在小卵石上，可以隨便搬動、互相調換而不會打擾工匠的工作，也不會影響蜂房裡居民的休息，所以可以方便地進行實驗。只有這種方法可以揭示昆蟲本能的性質。要研究昆蟲的心理特性並想取得一些成果，僅僅利用觀察時偶然碰到的情況是不夠的，還必須製造別的情境，盡可能變化各種環境，並將這些環境進行對照檢查；總之必須進行實驗，以使科學具有牢靠的事實基礎。於是，在精確的資料面前，有一天我們會發現，書本上充斥著荒誕不實的陳腔濫調，例如：金龜子請同伴助一臂之力，把糞球從車轍裡拉出來；飛蝗泥蜂把捉到的蒼蠅弄碎，以便減少風的阻力而把蒼蠅運走，以及其他許許多多把無中生有的事硬加在昆蟲身上的無稽之談。因此我們必須準備材料，而學者運用這些材料，總有一天會把那些建立在虛無縹緲基礎上的不成熟理論拋到一旁的。

　　雷沃米爾常常局限於正常情況下出現在他面前的事實，而沒想到要使用人工設置的條件，更深入一步探索昆蟲的本能。在他那個時代，一切都有待發現，然而他的收穫是那麼大，以至於這位著名的研究者最迫切需要做的，就是把田野資料收回來，而把對麥粒和麥穗的詳細檢查留待後來者。但是關於高牆石蜂，他提到由他的朋友杜・阿梅爾進行的一次實驗。他敘述了怎樣用一個玻璃漏斗把高牆石蜂的一個窩罩起來，然後用一塊普通的紗布把漏斗的一端塞住。他從蜂窩裡取出三隻雄蜂，這些石蜂從硬得像石頭般的灰漿裡出來，卻不打算戳破一塊薄薄的紗布，或許牠們認為這是辦不到的事。這三隻石蜂在漏斗裡死掉了。雷沃米爾進一步指出，昆蟲通常只做自然條件下需要做的事。

　　這個實驗並沒有讓我滿足，理由有二。首先，一個工人配備的工具，足以戳穿跟凝灰岩一樣硬的土塊，可是叫牠剪一塊紗布卻不一定能做到，我們不能要求挖土工人用鋤頭來做裁縫用剪刀所做的工作。其次，我認為玻璃的透明牢房選得不對。當昆蟲穿過厚厚的沙土圓屋頂，為自己開闢了一條通道時，便處於光天化日之下，處在光線之中；而白天，光線，對於牠來說，就意味著最終的解脫，也就是自由。牠碰到的是一個看不見的障礙，也就是玻璃；對於牠來說，玻璃並不是什麼阻擋牠的東西。透過玻璃，牠看到了充滿著陽光的自由空間，牠竭力

要飛到那自由的空間去，可是牠根本不明白那要衝破這看不見的奇怪障礙的企圖是徒勞無功的，最後牠精疲力竭地死了。而在牠堅持不懈的努力中，牠根本沒有向那塊堵住錐形煙囪的紗布看一眼。實驗應當在更好的條件下重新進行。

我選擇的障礙物是普普通通的灰色紙，這紙相當不透明，足以使昆蟲一直處於黑暗中；紙相當薄，囚犯可以不太費力就戳破。就障礙物的性質而言，紙牆跟土質穹頂相差甚遠，所以我們先要看看，高牆石蜂知道不知道，或者更準確地說，能不能夠從這樣的隔牆穿出來。大顎是可以挖開堅硬灰漿的鋤頭，是不是也可以當作切開一張薄膜的剪刀呢？這就是首先要了解的問題。

二月，當昆蟲已經發育完全時，我從蜂房裡取出一定數量的蛹室，把牠們分別放到一節蘆竹裡。蘆竹節一端封閉著，另一端敞開。蘆竹節的薄膜代表蜂窩的蜂房。放置蛹室時讓昆蟲的頭朝洞口。最後我把我的人造蜂房用不同的方式封閉起來：有的用捏好的土塊做塞子，乾土塊的厚度和硬度相當於自然蜂窩的灰漿天花板；有的用至少厚一公釐的圓柱形塞起來，材料是做掃把用的高粱桿；還有的用幾塊灰色紙片蒙著，四邊牢牢固定住。所有這些蘆竹節彼此挨著，垂直放在一個盒子裡，我製造的隔板蓋在上面，於是昆蟲的姿勢就跟牠們在原先的窩裡

一樣了。牠們必須像我沒有插手時那樣為自己打開一條通道，挖掘位於牠們頭上方的牆壁。我把盒子放在一個玻璃罩下面，然後等待著五月幼蟲破蛹而出的時期到來。

結果遠遠出乎我的預料。我用手捏的土塞子被戳了一個圓洞，跟石蜂在自然的灰漿圓屋頂上打開的洞沒兩樣。植物塞子，也就是圓柱形的高粱桿，是我的囚犯完全沒有見過的，也同樣被打開了一個缺口，就像是用打洞機打開似的。至於紙蓋子，石蜂不是把牠撞破、猛力撕裂，而是鑽成一個大小一定的圓孔。可見我的石蜂能夠做牠們天生不會做的事；為了走出蘆竹製造的蜂房，牠們做了牠們種族可能從來沒有做過的事：鑿開高粱桿的髓質牆壁、在紙蓋上鑽洞，就跟牠們在土質自然天花板上戳洞一樣。當解放自己的時刻來臨時，不管什麼性質的障礙物都阻擋不了，只要牠們有辦法戰勝這些障礙；所以，從此以後，不能說牠們無法在一個簡單的紙壁上鑽洞了。

在製造用蘆竹節做的蜂房的同時，我還準備了兩個築在蜂房上完好無損的窩，把它們放在罩子底下。我用一張灰紙緊緊貼在其中一個窩的泥灰圓屋頂上。昆蟲必須先戳破土殼，然後鑽破緊貼著土殼、其間沒有空隙的紙張。我用一個同樣是灰紙做的小圓錐體，把另一個石頭上的窩整個罩住，再黏起來。跟前面的窩一樣，這個窩也有雙重的圍牆，但不同的是，這兩扇

圍牆彼此不是緊貼在一起，而是相隔著一個空隙，在錐體底部，這空隙有一公釐寬，而錐體越往上，空隙越小。

在這兩種條件下做的實驗，結果完全不同。用紙緊緊蒙在圓屋頂上、紙與圓屋頂之間沒有空隙的窩裡，石蜂戳破雙重牆壁出來了。第二面紙牆壁被穿了一個清清楚楚的圓洞，就像蘆竹節蜂房紙蓋上的洞那樣。於是我們可以再一次確認，如果石蜂在紙障礙物前面止步，不是因爲牠無法戰勝這樣的障礙。相反的，罩著錐體的窩，裡面的居民在穿過土質圓屋頂之後，發現在遠距離處有紙擋住，但牠們根本沒有打算要戳破這個障礙；而如前所述，紙如果緊貼在窩上，牠們是非常容易克服這個障礙的。牠們並未嘗試要釋放自己，結果就在蓋子底下死去了。雷沃米爾的石蜂就是這樣死在玻璃漏斗中，而牠們本來只要戳破一層薄紙就可以自由的啊。

這件事我看來實在具有重大的意義。這是怎麼回事呢？這麼壯實的昆蟲，要戳破凝灰岩簡直就像玩遊戲似的，而那些軟木塞和紙隔層，儘管材料不同，要鑽洞也容易得很。可是這些強壯的穿牆鑿壁者，爲什麼卻傻呼呼地、心甘情願的，在牠們只要用大顎一咬就可以咬破的錐形囚牢裡死去呢？牠們的確能夠咬破牆壁，但是這樣愚蠢地束手待斃，其原因只能是：牠們沒想到要這麼做。昆蟲天生有卓越的工具，也具有本能的能力

完成昆蟲變態的最終行動，也就是從蛹室和蜂房裡爬出來。牠的大顎具有剪子、銼刀、鶴嘴鎬、撬棍等功用，不管是蛹室或泥灰牆，還是其他任何不太硬、用來代替蜂窩那自然牆壁的圍牆，牠都能夠切開、戳破、拆毀。另外，還有最重要的條件，沒有這條件，工具就會一無用處，牠具有一種敦促牠使用工具的內在刺激（我不想說是使用工具的意志）。當出窩的時間到來，刺激甦醒了，昆蟲便著手鑿洞。

這時，要戳破的材料，不管是凝固的自然灰漿、髓質的高粱桿還是紙，對牠來說都無關緊要，把牠囚禁起來的蓋子不用多久就被戳破了。即使障礙物再厚一點，即使用一層紙再蓋在土牆上也沒關係。在這種膜翅目昆蟲看來，這兩個彼此間沒有空隙隔開的障礙物只是一道牆而已，膜翅目昆蟲就從那裡鑽出來。這是因為，解放自身穿蛹而出的行為是一次完成的。如果用紙做的錐體罩著，牆壁離得稍遠一點，條件就改變了，雖然整個牆壁實質上仍然一樣。昆蟲一旦從牠的土房子出來，便已經做了牠為釋放自身而天生應該做的一切事情；在灰漿的圓屋頂上自由地走動，對於牠來說，就已經是釋放行動的最後一步，就是鑽洞行為的結束。窩的四周還有另一個障礙物，圓錐形的牆，可是如果要戳破這面牆，就必須再進行剛剛已經做過的行為，而這種行為，昆蟲一生只該做一次。總之，如果必須重複做根據牠的本性只能做一次的行為，昆蟲就辦不到，就只

是因為牠不願這麼做。高牆石蜂因為沒有一點智慧而死掉了，可是今天卻流行要在這奇怪的智力中找出像人類理性的東西來！流行會過時的，而事實卻將永存，這使我們又想起「萬物有靈，命運注定」這十分古老、陳舊的說法。

雷沃米爾還敘述，身體有一部分進入蜂窩的一隻高牆石蜂，頭先伸入，把花粉裝在窩裡，他的朋友杜・阿梅爾用鑷子夾住石蜂，把牠放到離窩相當遠的一間小房間。石蜂從窗戶飛走了，逃離這小房間。杜・阿梅爾立即去蜂窩那裡。高牆石蜂幾乎跟他同時到達蜂窩，然後重新開始工作。敘述者最後說，這石蜂只是顯得稍微有點吃驚罷了。

可敬的大師啊，真希望你跟我一起在艾格河畔啊！這裡的一大片地方，一年有四分之三的時間鋪著乾乾的卵石，一下起雨來則成為洶湧的急流。如果你在這裡，我向你展示的情形，會比那隻從鑷子下逃脫的流亡者讓你看到的情形要妙得多。那隻被釋放到附近小房間的石蜂，逃脫出來後立即返回牠的窩，其實牠對窩周圍的情況熟悉得很。如果你來到這裡，你看到的不是高牆石蜂這種短暫的飛行，而是牠沿著完全陌生的路所進行的長途旅行，那麼你將會跟我一樣驚訝不已。你會看到，被我特意放到遠處的石蜂返回牠的家，牠那地理學本領，連燕子、雨燕、信鴿都會佩服的，這時你就會跟我一樣思忖，這種

指引母親去尋找牠的窩的方向感，是多麼不可思議啊！

我們用事實來說話吧。現在我們對高牆石蜂重新做實驗，就像我從前對節腹泥蜂所做的一樣，把石蜂放在黑暗的盒子裡，送到離牠的窩老遠的地方，在給牠做了標記後，再把牠放走。如果有任何人想再做一做測試，我可以把我的操作方法傳授給他，於是在實驗開始時就不會花費時間猶豫不決了。

要進行長途旅行的昆蟲，抓牠的時候一定要小心謹慎，不能用鑷子和鉗子，否則可能會弄壞翅膀或使牠扭傷，從而影響牠的飛行能力。當石蜂在牠的窩裡埋頭工作時，我用一個小玻璃試管把牠罩住，石蜂飛起來就會飛到試管裡去，我就可以不碰著牠，並把牠立即放到一個紙杯裡，然後迅速把紙杯蓋起來。我把我的一隻隻囚犯各自放在一個個紙杯裡，並裝在一個用來採集植物標本的白鐵盒中，把牠們運走。

剩下最難辦的工作是在出發點進行：在釋放囚犯前，為每隻石蜂做標記。我使用細粉白堊，將之溶解在阿拉伯樹膠的濃溶液裡，再用稻草桿把粉漿滴在昆蟲身體的某個部位，留下一個白點。這白點很快就乾了，跟昆蟲身上的皮毛黏在一起。如果為一隻石蜂做標記，只是為了在短時間實驗中讓牠不會跟別的石蜂混淆，我只要在昆蟲頭朝下、身子半伸進窩時，用沾了

顏色的稻草桿碰一碰牠腹部末端就行了。這樣輕微的碰一碰，
膜翅目昆蟲根本覺察不到，牠繼續做牠的工作，完全不會被驚
動，但是這種標記不牢靠，而且點到的部位不利於保存，因為
石蜂老是要把花粉從牠的腹部刷下來，遲早會把標記擦掉的。
為了在長途旅行中不會褪掉，我得把白粉漿點在兩個翅膀之間
的胸部正中央。

戴著手套做這項工作幾乎是不可能的，手指必須十分靈巧
才能小心抓住動個不停的石蜂，不讓牠掙扎，卻又不能捏得太
用力。進行這個實驗，如果沒有別的好處，至少會有被蜂螫到
的收穫。靈活一點是可以避開螫針，但不一定每次都能夠避
開，只好聽天由命了，何況被石蜂螫到其實沒有被蜜蜂螫到那
麼痛呢。於是我就把白色標記點在石蜂胸部。高牆石蜂飛走
了，那標記在路上就乾了。

第一次，我在離塞西尼翁不遠的艾格河沖積地抓了兩隻高
牆石蜂，當時牠們正在築於卵石上的窩裡忙著。我把牠們帶到
歐宏桔的家裡，做了標記後將牠們放走了。根據軍事地圖，這
兩點之間的直線距離約四公里。我是在將近傍晚、石蜂正要結
束白天的工作時把牠們放走的，因此這兩隻石蜂可能要在附近
度過夜晚。

第二天早上，我到蜂窩那裡去。天還十分涼，還不能工作。直到露水乾了，石蜂開始工作了。我看到一隻石蜂，不過身上沒有白點，牠帶著花粉來到其中一個窩裡，我所等待的旅行者就是從這兩個窩裡抓到的。這是一隻外來者，牠發現屋主被我抓走的蜂房空著，便在這裡安居下來。牠把這個窩當作自己的家，卻不知道這已經是另一個屋主的家。也許牠昨夜就在這窩裡儲備糧食了。將近十點鐘，天氣十分炎熱，屋主突然回來了。對我來說，牠對這窩的優先擁有權，是用不容置疑的字寫在胸部上的，就是滴在胸部上面的白色標記。我的一隻旅行者回來了。

石蜂穿過麥浪，穿過長滿玫瑰紅色鱸食草的田野，飛了四公里，現在回到牠的窩了。一路上牠還採了蜜，因為這隻英勇的石蜂到達時，肚子上全是黃色的花粉。從天涯海角返回自己的家，這真是奇蹟，而且回家時還帶著花粉，這種效率真是了不起。對於石蜂來說，一次旅行，即使是被迫的旅行，也都是充滿收穫的遠行。牠在窩裡發現了外來者。「你是什麼傢伙？嘗嘗我的厲害吧！」屋主狂怒地向那隻石蜂撲過去，外來者也許沒有想到自己做了壞事。於是這兩隻石蜂在空中展開了激烈的纏鬥。有時牠們在空中相距兩法寸處，面對面幾乎一動也不動地對峙著，無疑牠們正在用眼睛互相打量，發出嗡嗡叫聲彼此對罵。然後牠們倆，時而是這一隻、時而是那一隻，又回到

有爭議的蜂窩上來。我料想牠們會展開肉搏，彼此用螫針攻擊，可是我的期待落空了。對牠們來說，分娩是再迫切不過的使命，不允許牠們只爲了洗刷侮辱而冒生命危險，展開一場生死攸關的決鬥。進行對抗只限於展現某些有敵意的表示，只是來幾下沒有什麼嚴重後果的爭鬥而已。

但是，真正的屋主似乎從自己的優先權中汲取了雙倍的勇氣、雙倍的力量。牠牢牢地站在窩的上面，決心再也不離開。每當另一隻石蜂敢走近牠，牠便暴怒地撲打著翅膀來迎接，這明確地表示出牠理所當然的憤慨。外來者失去了勇氣，終於放棄了，於是原來這位泥水匠立即開始工作。牠工作起來是那樣的積極，就好像沒有經過剛剛的長途跋涉似的。

關於產權問題的爭鬥，我再講兩句。我們經常可以看到，當一隻高牆石蜂外出時，有另一隻無家可歸的流浪者光顧這個窩，覺得這窩合牠的意，便在那裡工作起來，而如果這裡有好幾個蜂房，那麼牠有時是在同一個蜂房，有時在旁邊的蜂房工作，通常舊的窩有好幾個蜂房是很常見的。第一個占有者回來時，一定會驅趕這個不速之客，後者最後總是溜之大吉，因爲蜂窩主人對所有權的意識是那麼的強烈、那麼的執著。與普魯士人的野蠻格言「力量勝過權利」相反，對於石蜂來說，是「權利勝過力量」，否則就無法解釋爲什麼篡奪者總是退卻，儘

管牠的力氣絕對不比眞正的屋主小。牠之所以沒有那麼大的勇氣，是因爲牠覺得自己沒有權利用有這至高無上的力量做爲支援。在同類中，乃至於昆蟲之間，權利是可以代替力量的。

我的另一個旅行者，在第一個旅行者到達的那一天和以後都沒有出現。

我決定再次進行測試，這一次用了五隻石蜂。出發地、到達地、距離、時間，全都一樣。接受實驗的五隻石蜂中，第二天我在牠們的窩裡只找到三隻，另兩隻沒有見到。

因此，我絕對可以確認，高牆石蜂被送到四公里遠處，在牠肯定沒有見過的地方釋放出去，還是會返回自己的窩。可是爲什麼先是兩隻中有一隻，然後五隻中有兩隻沒有回來呢？一隻石蜂知道要如何做的事，另一隻會不知道嗎？對牠們而言，在陌生的環境中指引方向的能力是不是有所不同呢？或者說，牠們的飛行能力是否有差別呢？我突然想起，膜翅目昆蟲在出發時，並不是全都一樣興高采烈的。有的石蜂一從我手指間逃脫出來，便猛然飛到空中，轉眼之間不見了蹤影；有的在飛了幾步之後就掉在我身旁。事情很明顯，可能因爲盒子裡熱得像火爐，有些石蜂在運輸過程中受了傷。我很可能在做標記時把牠們的翅膀關節弄壞了，做標記眞是困難，因爲你還得留意不

被螫針螫到。這些石蜂可能在附近的驢食草叢中變成蹣跚的瘸子、殘廢者，而不是適合長途旅行那強有力的飛行者。

我需要再做實驗，只觀察那些精力充沛地縱身一躍，立即從我手指間飛走的石蜂。那些躊躇不前的、拖拖拉拉停在灌木叢旁邊的石蜂，全都不算。另外，我試圖盡可能計算出回窩所需要的時間。要做這樣的實驗，就得有大量的石蜂，羸弱的和瘸腿的（而這些可能相當多）都得扔掉。要收集這麼多的實驗品，光找高牆石蜂是不行的。高牆石蜂不常見，而且我不想打擾這個小部落，因為我要在艾格河邊用牠來進行別的實驗。幸運的是，在我家牧草倉庫屋頂的簷下，有一個非常好的西西里石蜂窩，正如火如荼地進行築巢工作。這個窩居民眾多，我想要多少就有多少。西西里石蜂個子小，比高牆石蜂小一半多；這沒關係，要是牠們能夠飛越這四公里路而返回窩來，那麼牠們的功勞就更大了。我抓了四十隻，像平常一樣，一隻隻分別放在紙袋裡。

我取了一個梯子靠在牆上好爬到蜂窩那裡去，這梯子是給我的女兒阿格拉艾用的，有了這梯子，她就可以觀察第一隻石蜂回窩的準確時間。煙囪上的掛鐘和我的手錶配合使用，來比較出發和到達的時刻。一切布置好之後，我帶著我的四十個囚犯前往艾格河沖積地那個高牆石蜂工作的地點。走這趟路有兩

個目的：觀察雷沃米爾的高牆石蜂，並釋放西西里石蜂。因此，西西里石蜂的飛返距離還是四公里。

我的囚犯終於被釋放了，牠們胸部中央事先全都點了一個大白點。用指尖一隻隻擺弄這四十隻暴躁的石蜂真是不簡單，牠們會立即拔劍出鞘，揮動有毒的螫針，而且常常是標記還沒做好，手指已經被螫了。我那疼痛的手指會不由自主地做出防衛的反應，我小心翼翼地去抓，不是怕損壞昆蟲，而是怕手指被螫到，以致有時抓的力道重了些，沒有小心顧及我的旅行者。進行實驗以便把真理的帷幕掀開一小角，這真是美好而高尚的事情，可以使人們置許多危險於不顧；但是如果在短短一段時間裡，手指尖就被螫了四十下，這也會令人受不了的。對於責備我大拇指用勁太大的人，我建議他也如法炮製一番，那他自己就會知道這種不愉快的情形是什麼滋味了。

總之，也許是由於運輸過程中身體疲勞，也許是由於我的手指太用力了一點，結果損壞了石蜂的某些關節，我的四十隻石蜂中只剩下二十隻飛躍得快捷有力，其他的都在附近草叢中遊遊蕩蕩，不太能保持平衡。我把牠們放在柳樹上，牠們就一直待在那兒，即使我用麥桿去趕，牠們也不打算飛走。這些羸弱不堪的傢伙，肩膀脫臼的殘廢者，被我的手指弄得傷殘的石蜂，都應該從名單上刪除掉。於是從河邊毫不猶豫飛走的石蜂

只有二十隻左右，這已經足夠了。

在剛出發時，石蜂並沒有明確的飛行方向，並不像節腹泥蜂在同樣的情況下讓我看到的那樣，直接向牠們的窩飛去。石蜂一得到自由，便有的朝這個方向，有的朝相反的方向，四處亂逃，彷彿十分驚慌。儘管牠們飛得那麼急，可是我認為還是可以看出，朝向相反方向飛的石蜂迅速掉頭飛回，大部分似乎是朝窩的方向飛。不過，昆蟲飛到二十公尺遠就看不見了，對此我只能存疑。

直至此時，天氣平靜，實驗進行得很順利；可是現在麻煩來了。天氣悶熱，暴雨欲來，天昏地暗，狂風從南邊、從我的石蜂往牠們的窩飛的方向刮來。牠們能夠頂著這股逆風往前飛嗎？如果要這樣做，牠們就得貼著地面飛行。石蜂現在正是這樣飛，而且還繼續採著蜜。當牠們高飛的時候，可以清清楚楚地辨別地點，不過現在我看是根本辦不到的了。於是我在艾格河試圖對高牆石蜂再了解一些秘密之後，便帶著焦慮不安的心情返回歐宏桔了。

我一回到家便看到阿格拉艾神采飛揚，她激動地說：「兩隻，有兩隻是兩點四十分到的，肚皮下面還沾著花粉呢。」這時我的一個朋友來了，他是一位從事法律工作的嚴肅人物。他

知道了這件事後，把他的法典和貼了印花的文書都忘掉了，也想親眼看看信鴿的到達。此事的結果比有關「調解共有的牆」這樣的官司更使他感興趣。這時候烈日當空，圍牆內熱氣蒸人如火爐一般，他不戴帽子，只靠灰色濃密的長頭髮來擋太陽，而且每隔五分鐘他就要爬上梯子。原先我是唯一堅守崗位的觀察者，如今又有兩雙明亮的眼睛監視著昆蟲的返回了。

　　我是在將近兩點鐘的時候放走我的石蜂，而頭一批是在兩點四十分回到窩裡，可見牠們飛四公里用大約三刻鐘的時間就夠了。這個結果十分驚人，尤其是考慮到石蜂一路上還要探蜜，這從牠肚子上沾著黃黃的花粉可以看得出來；另一方面，旅行者還要逆風飛行，這就更是令人驚奇了。我親眼看到另外三隻回來，也都帶著一路工作的證明，即身上裝載著花粉。日近黃昏，無法繼續觀察了。事實上，當太陽下山時，石蜂便會離開窩，各奔東西，不知躲到何處；也許到屋頂的瓦片下面或者牆邊土堆裡去了。我只能在陽光普照、牠們重新工作時，才能知道其他的石蜂有沒有回來。

　　第二天，當太陽召喚分散各處的工人回到窩裡來時，我對胸部標著白點的石蜂重新進行登記工作。實驗的成功遠遠超出了我的期待：我看到有十五隻，十五隻昨天被趕出窩的石蜂正在儲備糧食或者築窩，就好像沒有任何異乎尋常的事發生過似

的。過後，山雨欲來風滿樓，暴風雨很快來臨了，而且一連幾天雨都下個不停，我無法繼續觀察。

即便如此，這個實驗也足以說明問題了。我放飛的石蜂中，有二十隻當時看來是可以長途旅行的，至少有十五隻回來了：兩隻立即回來，三隻在傍晚，其餘的在第二天早上。儘管逆風，儘管更嚴重的困難是，放飛的地方對牠們來說完全陌生，但牠們還是回來了。我選來作為出發地的艾格河畔的柳樹林，對牠們來說無疑是初次旅行，牠們從沒有離開這麼遠過。在我的牧草倉庫屋頂的簷下築窩和備糧，一切必需品都在手邊，牆腳的小路提供灰漿，我房屋四周開滿鮮花的草地提供花蜜和花粉。牠們十分節省時間，不會捨近求遠到遠離四公里的地方去尋找離窩幾步路多得是的東西。何況我每天都看到牠們從小路上取得建築材料，並且在附近草地的花朵，特別是在草地植物上，採集花蜜和花粉。由此看來，牠們遠征的範圍方圓不會超過一百公尺。那麼被我帶到異地的這些昆蟲是怎麼回來的呢？是什麼東西為牠們指路的呢？一定不是記憶，而是一種特殊的能力。我們只能根據其驚人的結果確認有這種能力，卻無法加以解釋，因為這種能力是我們的心理學無法解釋的。

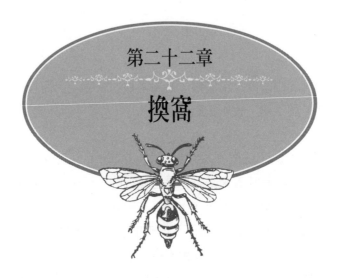

第二十二章

換窩

　　讓我們繼續進行關於高牆石蜂的實驗。高牆石蜂的窩建在可以隨意移動的卵石上，我們可以進行最有意思的實驗。下面是第一個實驗。

　　我把一個窩換個位置，即把做為蜂窩基座的石頭挪遠兩公尺。建築物和地基結合在一起，因此搬家對於蜂窩沒有造成任何影響。蜂窩放在露天之下，就像在自然原本的位置上一樣，可以看得清清楚楚，石蜂採蜜歸來一定可以看得見。

　　幾分鐘後，屋主來了，直朝窩原先的地方飛去。牠在已經空空如也的位置上方無精打彩地盤旋，進行觀察，然後準確地落到原先放石頭的地方。牠在那裡用腳執拗地長時間撥拉尋找，然後又飛了起來，飛到遠處，不過時間很短，牠又飛回來

重新尋找，飛著找，用腳找，但都是在窩原先所在的位置。牠
又一次氣急攻心，猛地一下飛過了柳樹林，但一會兒又飛回
來，始終在被移走的卵石所遺留的舊痕跡處，一次又一次徒勞
無功地尋覓。這一次次突然飛走、迅速返回、對空空如也的地
方執著的檢查，長時間，非常長時間地重複著，直至高牆石蜂
確信牠的窩已經不在那裡為止。牠一定看到那個被移動的窩，
因為牠曾經從離窩幾法寸的上方飛過，可是牠完全沒注意。對
牠來說，這個窩並不是牠的窩，而是另一隻石蜂的屋子。

　　往往實驗要結束了，石蜂對於被移動位置、挪到二、三公
尺遠處的卵石，甚至連簡簡單單地查看一下都不看，就飛走而
再也沒有回來。如果距離近一點，比方說一公尺，那麼高牆石
蜂就會落腳在牠的蜂窩上。牠查看這個前不久曾儲備糧食或者
建築的蜂房，多次把頭伸進去，一步一步地檢查卵石的表面，
在久久猶豫不決之後，牠又到牠的窩原先應該在的地方去尋
找。不在原先那個地方的窩被徹底放棄了，即使那窩離原處相
距只有一公尺。石蜂多次在窩上駐腳，不過一點用也沒有，牠
無法相信那窩是自己的。實驗過了好幾天之後，看到這窩仍然
處於我移動它時的模樣，我對此便深信不疑了。已經儲備了半
窩蜜的蜂房一直敞開著，任憑螞蟻把蜜掠奪走；正在建築的蜂
房一直沒有完成，也沒有再將建築完成的嘗試。事情非常清
楚，石蜂可能回到這裡來過，但是牠沒有恢復工作。移動過的

蜂窩被永遠放棄了。

能夠從遙遠的地方重新找到窩的高牆石蜂，我不認爲牠不能找到距離一公尺遠的窩，要解釋事實絕對不會做出這樣奇怪的推論。在我看來，結論可能是這樣的：石蜂對窩的位置保留著經久不滅的印象。牠帶著難以擺脫的執著回到原地，即使窩已經不在那裡了；但是，牠對於窩本身只有十分籠統的概念，認不出牠用自己的唾液加以揉捏並親自砌築的工程，認不出牠親自堆積起來的蜜漿。牠徒勞無功地察看牠的作品、牠的蜂房；最後牠放棄這個窩，不把它視爲自己的窩，因爲卵石已經不放在原來的地方了。

我必須承認，昆蟲的記憶力是一種奇怪的記性，這種記性對於地點具有那麼清晰的普遍性了解，但對自己家的了解卻如此有限。我傾向於稱之爲「地理學本能」；這種本能對當地的地圖可以瞭如指掌，而對親愛的窩，自己的房屋本身，卻一無所知。泥蜂已經讓我們得出了這樣的結論。面對著置於露天之下的窩，牠們根本不管子女，不管那輾轉在烈日炙烤下的幼蟲。牠們不認得幼蟲。牠們所認得的，能夠極其準確地找到的，是入口處那門的位置，即使門已經蕩然無存，甚至連門檻都沒有了。

除了可以認出卵石在地面的位置外，高牆石蜂無法認出自己的窩，如果對此還有懷疑，那麼看看下面的介紹就清楚了。我把旁邊一隻高牆石蜂的窩拿來代替這隻高牆石蜂的窩，兩者在砌造技術和儲糧方面都盡可能一樣。調換這個窩，以及我還要說的事情，當然都是屋主出門的時候進行的。石蜂毫不猶豫地在新的窩裡安居下來了，雖然這窩僅是放在牠原本的位置上，卻不是牠自己的窩。如果高牆石蜂在築窩，我就給牠一個正在建造的蜂房，牠便把這已經進行的工程當作自己的作品，以同樣的精心、同樣的熱情，在那上面繼續砌造工作。如果牠帶著蜜和花粉來，我便給牠一個已經有部分儲糧的蜂房，牠繼續來來往往地奔走著，嗉囊裡裝著蜜，肚子下面帶著花粉，努力把別人的倉庫裝滿。

可見石蜂沒有發現窩被換了，牠對自己的東西和別人的東西無法加以區別，總以為牠正為自己的蜂房努力工作。我使牠占有別人的窩，過了一段時間再把窩還給牠。石蜂並不了解這一新的變化，牠在被替換的窩裡工作到什麼程度，就會在還給牠的窩裡照樣接著做。在這樣的交替輪換之後，時而是別人的窩，時而是這隻石蜂自己的窩，只不過窩的位置是一樣的，我完全相信，石蜂不會辨別哪個是自己的作品而哪個不是。不管窩屬不屬於牠，牠都以同樣的熱情工作，只要建築物的基座，也就是卵石，一直放在最初的位置。

　　我們可以利用相鄰兩個工程進度大致相同的窩，讓實驗進行得更有意思些。我把這兩個窩彼此對調，兩者的距離幾乎不到一肘[1]。兩個窩離得那麼近，昆蟲可以同時看到這兩個窩並進行選擇，可是兩隻石蜂到達時，立即各自停在被替換的窩上，繼續工作起來。不管把這兩個窩調換多少次，我們都會看到這兩隻石蜂總是守在牠們所選擇的「位置」上，輪番地時而爲自己的窩、時而爲別人的窩工作。

　　人們可能會認爲，產生這樣的混淆是由於兩個窩太相像了，因爲在最初進行實驗時，我根本沒有料到這樣的結果，本來以爲石蜂或許不肯繼續工作，便選擇了盡可能一樣的兩個窩來彼此替換。我這麼小心，是因爲我假設石蜂或許具有想像不到的洞察力。現在我拿了兩個非常不一樣的窩，唯一的條件是，石蜂會覺得這兩個窩與牠目前所進行的工作相符。第一個窩是舊窩，圓頂上有八個洞，這是上一代蜂房的洞口。這八個蜂房中有一個經過修復，石蜂在那裡儲存了糧食。第二窩是新造的，沒有泥漿圓屋頂，只有帶有石頭保護層的蜂房。石蜂在這窩裡同樣忙著堆放蜜漿。這兩個窩彼此間的區別實在太大了，一個有八間空臥室，還有寬大的土屋頂；另一個只有一間臥室，完全裸露著，而且極端粗糙就像一個橡栗似的。

---

① 肘：法國古長度單位，從肘部到中指端，約半公尺長。——譯注

　　好了，面對這兩個相隔幾乎不到一公尺、彼此被調換過的
窩，石蜂並沒有猶豫很長時間。牠們各自到自己原本住宅的位
置，舊窩的原主人在牠的家裡只找到一個蜂房。牠迅速檢查一
下卵石，便毫不客氣地，先是把頭伸進別人的蜂房裡，把蜜吐
出來，然後肚子探進蜂房裡，把花粉卸下來。然而，牠並不是
因為要盡快把沈重的負荷卸下來、並非不得已的行動，因為石
蜂再度飛走後，很快又帶著第二次的收穫回來，細心地把蜜存
放起來。這種為別人的食品儲存室提供糧食的行為，只要我願
意繼續實驗，便可以多次重複進行下去。另一隻石蜂發現牠的
窩變成了有八間套房的寬敞建築物，開始時感到相當為難：這
八間蜂房用哪個好呢？已經開始堆放蜜漿的是哪一間呢？於是
石蜂一間間地視察臥室，一直探測到盡頭，終於遇到了牠尋找
的東西，也就是牠最後一次出遊時窩裡所存在的東西：剛開始
儲存的糧食。從這時起，牠就像牠的鄰居一樣，繼續把蜜和花
粉運到不是牠建造的倉庫裡去。

　　我們把這些窩放回原位，然後彼此再對調一下。這兩個窩
的差別太大了，每隻石蜂不免有所猶豫，但是在短暫的遲疑之
後，各自先是在自己所建造的蜂房裡，然後交替著又在別人的
蜂房裡繼續工作。最後卵產下來了，住所封閉起來，然而當糧
食儲備足夠時，牠們對於這個窩究竟是誰的並不在意。昆蟲能
夠如此準確地返回巢穴所在的位置，卻不能區別牠的作品和別

人的作品，儘管彼此間的差別是這麼大。這些事實能充分說明，我為什麼不把這種能力稱為「記憶力」的原因了。

現在我們另從心理學的角度，對高牆石蜂進行實驗。這兒有一隻正在築窩的高牆石蜂，正在建造蜂房的第一層。我用一個不僅已經建造好而且幾乎裝滿了蜜的蜂房來代替，這蜂房是我剛剛從大概快要產卵的其他石蜂那裡偷來的。看到我慷慨贈送的禮品，使牠不必辛辛苦苦地築窩採蜜，高牆石蜂會有什麼反應呢？大概會把灰漿扔掉，把蜜漿堆放好，產下卵並把蜂房封閉起來吧。錯了，真是大錯特錯，我們的邏輯對於昆蟲來說卻是錯誤的邏輯。昆蟲會服從本能的、無意識的驅動，牠不知道如何選擇做什麼比較好，不會區別什麼是合適的、什麼又是不合適的。基本上，牠為了實現目標，會順著事先定好的道路不斷走下去，而無法有任何其他行動，就像順著斜坡一直滑下去似的。我下面敘述的事實將充分證明這一點。

我把已經完全蓋好並裝滿了蜜的蜂房交給石蜂，可是正在築窩的石蜂，並不因此而放棄灰漿。牠正在從事砌造的工作，而一旦站在這斜坡上，牠受著無意識的驅動，會繼續砌造下去，即使牠的工作已經是無用的、多餘的、不符合牠的利益的工作。我給牠的蜂房已經完全蓋好了，問問泥水匠師傅牠自己的意見一定也是如此，因為被我把蜂房換走的那隻石蜂，已經

在裡面完成了儲蜜的工作。對這蜂房進行修改，尤其是在上面增添東西，根本是多此一舉，而且是荒謬的舉動。可是這無所謂。正在築窩的石蜂仍然繼續築窩，牠在蜂蜜倉庫的洞口放上了第一塊灰漿團，然後又一塊，再添一塊，乃至於使蜂窩堆得比正常高度多了三分之一。等到砌造工程完工了，當然，如果石蜂在換窩時又從打地基重新開始，那麼現在這個工程相較之下當然沒有那麼大，不過畢竟這建造面積已足以說明，建築者完全是服從本能的驅動。接下來石蜂要儲糧了，當然儲存量也會少一些，否則兩隻石蜂的採集物都放到一起，蜜就要溢出來了。由此可見，我把已經蓋好並裝了蜜的蜂房交給開始築窩的石蜂，但絲毫沒有改變牠的工作程序。牠先是砌造，然後儲糧，只不過規模縮減一些而已，因為牠的本能提醒牠，蜂房的高度和蜜的數量實在有點不尋常了。

反過來所做的實驗也一樣有說服力。我把一個剛開始建造，還完全不能裝蜜漿的蜂房，交給已經開始儲糧的石蜂。這個蜂房的最後一層，建造者的唾液都還沒乾呢；蜂房可以是跟別的含有卵和蜜並剛剛封起來的蜂房為鄰，也可以不是。這隻在倉庫中只裝了一半蜜，倉庫卻被替換的石蜂，帶著收穫品來到這替換過的蜂房時，看到這個沒有做好的小杯子一點也不深，沒地方裝食物，困惑得很。牠檢查這蜂房，用目光探測它的深度，用觸角來測量大小，終於承認它的容積不夠大。牠猶

豫了許久，走開，回來，再飛走，立即又返回，急於要把身上帶著的寶物卸下來。昆蟲的困惑是再明顯不過的。「拿些灰漿來吧，」我不禁自言自語道，「把灰漿拿來，把倉庫蓋好吧。只要一會兒工夫，你就有足夠深的儲藏庫了。」石蜂卻有不同的意見，牠原本正在儲糧，無論如何必須儲糧，牠絕對不會放下花粉刷再拿起灰漿、抹刀的，牠絕對不會停住牠目前全力以赴的收穫，而去從事造房工作，因為造房的時候還沒來到。牠寧願去找一個符合牠要求但屬於別人的蜂房，即使被突然來到的蜂房主人盛怒地趕跑也罷。果然牠走去冒險了，我祝福牠成功，因為正是由於我，牠才做出這種絕望的行動。由於我的好奇心，一個正直的工人變成一個小偷了。

事情還可能變得更加嚴重，因為這種立即把收穫物放到安全地方的願望太強烈、太不可抑制了。石蜂不滿意那個未完成的蜂房，那個被用來代替牠自己已經造好並裝了部分蜜漿的倉庫；而我前面說過，這蜂房有時會跟其他裡面裝著卵和蜜漿、剛剛封閉起來的蜂房放在一起。在此情況下，我曾經看到這樣的事，雖然並不一定會發生。石蜂看到未完工的蜂房不夠用，便去咬蓋住旁邊蜂房的土蓋子。牠用自己的唾液把灰漿蓋子的一處泡軟，十分有耐心地在這堅硬的牆壁上一點一點的挖著。作業進展得十分緩慢。大半個小時過去了，挖出來的小孔還沒有大頭針的針頭那麼大。我繼續等著。然後我不耐煩了，反正

我相信石蜂的企圖是打開倉庫，便決心推牠一把以加快進度。我用刀尖把蓋子撬開，蜂房頂也連著蓋子撬掉了，蜂房邊上缺了一個大口。我的笨手笨腳使精美的花瓶變成缺口的爛罐子。

我的判斷沒錯，石蜂的企圖就是把門撞開。果然牠現在不需費心挖洞了，便立即在我替牠打開的蜂房裡安居下來。牠多次把蜜和花粉送來，雖然裡面的糧食已經很滿了。最後，牠在這個已經裝有一個不是牠的卵的蜂房裡，產下了牠自己的卵，然後牠盡可能把有缺口的洞封好。我使這隻儲備糧食的石蜂無法繼續牠的工作，但是牠面對這不可能發生的事卻毫無所悉，牠既不能止步不前，又不肯把那個替代品、那個未完工的蜂房建造好。對於自己正在做的步驟，牠堅持要繼續做下去，不管有任何障礙都要做下去。牠把工作進行到底，不過卻採取了最荒謬的辦法。牠撬門鑿牆進入別人的家，在已經快堆滿的倉庫裡繼續儲備糧食，在真正的屋主已經產了卵的蜂房裡產下卵，最後把大缺口，即蜂房上面的那個大洞封起來。在這個斜坡上，昆蟲如此唯天命是從，正是我們需要的證據啊！

昆蟲某些快速而連續的行動，彼此聯繫得如此緊密，以至於要做第二個行動就必須先做完第一個行動，即使這第一個行動已經沒有作用了。我已經敘述過，在黃翅飛蝗泥蜂運來了蟋蟀之後，我惡作劇地立即把蟋蟀拿走，但是黃翅飛蝗泥蜂卻十

分固執地要獨自下到牠的地穴裡去。牠一而再、再而三地遇到
沮喪的事情，卻沒有使牠放棄預先查看住宅的動作，雖然這動
作已經重複了十次、二十次，已經完全沒必要了。高牆石蜂以
另一種形式向我們闡釋了類似的重複動作，重複做一個無用的
行動，但對下一個行動是必不可少的前奏。高牆石蜂帶著收穫
物返回時，會進行兩次儲藏行動。首先，牠把頭先伸進蜂房以
便把嗉囊中的蜜吐出來，然後退出去，接著立即後退著回來，
以便把腹部裝回來的花粉刷下來。就在昆蟲即將再進入蜂房
時，我用麥桿把牠撥開，這樣牠的第二個行動就做不成了。石
蜂重新開始全套動作，也就是頭先伸進蜂房裡，雖然牠的嗉囊
剛剛掏空，已經沒有東西吐得出來了。這個動作做完後，輪到
肚子進去，這時我再一次把牠撥開。昆蟲重新執行動作程序，
總是頭先進去，而我再用麥桿把牠撥開。這一切，觀察者想進
行多少次就重複多少次。當石蜂就要把肚子伸進蜂房時把牠撥
開，牠就回到洞口，而且堅持要頭先下到牠的家裡去。有時頭
全都進去了，有時只進入一半，有時只做做樣子，也就是說，
頭會在洞口彎一彎，但不管是不是全身都進去，這個行動已經
沒有必要了，但是牠在後退入窩卸下花粉之前，卻千篇一律地
必須有這個行動。這幾乎是一種機械式的運動，機器的齒輪只
在操縱齒輪的輪子開始轉動時才會運轉起來。

附錄

　　我認為以下的膜翅目昆蟲應是新的種類。下面是對這些昆蟲的描述：

安多妮雅節腹泥蜂

　　長十六至十八公釐。黑色，斑點密集，色深。兜帽翹起如鼻，亦即有突出的隆起，底寬頂尖，好像半個沿中軸垂直切下的錐體。觸角之間的脊突出，脊突之上有一線條，面頰上和每個眼睛後面有一個大點，均為黃色。兜帽黃色，但尖端黑色。大顎鐵黃色，其末端黑色。觸鬚的前四至五段為鐵黃色，其餘為棕色。

　　在前胸、翅膀的鱗片和後盾片上有兩個點，呈黃色。腹部

的第一節有兩個斑點，隨後的四節在後部邊緣有一條黃色帶，明顯折成三角形，有的甚至中斷，靠前的節段更是如此。身體下部黑色。所有的腳呈鐵黃色。翅膀末端顏色略深。此個體為雌性，我沒見過雄性。

就顏色而言，這種節腹泥蜂與巨唇節腹泥蜂相近，差別在於兜帽的形狀有所不同，而且牠的個子大些。七月在亞維農城郊觀察到。我把這個種類獻給我的女兒安多妮雅，她在我的昆蟲學研究中經常給我許多寶貴的幫助。

朱爾節腹泥蜂

長七至九公釐。黑點密集，色深。兜帽平整。面部蓋著一層銀色細絨毛。眼睛內眶的每一邊有一條黃色窄帶。大顎黃色，末端棕色。觸角上面黑色，下面淡橙黃色；其基部關節的下面呈黃色。

前胸、翅膀的鱗片和後盾片上有兩個明顯的小點，呈黃色。腹部第三節有一條黃色帶，另一條在第五節；這兩條黃帶的前部邊緣深深下折，第一條折成半圓形，第二條為三角形。

整個身體的下面黑色。屁股黑色，後大腿整個黑色，前面

的兩對大腿底部黑色，末端黃色。小腿和跗節黃色。翅膀略呈黑色。此個體為雌性。我未見過雄性。

變體：1）前胸無黃點；2）腹部第二節有兩個小黃點；3）眼睛內眶的黃帶寬些；4）兜帽前面鑲著黃邊。

這種節腹泥蜂是本地體型最小的，用最小的象鼻蟲，穀倉豆象和圓腹梨象鼻蟲餵養幼蟲。在卡爾龐特哈郊區觀察到，這種節腹泥蜂九月築巢，在俗稱「花紺青」的細緻陶土中築窩。

朱爾泥蜂

長十八至二十公釐。黑色，在頭上、胸部和腹部第一節的底部有淡白色的毛。上唇長，黃色。兜帽呈驢背狀，形成三面形的角，前邊那一面全為黃色，其他兩面各有一個大長方形黑點，與旁邊那一面相接，兩者形成一個橡木；這兩個黑點和兩頰都蓋著一層銀色細絨毛。面頰和觸角之間的中線為黃色。眼睛後部邊緣有長長的黃線。大顎黃色，末端棕色。黃色觸鬚的頭兩個關節下面黃色，上面黑色；其他均為黑色。前胸黑色，前胸的各邊及其背部那一段黃色。中胸黑色，起繭的點、中腳基部上面、中胸各側的小點為黃色。後胸黑色，後部的兩個點，以及在後腳基部上面、後胸兩側一個大些的點為黃色。有

時沒有後部的那兩個點。

　　腹部的上面黑得發亮；除了在第一節的基部有淡白色的毛外，都沒有毛；所有節段都有波紋狀的橫帶，旁邊的比中間的寬些，越到後面的節段，就越接近後部邊緣。在第五節，黃帶和後部邊緣碰到一起。肛門節段黃色，底部黑色，在整個背部有鐵紅棕色結節作爲纖毛的基部。在第五節的後部邊緣也有一排同樣長著纖毛的結節。腹部的下面黑得發亮；中間四個節段的每一邊有一個三角形的黃點。

　　屁股黑色，後腳前部黃色，後部黑色；小腿和跗節黃色。翅膀透明。

　　雄性個體：兜帽上呈橡木狀的黑點窄一些，或者甚至完全消失；這時整個面部爲黃色。腹部的那些帶子的黃色非常淡，幾乎成了白色。第六個節段像前面的節段一樣有一條帶，但這條帶比較短，而且往往短到只有兩截。第二節段的下部有一個縱向的流線體，向後翹起呈自旋狀。肛門節段的下部有一個相當厚、有稜角的隆起物。其餘部分與雌性同。

　　這種膜翅目昆蟲的體型大小與黑黃顏色的分布情形與鐵爪泥蜂十分接近，而與後者的不同點在於，兜帽爲三面體的角，

而其他的兜帽則是圓凸狀。另外這種泥蜂在底部有一條像橡木似的寬黑帶，這帶子由兩個彼此相接的長方形黑點構成，上有銀色絨毛，在光線照耀下非常亮眼。肛門節段的上面有隆起物和紅棕色的毛；在第五節段的後部邊緣上也是如此。最後，大顎只是在末端有黑點，而鐵爪泥蜂則連底部也是黑的。兩者的習性也大不相同。鐵爪泥蜂主要捕獵蚯，而朱爾泥蜂從不以雙翅目昆蟲為獵物，改以捕捉各式各樣體型小的蟲子。

這種昆蟲在翁格勒的沙地上、亞維農郊區和歐宏桔丘陵上常可見到。

朱爾砂泥蜂

長十六至二十二公釐。腹部的結節由第一節和第二節的一半構成。第三個尺骨向基部收縮。頭黑色，面上有銀色絨毛。觸鬚黑色。胸部黑色，其三個節段有橫條紋，前胸和中胸條紋明顯些。側面有兩個黑點，中胸兩側後部有一個黑點，這些黑點上有銀色絨毛。腹部無毛，發亮。第一節黑色。第二節在縮成結節的部分和寬大的部分為紅色。第三節整個為紅色。其他各節呈漂亮的金屬湛藍色。爪黑色，屁股有銀色絨毛。翅膀略帶淡紅色。於十月築窩，每個蜂房中儲備兩隻不大的毛毛蟲。

身材大小接近柔絲砂泥蜂，但不同處在於腳完全是黑色，頭和胸部的毛沒有那麼多，而在胸部的三個節段有橫條紋。

我想用我兒子的名字「朱爾」來命名這三種膜翅目昆蟲，我把這些昆蟲獻給他。

親愛的孩子。我很高興看到你這麼小就熱愛花草和昆蟲，你是我的合作者，你明察的目光能夠發現一切；我要為你寫這本書，書裡的故事使你高興無比，而你有一天應該把這本書繼續寫下去。唉！你才看到這本書的頭幾行，就已經到天堂去了！但願你的名字至少會在這本書中出現，因為你如此熱愛這些靈巧而美麗的膜翅目昆蟲，牠們便是以你的名字命名的。

法布爾
一八七九年四月三日誌於歐宏桔

給我的兒子朱爾

　　親愛的孩子，我這位極端熱愛昆蟲的合作者，我這位對植物具有極端敏銳觀察力的助手，我是爲了你才開始寫這本書的；爲了紀念你，我懷著喪子的悲傷，繼續寫這本書並將繼續寫下去。啊！死亡把盛開的鮮花砍掉是多麼可惡呵！你的母親和姊妹把花圈放在你的墓上，這些花朵是在曾經讓你得到莫大樂趣的田野花圃裡採擷的。我把這本書放在這些被一天的陽光曬枯的鮮花上。我希望這本書會取得豐碩的成果。在我看來，這也就是繼續我們共同進行的研究，因爲我堅定不移地深信你會在冥間甦醒，這使我增添了力量。

法布爾

　　對於所有關心昆蟲的人來說，靈巧的昆蟲在工作中表現出最精妙的技能，展示出既奇怪又異常重要的場面。大自然所提供的本能被發揮得如此淋漓盡致的例子，令具有理智的人類驚訝不已。當我們耐心細緻地觀察具有最高本能的昆蟲，觀察牠們生命的各個細節時，我們在思想上就會感到更加困惑了。

布朗夏

【譯名對照表】

中譯	原文
【昆蟲名】	
七星瓢蟲	Coccinelle à sept points
九點吉丁蟲	Buprestis novem-maculata
八棉芽吉丁蟲	Bupreste octoguttata
	Buprestis octo-guttata
叉葉麗蠅	Lucilia cœsar
土蜂	Scolie
大耳節腹泥蜂	Cerceris aurita
大眼泥蜂	Bembex oculata Jur.
大頭泥蜂	Philanthe
小眼方喙象鼻蟲	Cleonus ophthalmicus
中帶彌寄蠅	Echinomyia intermedia
厄奈斯鼠尾蛆	Eristalis œneus
孔夜蜂	Palare
尺蠖	Chenille arpenteuse
心步行蟲	Nebrié
方頭泥蜂	Crabronien
月形蜣螂	Copris lunaire
毛毛蟲	Chenille
毛刺砂泥蜂	Ammophile hérissée
	Ammophila hirsuta
牛屎蜣螂	Onthophage taureau
牛虻	Taon volumineux
半帶斑點金龜	Scarabée semi-ponctué
四帶節腹泥蜂	Cerceris quadricincta
巨唇泥蜂	Stize
巨唇節腹泥蜂	Cerceris labiata
白色甜菜象鼻蟲	Bothynoderes albidus
白邊飛蝗泥蜂	Sphex à bordures blanches
	Sphex albisecta
石蜂	Chalicodome
交替方喙象鼻蟲	Cleonus alternans
吉丁蟲	Bupreste

中譯	原文
朱爾泥蜂	Bembex de Jules
朱爾砂泥蜂	Ammophila Julii Fab.
朱爾節腹泥蜂	Cerceris Julii
灰毛蟲	Ver gris
米諾多蒂菲	Minotaure typhée
肉蠅	Sarcophaga
	Sarcophaga agricola
西西里石蜂	Chalicodome de Sicile
西班牙蜣螂	Copris espagnol
作惡耳象鼻蟲	Otiorhynchus maleficus
克索斯蒂加馬吉丁蟲	Buprestis chrysostigma
克羅翁	Chlorion
步行蟲	Carabe
步行蟲科	Carabique
沙地砂泥蜂	Ammophile des sables
	Ammophila sabulosa
沙地節腹泥蜂	Cerceris des sables
	Cerceris arenaria
赤馬陸	iule
刺脛小蠹	Scolytien
夜蛾	Papillons nocturnes
泥蜂	Bembex
泥蜂屬	Bembécien
直翅目	Orthoptère
直條根瘤象鼻蟲	Sitona lineata
花虻	Pollenia floralis
金色花金龜	Cétoine dorée
金花蟲	Chrysomèle
金龜子	lamellicorne
	Scarabée
金龜子科	Scarabéien
天牛科	Longicorne
長足彌寄生蠅	Dexia rustica

中譯	原文
長腳蜂	Poliste gallica
長腿根瘤象鼻蟲	Sitona tibialis
阿波羅絹蝶	Parnassius Apollo
青楊黑天牛	Lamie
青銅吉丁蟲	Bupreste bronzé
非洲飛蝗泥蜂	Sphex africain
	Sphex afra
便服步岬蜂	Tachytes obsoleta
屎蜣螂	Onthophage
柔絲砂泥蜂	Ammophile soyeuse
	Ammophila holosericea
砂泥蜂	Ammophile
砂潛金龜	opatre
紅色彌寄蠅	Echinomyia rubescens
紅粉虻	Pollenia ruficollis
胡蜂	Guêpe
虻	Taon
虻屬	Tabanus
飛蝗泥蜂	Sphex
食蜜蜂大頭泥蜂	Philanthe apivore
食糞性甲蟲	bousier
修女螳螂	Mante religieuse
家蠅	Mouche domestique
	Musca domestica
粉虻	Pollenia rudis
臭蟲	Punaise
草莓耳象鼻蟲	Otiorhynchus raucus
蚜蟲	Puceron
高牆石蜂	Chalicodome des murailles
	Chalicodoma muraria
偽善糞金龜	Géotrupe hypocrite
帶刺葉象鼻蟲	Phytonomus punctatus
帶黃卵蜂虻	Anthrax flava

中譯	原文
帶齒泥蜂	Bembex bidenté
	Bembex bidentata V.L.
強步行蟲	Sphodre
彩色食蚜蠅	Syrphus corollœ
條蜂	Anthophore
細長短喙象鼻蟲	Brachyderes gracilis
野牛蜣螂	Bubas bison
野生野牛蜣螂	Bubas bubale
麥拉索姆蟲	Mélasome
蚵骨步岬蜂	Tachytes tarsina
廄蠅	Stomoxys
	Stomoxys calcitrans
斑痕金龜	Scarabée à cicatrices
斐洛福尼蠅	Phérophorie
普通胡蜂	Guêpe commune
	Vespa vulgaris
琵琶岬	Blap
盜虻	Aside
短翅螽斯	Éphippigère
紫紅吉丁蟲	Buprestis pruni
蛛蜂	Pompile
象鼻蟲	Charançon
象鼻蟲科	Curculionide
隆格多克飛蝗泥蜂	Sphex languedocien
	Sphex occitanica
黃翅飛蝗泥蜂	Sphex à ailes jaunes
	Sphex flavipennis
黃斑吉丁蟲	Buprestis flavo maculata
黃鳳蝶	Machaon
黃邊胡蜂	guêpe frelon
	Vespa Crabro
黑色步岬蜂	Tachyte noir
	Tachytes nigra

中譯	原文
黑步行蟲	Procuste
黑服彌寄生蠅	Gonia atra
跗節泥蜂	Bembex tarsier
圓形麗蠅	Calliphora vomitoria
圓腹梨象鼻蟲	Apion gravidum
圓裸胸金龜	Gymnopleure pilulaire
紙吉丁蟲節腹泥蜂	Cerceris bupresticide
楔天牛	Saperde
碎點吉丁蟲	Bupreste micans
	Buprestis micans
節腹泥蜂	Cerceris
聖甲蟲	Scarabée sacré
葡萄樹短翅螽斯	Éphippigère des vignes
葡萄樹蠹蛾	Clytia pellucens
蜂虻	Bombylien
	Bombylius nitidulus
鼠灰色葉象鼻蟲	Phytonomus murinus
鼠尾蛆	Éristale
鼠婦	cloporte
墓地鼠尾蛆	Eristalis sepulchralis
對生吉丁蟲	Bupreste géminé
	Sphœnoptera geminata
慢步吉丁蟲	Buprestis tarda
福爾卡圖屎蜣螂	Onthophage fourchu
綴錦節腹泥蜂	Cerceris ornata
蒼蠅	mouche
蜜蜂	Abeille
蜘蛛	Araignée
裸胸金龜	Gymnopleure
銀色砂泥蜂	Ammophile argentée
	Ammophila argentata
蜣螂	Copris
蜚蠊屬	Blatte
寬胸蜣螂	Onitis
寬頸金龜	Scarabée à large cou
槭虎象鼻蟲	Rhynchites betuleti
瘦姬蜂	panicaut
穀倉豆象	Bruchus grannarius
膜翅目	Hyménoptère
蝶蛾	Papillon
蝗蟲	Criquet
橄欖樹泥蜂	Bembex olivacea Rossi.
築巢蜂	Abeille maçonne
螞蟥	sangsue
螞蟻	Fourmis
閻魔蟲屬	Histérien
隧蜂	Halicte
鞘翅目	Coléoptère
龍蝨	Hydrophile
龜葉蟲	casside
彌寄生蠅	Tachinaire
擬蜂蠅	Merodon spinipes
糞生糞金龜	Géotrupe stercoraire
糞金龜	Géotrupe
蟑螂	Kakerlacs
蟋蟀	Grillon
隱喙虻	Sphérophorie
	Shœrophoria scripta
黏性鼠尾蛆	Eristalis tenax
蟬	Cigale
雙面吉丁蟲	Buprestis bifasciata
雙翅目	Diptère
雙棉芽吉丁蟲	Buprestis biguttata
櫟棘節腹泥蜂	Cerceris tuberculé
鐵爪泥蜂	Bembex rostré
	Bembex rostrata Fab.

中譯	原文
鐵色節腹泥蜂	Cerceris de Ferrero
	Cerceris Ferreri
蠷螋	forficule

【人名】

中譯	原文
于貝爾	Huber
巴斯蒂安	Bastien
布朗夏	Émile Blanchard
弗盧杭	Flourens
伊利傑	Illiger
伊拉斯莫・達爾文	Érasme Darwin
安多妮雅	Antonia
托里切利	Toricelli
朱爾	Jules
米爾桑	Mulsant
呂卡	Lucas
杜・阿梅爾	Du Hamel
貝納	Claude Bernard
貝納・威爾羅	Bernard Verlot
拉科代爾	Lacordaire
拉特雷依	Latreille
拉普勒蒂埃・德・聖法古	
	Lepeletier de Saint-Fargeau
林奈	Linné
阿格拉艾	Aglaé
約瑟夫	Joseph
埃米爾	Émile
特里布勒	Triboulet
馬提雅爾	Martial
賀拉斯	Horace
達爾文	Darwin
雷古盧斯	Régulus

中譯	原文
雷沃米爾	Réaumur
雷翁・杜福	Léon Dufour
瑪戎迪	Magendie
維吉爾	Virgile
蒲魯東	Proudhon
德・卡斯特諾	De Castelnau
德拉庫爾	Delacour
歐端	Audouin
羅莎	Rosa

【地名】

中譯	原文
上埃及	Haute-Égypte
土魯宏克	Toulourenc
巴西	Brésil
巴彭塔訥	Barbentane
巴黎	Paris
卡比利亞	Kabyle
卡瓦雍	Cavaillon
卡禾納克	Carnac
卡爾龐特哈	Carpentras
尼姆	Nîmes
布列塔尼	Bretagne
伊薩爾	Issarts
地中海	Méditerranée
圭亞那	Guyane
朱翁灣	golfe Jouan
艾格河	Aygues
西班牙	Espagne
希臘	Grèce
庇里牛斯	Pyrénées
沃克呂茲	Vaucluse
貝端	Bédoin

中譯	原文
里昂	Lyon
亞維農	Avignon
帕拉瓦	Palavas
阿爾及利亞	Algérie
阿爾卑斯	Alpes
阿爾勒	Arles
非洲	Afrique
德侯姆	Drôme
玻里尼西亞	Polynésie
英國	Angleterre
倫敦	Londres
埃及	Égypte
埃特納	Etna
格陵蘭	Grenadier
翁格勒	Angles
荷納堡	Château-Renard
荷蘭	Hollande
斯匹次卑爾根群島	Spitzberg
普羅旺斯	Provence
隆河	Rhône
隆德	Landes
馮杜	Ventoux
塞內加爾	Sénégal
塞尼山	mont Cenis
義大利	Italie
聖塞維	Saint-Sever
聖達蒙	Saint-Amans
葛哈夫	Grave
模里西斯和留尼旺島	
	îles Mauriçe et de la Réunion
歐宏桔	Orange
潘帕斯	Pampas

法布爾昆蟲記全集 1

高明的殺手

SOUVENIRS ENTOMOLOGIQUES
ÉTUDES SUR L'INSTINCT ET LES MŒURS DES INSECTES

作者──JEAN-HENRI FABRE 法布爾

譯者──梁守鏘

審訂──楊平世

主編──王明雪　　副主編──鄧子菁

專案編輯──吳梅瑛　　編輯協力──王心瑩

發行人──王榮文

出版發行──遠流出版事業股份有限公司

台北市南昌路 2 段 81 號 6 樓

郵撥：0189456-1　　電話：(02)2392-6899　　傳真：(02)2392-6658

著作權顧問──蕭雄淋律師

輸出印刷──中原造像股份有限公司

□ 2002 年 9 月 1 日初版一刷　　□ 2021 年 3 月 10 日二版十刷

定價 360 元　　（缺頁或破損的書，請寄回更換）

ISBN 978-957-32-6350-0

遠流博識網 http://www.ylib.com　E-mail:ylib@ylib.com

昆蟲線圖修繪：黃崑謀　　內頁版型設計：唐壽南、賴君勝　　章名頁刊頭製作：陳春惠
特別感謝：林皎宏、呂淑容、洪閔慧、黃文伯、黃智偉、葉懿慧在本書編輯期間熱心的協助。

國家圖書館出版品預行編目資料

高明的殺手 ╱ 法布爾（Jean-Henri Fabre）著；
梁守鏘譯. -- 二版. -- 臺北市 ： 遠流,
2008. 07
　面 ：　公分--（法布爾昆蟲全集；1）
譯自：Souvenirs Entomologiques
ISBN 978-957-32-6350-0（平裝）

1. 昆蟲　2.通俗作品

387.7　　　　　　　　　　　　　　　97012773

SOUVENIRS ENTOMOLOGIQUES